高等教育工业机器人课程实操推荐教材

工业机器人典型应用案例精析

第 2 版

主　　编　叶　晖

副主编　吴健澄

参　　编　何智勇　黄桃军　黄江峰

主　　审　高一平

机 械 工 业 出 版 社

本书以工业机器人的5个典型应用为出发点，通过项目式教学的方法，对工业机器人在搬运、码垛、弧焊、压铸取件、视觉拾取应用中的参数设定、程序编写及调试进行详细讲解与分析。让读者了解与掌握工业机器人在5个典型应用中的具体设定与调试方法，从而使读者对工业机器人的应用从软、硬件方面都有一个全面的认识。联系QQ296447532赠送PPT课件。

本书适合普通本科和高等职业院校机器人工程及自动化相关专业学生使用，以及从事工业机器人设计、调试与应用的工程师，特别是使用ABB工业机器人的工程技术人员阅读参考。

图书在版编目（CIP）数据

工业机器人典型应用案例精析 / 叶晖主编. —2 版. —北京：机械工业出版社，2022.5（2024.7 重印）

高等教育工业机器人课程实操推荐教材

ISBN 978-7-111-70278-8

Ⅰ. ①工… Ⅱ. ①叶… Ⅲ. ①工业机器人—应用—案例—高等学校—教材 Ⅳ. ① TP242.2

中国版本图书馆 CIP 数据核字（2022）第 036610 号

机械工业出版社（北京市百万庄大街 22 号　邮政编码 100037）

策划编辑：周国萍　　　　责任编辑：周国萍　刘本明

责任校对：张亚楠　王明欣　　封面设计：陈　沛

责任印制：郜　敏

三河市骏杰印刷有限公司印刷

2024 年 7 月第 2 版第 4 次印刷

184mm×260mm・14.5 印张・248 千字

标准书号：ISBN 978-7-111-70278-8

定价：55.00 元

电话服务　　　　　　　　网络服务

客服电话：010-88361066　　机　工　官　网：www.cmpbook.com

010-88379833　　机　工　官　博：weibo.com/cmp1952

010-68326294　　金　　书　　网：www.golden-book.com

封底无防伪标均为盗版　　机工教育服务网：www.cmpedu.com

前 言

生产力的不断进步推动着科技的进步与革新，建立了更加合理的生产关系。自工业革命以来，很多体力劳动已经逐渐被机械所取代，而这种变革为人类社会创造出巨大的财富，极大地推动了人类社会的进步。时至今天，机电一体化、机械智能化等技术应运而生。人类充分发挥主观能动性，进一步增强对机械的利用效率，使之为我们创造出更加巨大的生产力。工业机器人自动化生产线成套设备已成为自动化装备的主流及未来的发展方向。在汽车行业、电子电器行业、工程机械等行业中，已经大量使用工业机器人自动化生产线，以保证产品质量，提高生产率，同时避免了大量的工伤事故。全球诸多国家近半个世纪的工业机器人的使用实践表明，工业机器人的普及是实现自动化生产、提高生产率、推动企业和生产力发展的有效手段。

在本书中，以全球领先的ABB工业机器人为对象，使用ABB公司的机器人仿真软件RobotStudio创建了5个工业机器人应用中的典型案例，包含工业机器人搬运、码垛、弧焊、压铸取件和视觉拾取。利用软件的动画仿真功能在各个工作站中集成了夹具动作、物料搬运、周边设备动作等多种动画效果，使得工业机器人工作站高度仿真真实工作任务与工作场景，从而令学习者能全面掌握相关工业机器人应用的安装、配置与调试方法，让读者通过工业机器人典型应用的学习，掌握工业机器人应用的方法与技巧。

书中的内容简明扼要、图文并茂、通俗易懂，适合从事工业机器人应用开发、调试、现场维护工程技术人员学习和参考，特别适合已掌握ABB工业机器人基本操作，需要进一步掌握工业机器人应用开发与调试的工程技术人员阅读参考。同时，本书也特别适合普通本科及高等职业院校选作工业机器人典型应用的学习教材，配合RobotStudio软件中的工业机器人典型应用虚拟工作站使用效果更佳。

在这里，要特别感谢ABB机器人市场部给予本书编写的大力支持，他们为本书的撰写提供了许多宝贵意见。尽管我们主观上努力使读者满意，但在书中肯定还会有不尽人意之处，我们热忱欢迎关心爱护它的读者提出宝贵的意见和建议。

编著者

目 录

项目 1　开始学习前的准备工作

教学目标

1．了解工业机器人项目式教学目的。

2．了解有哪些工业机器人典型应用工作站。

3．学会 RobotStudio 软件的操作方法。

4．本书中典型应用工作站的使用注意事项。

任务 1-1　工业机器人典型应用采用项目式教学的原因

项目式教学主张先练后讲，先学后教，强调学习者的自主学习，主动参与，从尝试入手，从练习开始，调动学习者学习的主动性、创造性、积极性等，学习者唱“主角”，而教学者转为“配角”，实现了老师与学生角色的换位，有利于加强对学习者自学能力、创新能力的培养。

基于项目式教学的优势，针对培养掌握工业机器人安装、配置与调试的应用工程师这个目标，在工业机器人典型应用教学中引入了此种高效的学习方式。

本书中利用 ABB 公司的机器人仿真软件 RobotStudio 创建 5 个工业机器人应用的典型案例，包含了工业机器人搬运、码垛、弧焊、压铸取件和视觉拾取。利用软件的动画仿真功能在各个工作站中集成了夹具动作、物料搬运、周边设备动作等多种动画效果，使得工业机器人工作站高度仿真真实工作任务与工作场景，从而令学习者能全面掌握相关工业机器人应用的安装、配置与调试方法。

学习者通过在 RobotStudio 软件的工业机器人工作站中按照项目实施要求一步一步完成工作站的创建过程，包括创建 I/O 系统、程序编写、目标点示教、调试运行等，最终实现整个工业机器人工作站的完整运行。通过整个工业机器人工作站实施过程，使学习者能够清晰地认识到创建工业机器人工作站的整个流程以及各应用过程中工业机器人的配置、编程要点，在实践过程中强化对所学知识点的理解运用，并且更具操作性、便捷性和安全性。同时在学习过程中了解了机器人运动仿真技术，在以后的工业机器人应用过程中，利用机器人仿真技术有助于提高设计方案的可靠性，缩短项目实施周期，减少现场调试时间，提高工业机器人的调试工作效率。

由机械工业出版社出版的《工业机器人实操与应用技巧 第2版》（ISBN 978-7-111-57493-4）中所讲述的工业机器人基础知识是本书内容的基础。所以建议在开始本书学习之前先熟悉掌握《工业机器人实操与应用技巧 第2版》中的工业机器人基础知识要点。

任务1-2 工业机器人典型应用工作站有哪些

工作任务

1．了解工业机器人5种典型应用工作站。

2．理解工业机器人5种典型应用工作站的工作任务。

1-2-1 工业机器人搬运工作站

工业机器人点到点搬运是生产线中最常见的应用，广泛应用于食品、饮料、包装、3C电子，太阳能等行业。以太阳能薄板搬运为例，利用工业机器人将流水线上的薄板拾取并放置在相应的储存装置中，如图1-1所示。

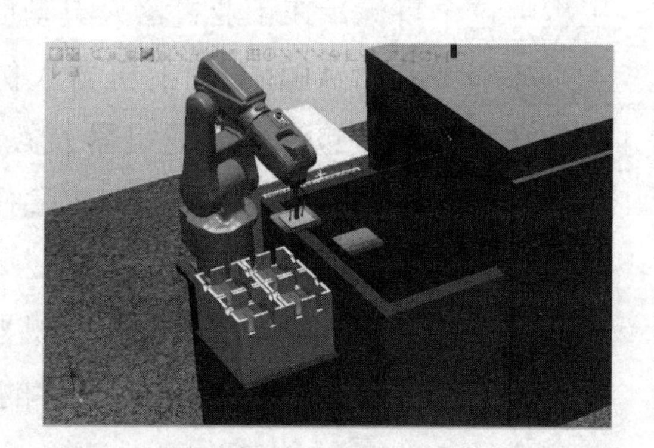

图 1-1

1-2-2 工业机器人码垛工作站

以国内最为常见的一种工业机器人码垛工作站为例，此工作站中拥有两条产品输入线、两个产品输出位，工业机器人采用单夹板式夹具，一次夹取单个产品，将人从重复的重体力劳动中解放出来，如图 1-2 所示。

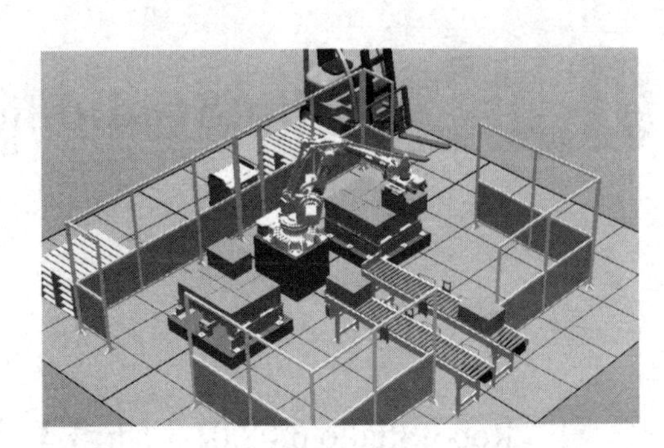

图　1-2

1-2-3　工业机器人弧焊工作站

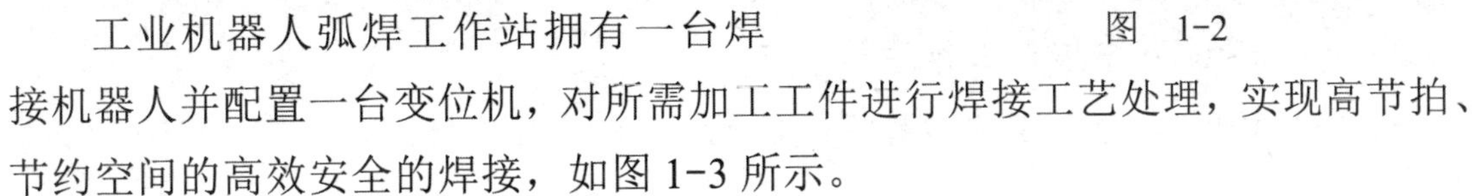

工业机器人弧焊工作站拥有一台焊接机器人并配置一台变位机，对所需加工工件进行焊接工艺处理，实现高节拍、节约空间的高效安全的焊接，如图 1-3 所示。

1-2-4　工业机器人压铸取件工作站

工业机器人压铸取件工作站如图 1-4 所示。工业机器人在压铸机开模后将压铸成型工件取出，并完成检测、冷却、输送等一系列操作，以实现压铸工艺全自动化。

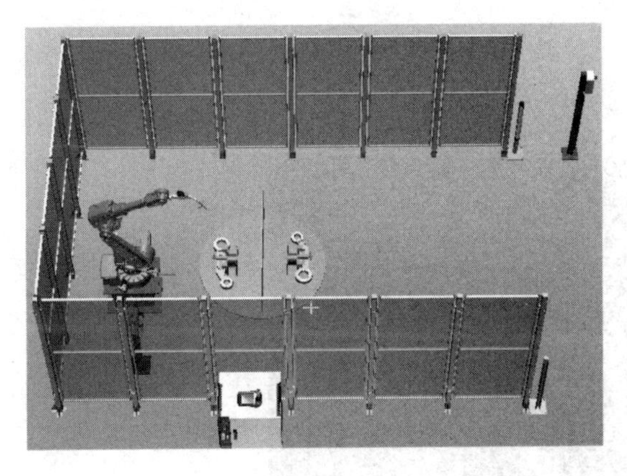

图　1-3

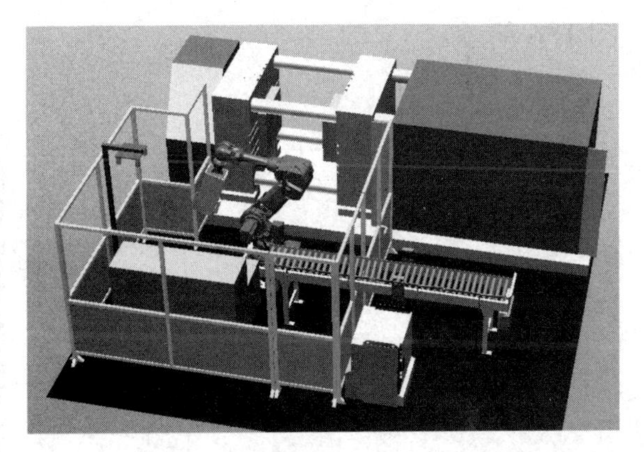

图　1-4

1-2-5　工业机器人视觉拾取工作站

一般的工业机器人拾取都要求工件在一个精确的位置放置，通过视觉相机获取工件位置和偏差数据，用于工业机器人实现非精准位置的工件拾取和补偿误差，从而减少人工干预，提高自动化效率。工业机器人视觉拾取工作站如图 1-5 所示。

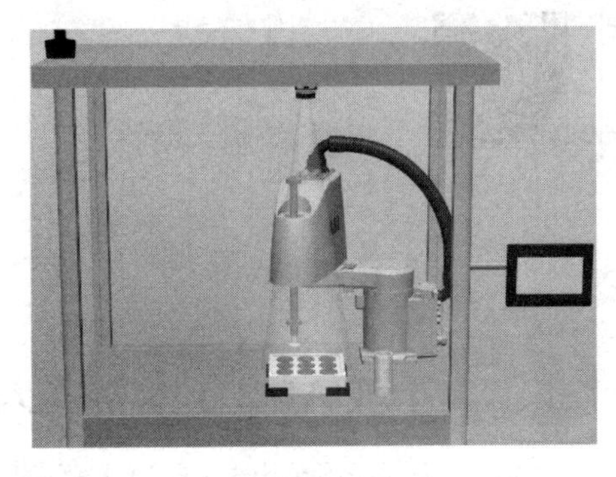

图　1-5

任务 1–3 RobotStudio 的准备工作

工作任务

1．RobotStudio 6.08.01 的下载与安装方法。

2．RobotStudio 中虚拟工作站解包打开的操作。

3．RobotStudio 为工作站加载相关程序参数的操作方法。

实践操作

1–3–1 下载 ABB 工业机器人 RobotStudio 6.08.01

本教程是以 ABB 工业机器人 RobotStudio 6.08.01 为对象，下载路径及方法如图 1–6 所示。

1．在微信搜索公众号“叶晖老湿”，
也可以用微信扫描以下的二维码关注。

图 1–6

1–3–2 下载 ABB 工业机器人 RobotStudio 6.08.01

安装 RobotStudio 6.08.01 的操作步骤如图 1–7 ～图 1–9 所示。

1.　下载后，请解压缩。在解压的目录中找到 setup.exe 并双击。
setup.exe

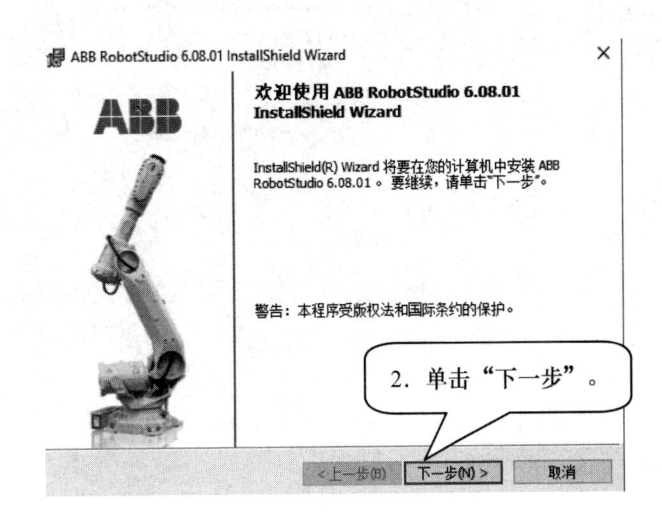
ABB RobotStudio 6.08.01 InstallShield Wizard
ABB
欢迎使用 ABB RobotStudio 6.08.01 InstallShield Wizard
InstallShield(R) Wizard 将要在您的计算机中安装 ABB RobotStudio 6.08.01。要继续，请单击"下一步"。
警告：本程序受版权法和国际条约的保护。
2. 单击“下一步”。
< 上一步(B)
下一步(N) >
取消

图　1-7

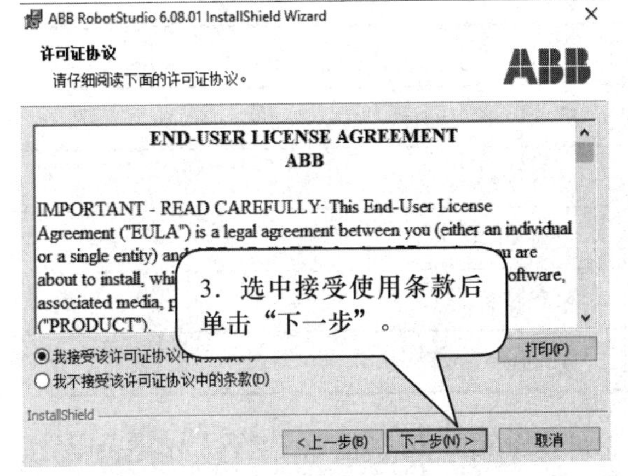
ABB RobotStudio 6.08.01 InstallShield Wizard
许可证协议
请仔细阅读下面的许可证协议。
ABB
END-USER LICENSE AGREEMENT
ABB
IMPORTANT - READ CAREFULLY: This End-User License
3. 选中接受使用条款后单击“下一步”。
我接受该许可证协议中的条款
我不接受该许可证协议中的条款(D)
打印(P)
InstallShield
< 上一步(B)
下一步(N) >
取消

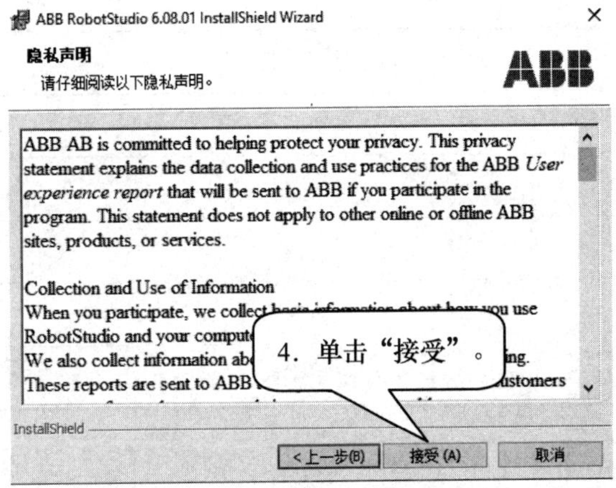
ABB RobotStudio 6.08.01 InstallShield Wizard
隐私声明
请仔细阅读以下隐私声明。
ABB
ABB AB is committed to helping protect your privacy. This privacy statement explains the data collection and use practices for the ABB User experience report that will be sent to ABB if you participate in the program. This statement does not apply to other online or offline ABB sites, products, or services.
Collection and Use of Information
4. 单击“接受”。
InstallShield
< 上一步(B)
接受 (A)
取消

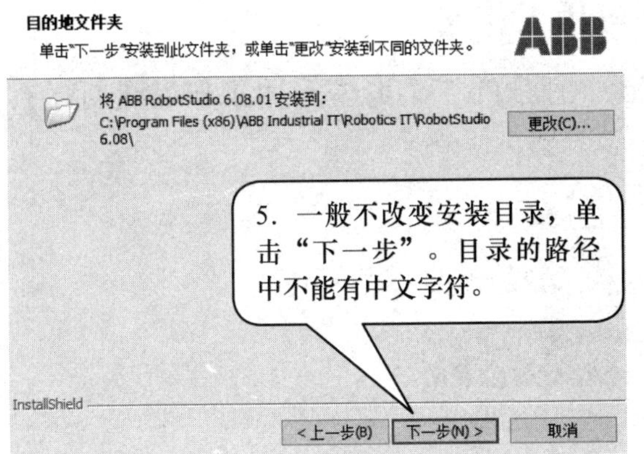
ABB RobotStudio 6.08.01 InstallShield Wizard
目的地文件夹
单击"下一步"安装到此文件夹，或单击"更改"安装到不同的文件夹。
ABB
将 ABB RobotStudio 6.08.01 安装到:
C:\Program Files (x86)\ABB Industrial IT\Robotics IT\RobotStudio 6.08\
更改(C)...
5. 一般不改变安装目录，单击“下一步”。目录的路径中不能有中文字符。
InstallShield
< 上一步(B)
下一步(N) >
取消

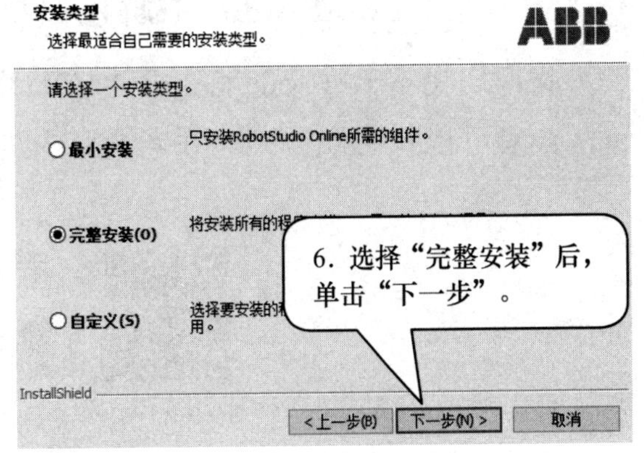
ABB RobotStudio 6.08.01 InstallShield Wizard
安装类型
选择最适合自己需要的安装类型。
ABB
请选择一个安装类型。
最小安装
只安装RobotStudio Online所需的组件。
完整安装(O)
自定义(S)
6. 选择“完整安装”后，单击“下一步”。
InstallShield
< 上一步(B)
下一步(N) >
取消

图　1-8

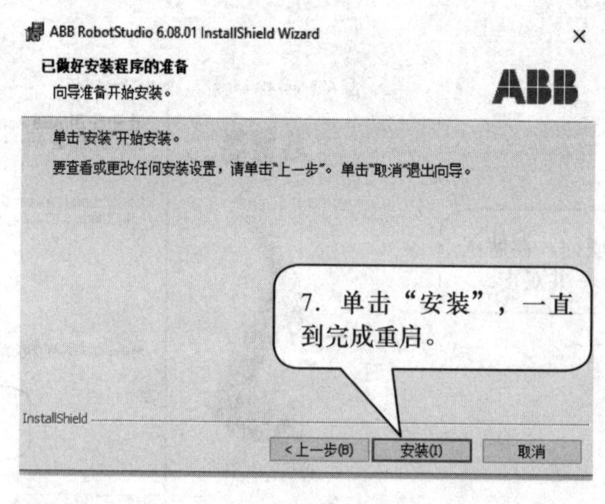

图 1-9

为了确保 RobotStudio 能够正确安装，请注意以下事项：

1）计算机的系统配置建议见表 1-1。

表 1-1

硬 件	要 求
CPU	i5 或以上
内存	8GB 或以上
硬盘	空闲 50GB 以上
显卡	独立显卡
操作系统	Windows7 或以上

2）操作系统中的防火墙可能会造成 RobotStudio 的不正常运行，如遇到无法连接虚拟控制器这样的问题，建议关闭防火墙或对防火墙的参数进行恰当的设定。

1-3-3 在 RobotStudio 中解包典型应用工作站

我们已将本书涉及的能在 RobotStudio 中打开的 5 个典型应用工作站进行了打包，读者可以从公众号“叶晖老湿”中进行下载。

工业机器人工作站打包成 .rspag 格式的文件进行完整保存，此文件可以在对应版

本的 RobotStudio 中进行解包使用。本书中所有工作站文件都是用 RobotStudio 6.08.01 进行创建的，所以建议打开这些工作站文件也使用这个版本的 RobotStudio。

以解包工业机器人搬运典型应用工作站文件为例，具体操作如图 1-10～图 1-13 所示。

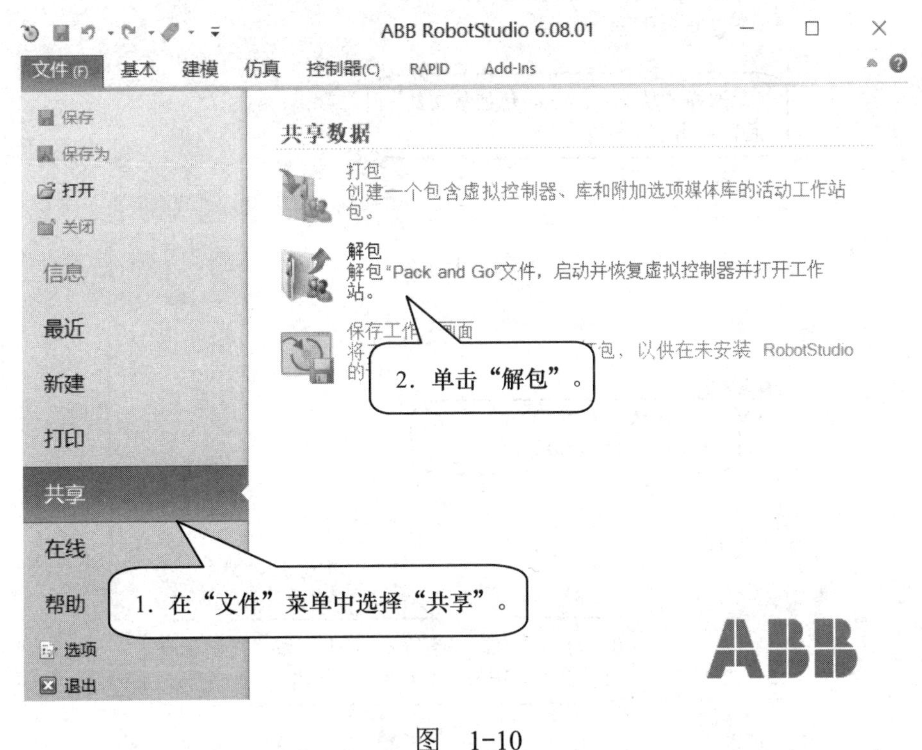

图　1-10

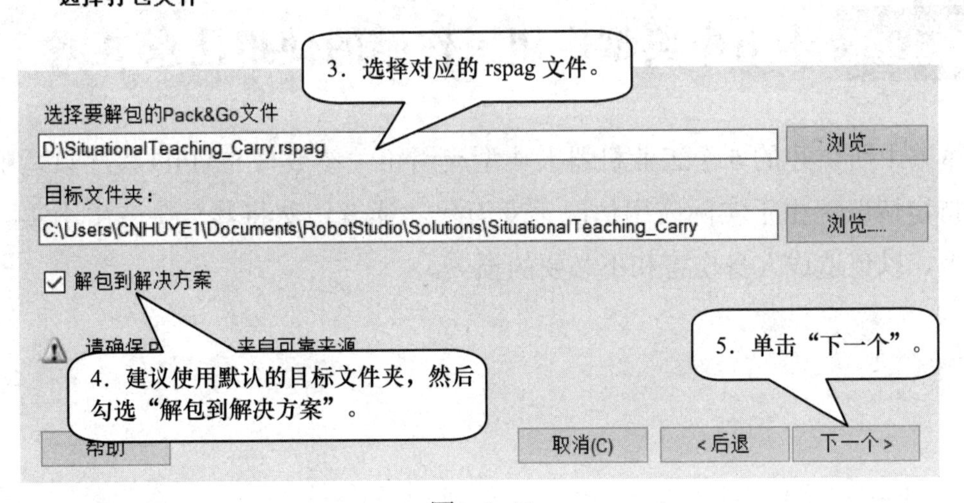

图　1-11

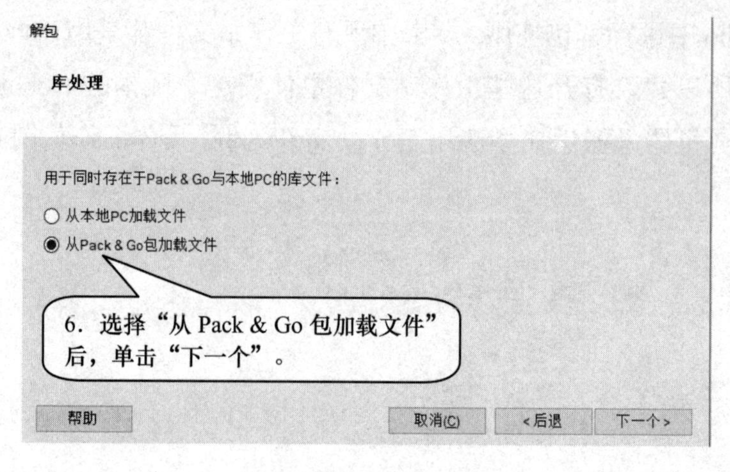

图　1-12

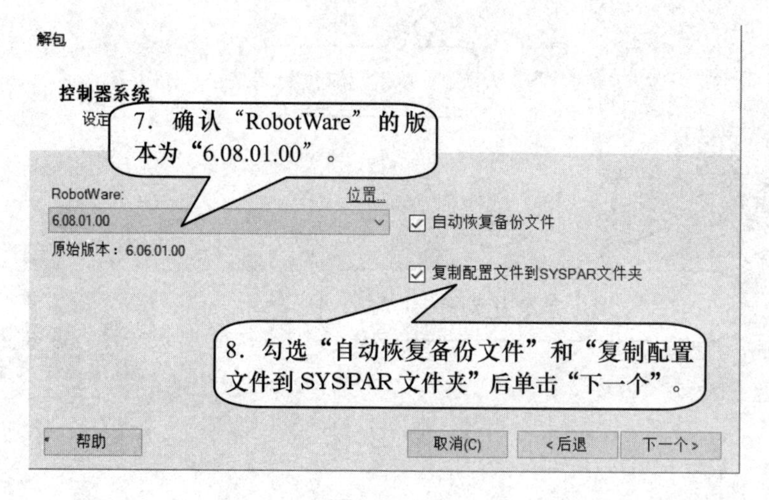

图　1-13

任务 1-4　本书中典型应用工作站的使用注意事项

本书中所讲述的 5 个工业机器人典型应用相关参数与 RAPID 程序只适用案例中的特定情况。由于实际应用情况千变万化，读者切勿将其直接应用于实际的应用当中，以免造成人身伤害和不必要的损失。

项目 2　工业机器人典型应用——搬运

教学目标

1. 了解工业机器人搬运工作站的工作任务。
2. 学会搬运常用 I/O 配置。
3. 学会程序数据创建。
4. 学会目标点示教。
5. 学会搬运程序编写。
6. 学会搬运程序调试。

任务 2-1　了解工业机器人搬运工作站工作任务

本工作站（图 2-1）以太阳能薄板搬运为例，利用 IRB 120 工业机器人在流水线上拾取太阳能薄板工件，将其搬运至暂存盒中，以便周转至下一工位进行处理。本工作站中已经预设搬运动作效果，读者需要在此工作站中依次完成 I/O 配置、程序数据创建、目标点示教、程序编写及调试，最终完成整个搬运工作站的搬运过程。通过本任务的学习，使读者学会工业机器人的搬运应用，学会工业机器人搬运程序的编写技巧。

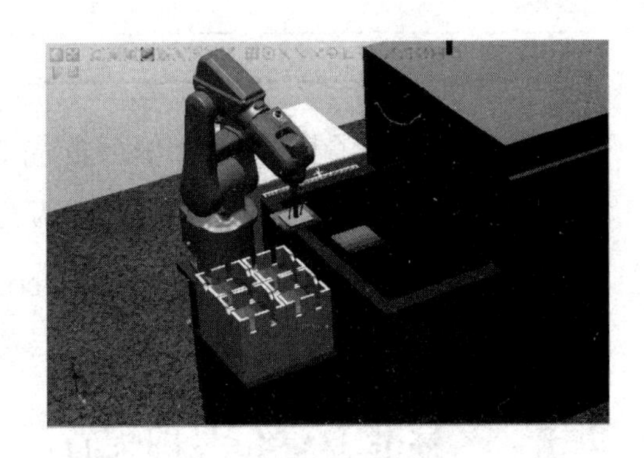

图　2-1

ABB 工业机器人在搬运方面有众多成熟的解决方案，在 3C、食品、医药、化工、金属加工、太阳能等领域均有广泛的应用，涉及物流输送、周转、仓储等。采用工业机器人搬运可大幅提高生产率、节省劳力成本、提高定位精度并降低搬运过程中的产品损坏率。

任务 2-2 学习搬运工作站的技术准备

工作任务

1. 了解标准 I/O 板的配置参数。
2. 了解标准 I/O 板 DSQC 652 的输入输出配置参数。
3. 了解系统 I/O 的配置。
4. 了解常用的运动指令。
5. 了解常用的 I/O 控制指令。
6. 了解常用的逻辑控制及其他指令。
7. 了解常用的功能。

实践操作

2-2-1 标准 I/O 板的配置

ABB 标准 I/O 板挂在 DeviceNet 总线上面，常用型号有 DSQC 651（8 个数字输入，8 个数字输出，2 个模拟输出），DSQC 652（16 个数字输入，16 个数字输出）。在系统中配置标准 I/O 板，至少需要设置的两项参数见表 2-1。

表 2-1

参数名称	参数说明
Name	I/O 单元名称
Address	I/O 单元所占用总线地址

标准 I/O 板配置及 I/O 信号配置详细过程可参考由机械工业出版社出版的《工业机器人实操与应用技巧　第 2 版》(ISBN 978-7-111-57493-4)、微信公众号：叶晖老湿或腾讯课堂 https://jqr.ke.qq.com 网上教学视频中关于标准 I/O 板配置及 I/O 信号配置的说明。

2-2-2 标准 I/O 信号的配置

在 I/O 单元上面创建一个数字 I/O 信号，至少需要设置的四项参数见表 2-2。

表 2-2

参 数 名 称	参 数 说 明
Name	I/O 信号名称
Type of Signal	I/O 信号类型
Assigned to Device	I/O 信号所在 I/O 单元
Device Mapping	I/O 信号所占用单元地址

2-2-3 系统 I/O 的配置

系统输入：将数字输入信号与工业机器人系统的控制信号关联起来，就可以通过输入信号对系统进行控制，例如电动机上电、程序启动等。

系统输出：工业机器人系统的状态信号也可以与数字输出信号关联起来，将系统的状态输出给外围设备作控制之用，例如系统运行模式、程序执行错误等。

2-2-4 常用运动指令

1. MoveL：线性运动指令

将工业机器人 TCP 沿直线运动至给定目标点；适用于对路径精度要求高的场合，如切割、涂胶等。

例如：

MoveL p20, v1000, z50, tool1 \WObj:=wobj1;

如图 2-2 所示，工业机器人 TCP 从当前位置 p10 处运动至 p20 处，运动轨迹为直线。

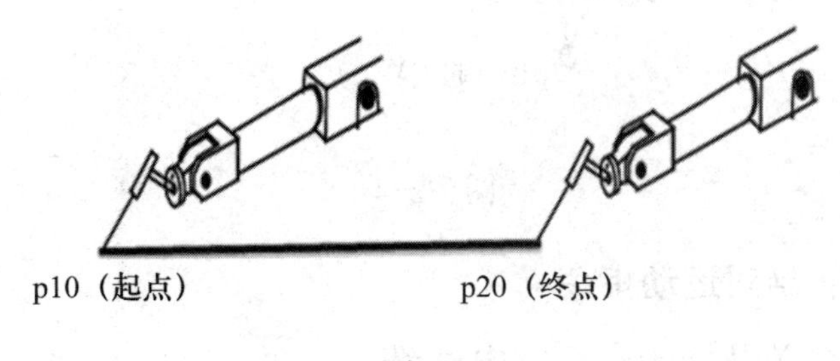

图 2-2

2. MoveJ：关节运动指令

将工业机器人 TCP 快速移动至给定目标点，运行轨迹不一定是直线。

例如：

```
MoveJ  p20, v1000, z50, tool1 \WObj:=wobj1;
```

如图 2-3 所示，工业机器人 TCP 从当前位置 p10 处运动至 p20 处，运动轨迹不一定为直线。

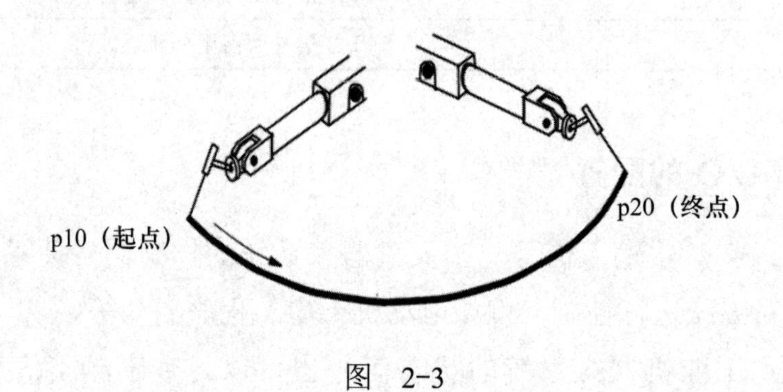

图　2-3

3. MoveC：圆弧运动指令

将工业机器人 TCP 沿圆弧运动至给定目标点。

例如：

```
MoveC  p20, p30,v1000, z50, tool1 \WObj:=wobj1;
```

如图 2-4 所示，工业机器人当前位置 p10 作为圆弧的起点，p20 是圆弧上的一点，p30 作为圆弧的终点。

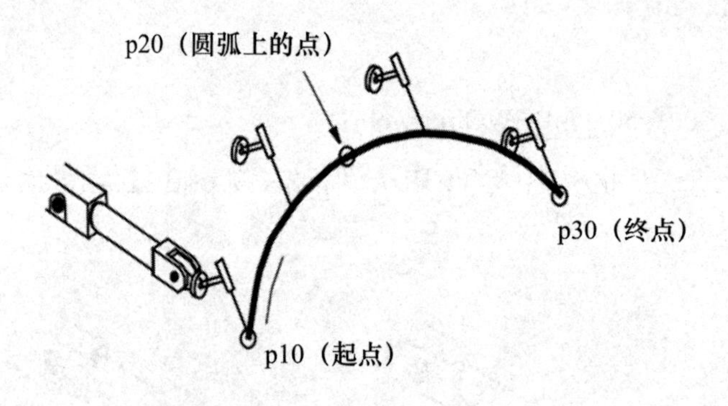

图　2-4

4. MoveAbsj：绝对运动指令

将工业机器人各关节轴运动至给定位置。

例如：

```
PERS JointTarget jpos10:= [[0,0,0,0,0,0],[9E+09,9E+09,9E+09,9E+09,9E+09,9E+09]];
```

关节目标点数据中各关节轴为 0。

```
MoveAbsj jpos10,v1000, z50, tool1 \WObj:=wobj1;
```

工业机器人运行至各关节轴为 0 的位置。

2-2-5 常用的 I/O 控制指令

1. Set：将数字输出信号置为 1

例如：

```
Set Do1;
```

将数字输出信号 Do1 置为 1。

2. Reset：将数字输出信号置为 0

例如：

```
Reset Do1;
```

将数字输出信号 Do1 置为 0。

3. WaitDI：等待一个输入信号状态为设定值

例如：

```
WaitDI Di1,1;
```

等待数字输入信号 Di1 为 1，之后才执行下面的指令。

2-2-6 常用的逻辑控制和其他指令

1. IF：满足不同条件，执行对应程序

例如：

```
IF reg1 > 5 THEN
    Set Do1;
ENDIF
```

如果 reg1>5 条件满足，则执行 Set Do1 指令。

2. FOR：根据指定的次数，重复执行对应程序

例如：

```
FOR i FROM 1 TO 10 DO
   routine1;
ENDFOR
```

重复执行 10 次 routine1 里的程序。

3. WHILE：如果条件满足，重复执行对应程序

例如：

```
WHILE reg1 < reg2 DO
    reg1 := reg1 + 1;
ENDWHILE
```

如果变量 reg1<reg2 条件一直成立，则重复执行 reg1 加 1，直至 reg1<reg2 条件不成立为止。

4. TEST：根据指定变量的判断结果，执行对应程序

例如：

```
TEST  reg1
CASE  1:
    routine1;
CASE  2 :
    routine2;
DEFAULT :
    Stop;
ENDTEST
```

判断 reg1 数值，若为 1 则执行 routine1，若为 2 则执行 routine2，否则执行 Stop。

5. 说明行“！”

在语句前面加上“！”，则整行语句作为注释行，不被程序执行。

例如：

```
! Goto the Pick Position;
MoveL  pPick, v1000, fine, tool1 \WObj:=wobj1;
```

6. Offs 偏移功能

以选定的目标点为基准，沿着选定工件坐标系的 X、Y、Z 轴方向偏移一定的距离。

例如：

```
MoveL Offs(p10, 0, 0, 10), v1000, z50, tool0 \WObj:=wobj1;
```

将工业机器人 TCP 移动至以 p10 为基准点，沿着 wobj1 的 Z 轴正方向偏移 10mm 位置处。

7. CRobT 功能

读取当前工业机器人目标点位置数据。

例如：

```
PERS  RobTarget  p10;
```

```
p10 := CRobT(\Tool:=tool1 \WObj:=wobj1);
```

读取当前工业机器人目标点位置数据，指定工具数据为 tool1, 工件坐标系数据为 wobj1（若不指定，则默认工具数据为 tool0，工件坐标系数据为 wobj0），之后将读取的目标点数据赋值给 p10。

另外，CJointT 为读取当前工业机器人各关节轴度数的功能；程序数据 RobTarget 与 JointTarget 之间可以相互转换，例如：

```
p1:=CalcRobT(jointpos1,tool1\WObj:=wobj1);
```

将 JointTarget 转换为 RobTarget。

```
jointpos1:= CalcJointT(p1, tool1\WObj:=wobj1);
```

将 RobTarget 转换为 JointTarget。

8. 常用写屏指令

例如：

```
TPErase;
TPWrite  "The Robot is running!";
TPWrite  "The Last CycleTime is :"\num:=nCycleTime;
```

假设，上一次循环时间 nCycleTime 为 10s，则示教器上面显示内容为：

```
The Robot is running!
The Last CycleTime is：10
```

2-2-7 功能程序 FUNC

功能程序能够返回一个特定数据类型的值，在其他程序中可当作功能来调用。

例如：

```
PERS  num  nCount;

FUNC  bool  bCompare (num  nMin, num  nMax)
   RETURN  nCount> nMin  AND  nCount< nMax;
ENDFUNC

PROC  rTest()
  IF bCompare (5,10)THEN
     ⋮
  ENDIF
ENDPROC
```

上述例子中，定义了一个用于比较数值大小的布尔量型功能程序，在调用此功能时需要输入比较下限值和上限值，如果数据 nCount 在上下限值范围之内，则返回为 TRUE，否则为 FALSE。

例行程序一共有三种类型，分别为 Procedures（普通程序）、Functions（功能程序）和 Trap（中断程序）。

Procedures：如常用的主程序、子程序等。

Functions：会返回一个指定类型的数据，在其他指令中可作为参数调用。

Trap：中断程序，当中断条件满足时，则立即执行该程序中的指令，运行完成后返回调用该中断的地方继续往下执行。

任务 2-3　搬运工作站解包和工业机器人重置系统

工作任务

1．对搬运工作站进行解包。

2．对工业机器人进行重置系统。

实践操作

2-3-1　工作站解包

工作站解包操作步骤如图 2-5 ～图 2-12 所示。

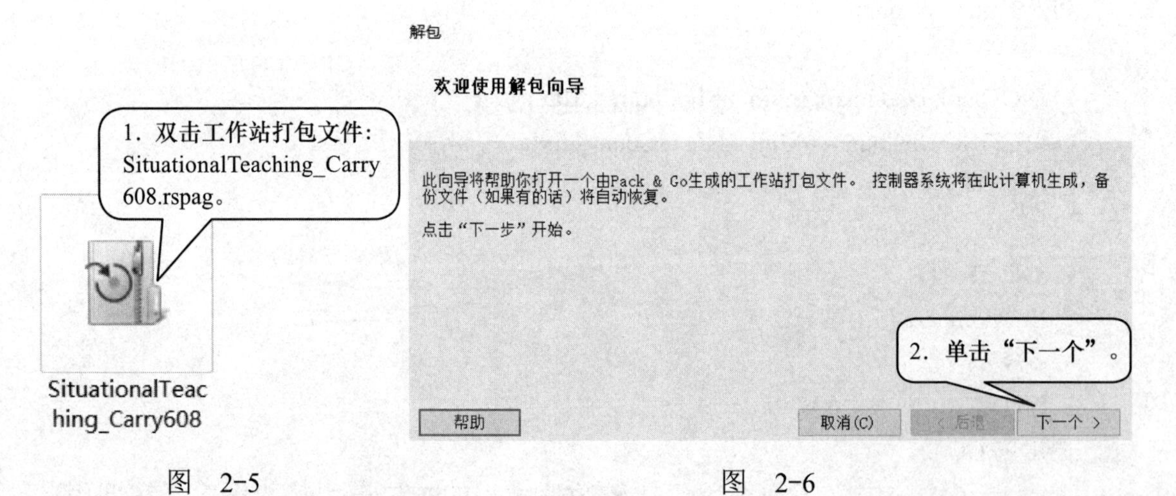

图　2-5　　　　图　2-6

解包
选择打包文件
选择要解包的Pack&Go文件
E:\00YH\RS_STATION\SituationalTeaching608\SituationalTeaching_Carry6C
浏览…...
目标文件夹：
C:\Users\yh\Documents\RobotStudio\Solutions\SituationalTeaching_Carry
浏览…...
解包到解决方案
请确保 Pack & Go 来自可靠来源
3. 一般不改变默认设置，单击“下一个”。
帮助
取消(C)
< 后退
下一个 >

图　2-7

解包
库处理
用于同时存在于Pack & Go与本地PC的库文件：
从本地PC加载文件
从Pack & Go包加载文件
4. 选择“从 Pack&Go 包加载文件”，单击“下一个”。
帮助
取消(C)
< 后退
下一个 >

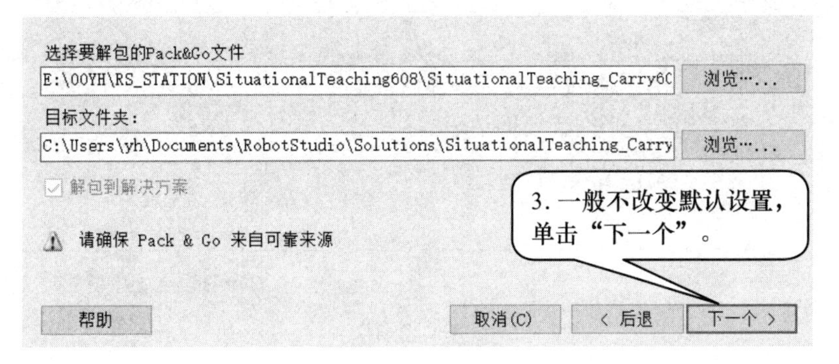

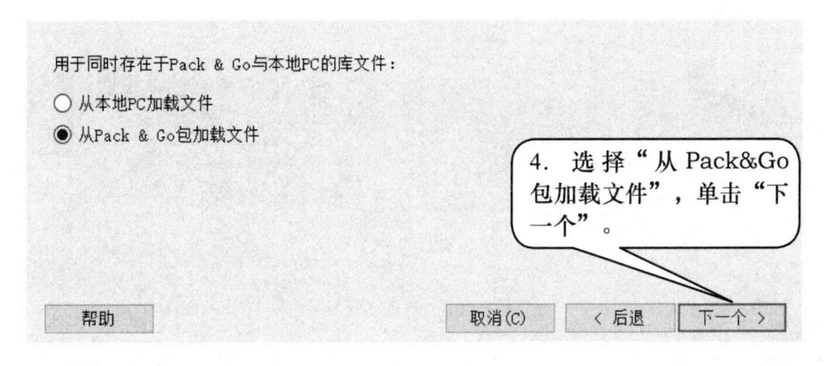

图　2-8

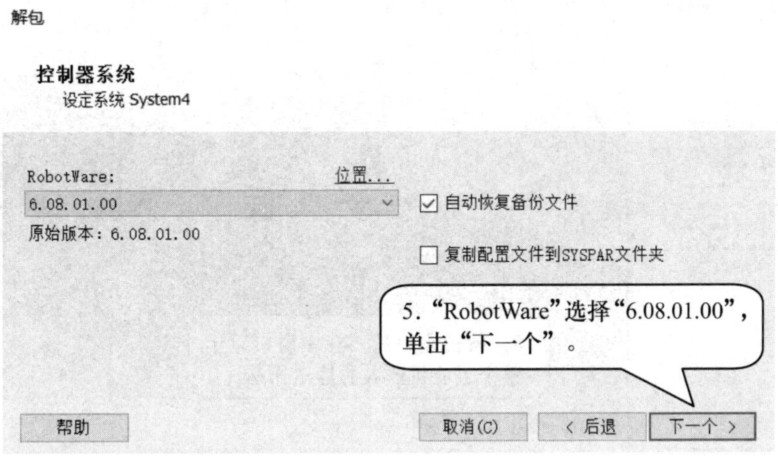

解包
控制器系统
设定系统 System4
RobotWare:
位置...
6.08.01.00
原始版本：6.08.01.00
自动恢复备份文件
复制配置文件到SYSPAR文件夹
5. “RobotWare”选择“6.08.01.00”，单击“下一个”。
帮助
取消(C)
< 后退
下一个 >

图　2-9

解包

解包已准备就绪

确认以下的设置，然后点击"完成"解包和打开工作站

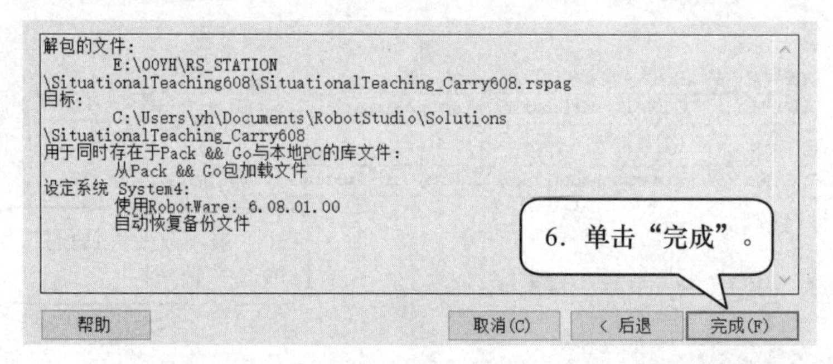

图　2-10

解包

解包完成

确认以下内容，然后点击"关闭"退出向导。

图　2-11

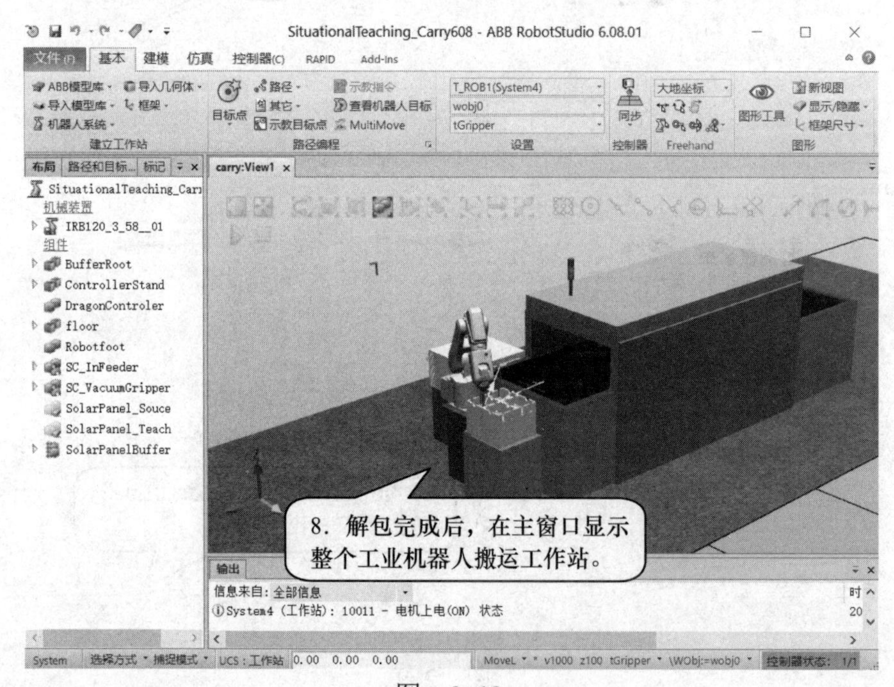

图　2-12

2-3-2 重置工业机器人系统

现有解包打开的工作站中已包含创建好的参数以及 RAPID 程序。我们从零开始练习建立工作站的配置工作，需要先将此系统做一备份，之后执行“重置系统”的操作将工业机器人系统恢复到出厂初始状态。具体操作步骤如图 2-13 ～图 2-16 所示。

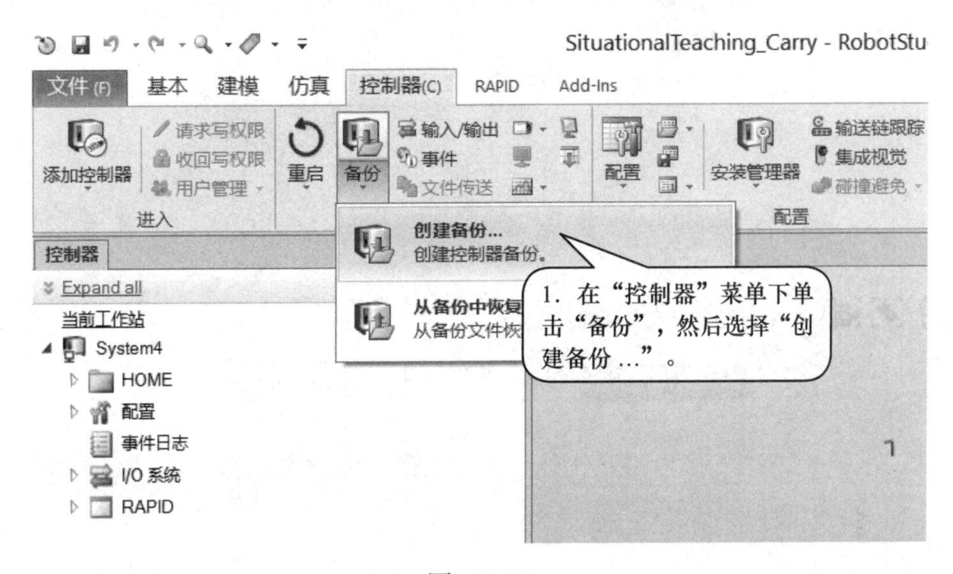

图　2-13

从 System4创建备份
备份名称：
System4_2021-11-09
位置:
可用备份：

备份名称	系统名称	RobotWare 版本
14050-500228_2020-09-28	14050-500228	7.0.4

2. 设定好“备份名称”“位置”（不要有中文字符），勾选“备份到 Zip 文件”，然后单击“确定”。

选项
☑ 备份到 Zip 文件
确定　取消

图　2-14

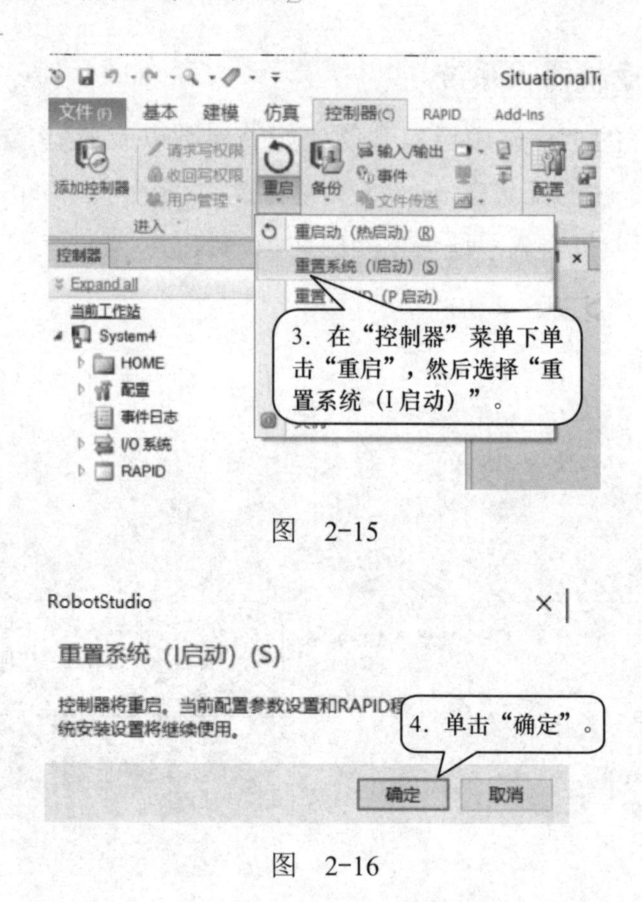

图　2-15

图　2-16

任务 2-4　配置工业机器人的 I/O 单元

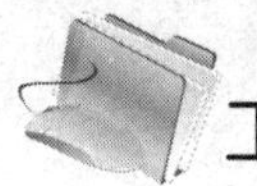

工作任务

1．配置 I/O 单元 DSQC 651。

2．配置 I/O 信号。

3．配置系统输入 / 输出信号。

实践操作

2-4-1　配置 I/O 单元 DSQC 651

在虚拟示教器中，根据以下的步骤配置 I/O 单元。

1）在配置 DeviceNet Device 项中，新建一个 I/O 单位，在“使用来自模板的值：”中选择“DSQC 651 Combi I/O Device”，如图 2-17 所示。

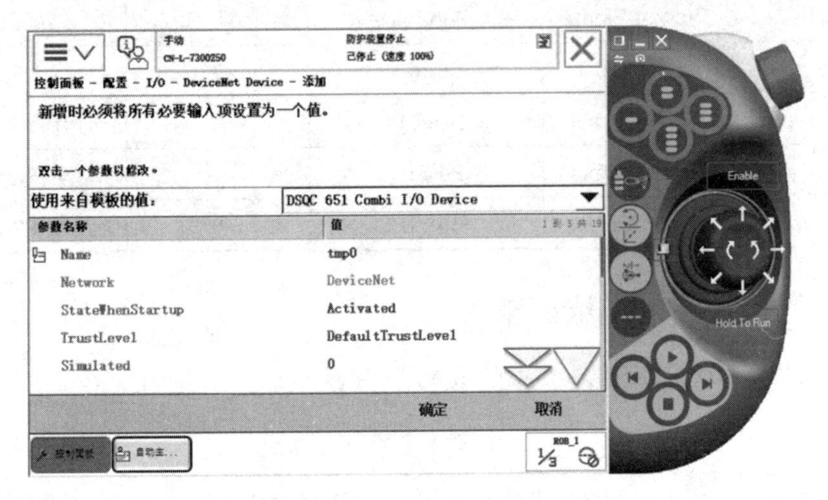

图　2-17

2）根据表 2-3 所示参数设定 I/O 单元的配置。

表　2-3

参 数 名 称	值
Name	Board10
Address	10

2-4-2　配置用于工作站的 I/O 信号

在本工作站仿真环境中，动画效果均由 Smart 组件创建，Smart 组件的动画效果通过其自身的输入输出信号与工业机器人的 I/O 信号相关联，最终实现工作站动画效果与工业机器人程序的同步。在创建这些信号时，需要严格按照表 2-4 中的名称一一进行创建。

表　2-4

Name	Type of Signal	Assigned to Device	Device Mapping	I/O 信号说明
di00_BufferReady	Digital Input	Board10	0	暂存装置到位信号
di01_PanelInPickPos	Digital Input	Board10	1	产品到位信号
di02_VacuumOK	Digital Input	Board10	2	真空反馈信号
di03_Start	Digital Input	Board10	3	外接“开始”
di04_Stop	Digital Input	Board10	4	外接“停止”
di05_StartAtMain	Digital Input	Board10	5	外接“从主程序开始”
di06_EstopReset	Digital Input	Board10	6	外接“急停复位”

（续）

Name	Type of Signal	Assigned to Device	Device Mapping	I/O 信号说明
di07_MotorOn	Digital Input	Board10	7	外接“电动机上电”
do32_VacuumOpen	Digital Output	Board10	32	打开真空
do33_AutoOn	Digital Output	Board10	33	自动状态输出信号
do34_BufferFull	Digital Output	Board10	34	暂存装置满载

2-4-3 配置系统输入 / 输出信号

在虚拟示教器中，根据表 2-5 的参数配置系统输入 / 输出信号。

表 2-5

Signal Name	Action/Status	Argument1	信号说明
di03_Start	Start	Continuous	程序启动
di04_Stop	Stop	无	程序停止
di05_StartAtMain	Start at Main	Continuous	从主程序启动
di06_EstopReset	Reset Estop	无	急停状态恢复
di07_MotorOn	Motor On	无	电动机上电
do33_AutoOn	Auto On	无	自动状态输出

任务 2-5 设置工业机器人必要的程序数据

工作任务

1. 创建工具数据。
2. 创建工件坐标系数据。
3. 创建载荷数据。

实践操作

2-5-1 创建工具数据

创建工具数据的详细内容请参考由机械工业出版社出版的《工业机器人实操

与应用技巧　第 2 版》（ISBN 978-7-111-57493-4）书中或登录腾讯课堂 https://jqr.ke.qq.com 网上教学视频中关于创建工具数据的说明。

在虚拟示教器中，根据表 2-6 的参数设定工具数据 tGripper。示例如图 2-18 所示。

表　2-6

参数名称	参数数值
robothold	TRUE
trans	
X	0
Y	0
Z	115
rot	
q1	1
q2	0
q3	0
q4	0
mass	1
cog	
X	0
Y	0
Z	100
其余参数均为默认值	

2-5-2 创建工件坐标系数据

创建工件坐标系数据的详细内容请参考由机械工业出版社出版的《工业机器人实操与应用技巧　第 2 版》（ISBN 978-7-111-57493-4）书中或登录腾讯课堂 https://jqr.ke.qq.com 网上教学视频中关于创建工件坐标系数据的说明。

本工作站中，工件坐标系均采用用户三点法创建。在虚拟示教器中，根据图 2-19 所示位置设定工件坐标系。

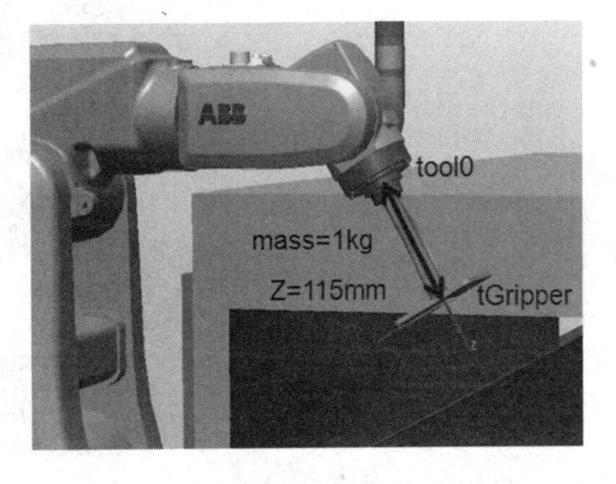

图　2-18

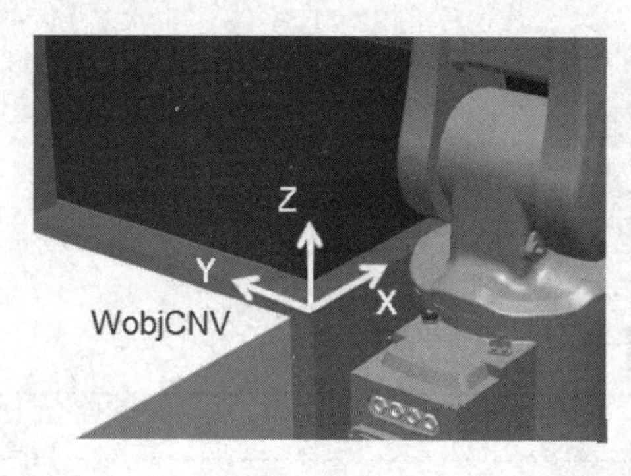

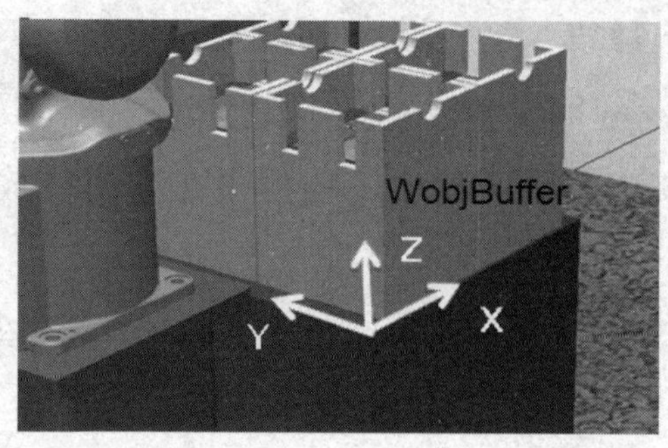

图　2-19

2-5-3 创建载荷数据

工件的重心是相对于当前使用的工具坐标数据，工件的厚度是 3mm，因此 Z 方向相对于工具 TCP 正方向偏移 1.5mm。

在虚拟示教器中，根据表 2-7 的参数设定载荷数据 LoadFull。示例如图 2-20 所示。

表　2-7

参数名称	参数数值
mass	1
cog	
X	0
Y	0
Z	1.5
其余参数均为默认值	

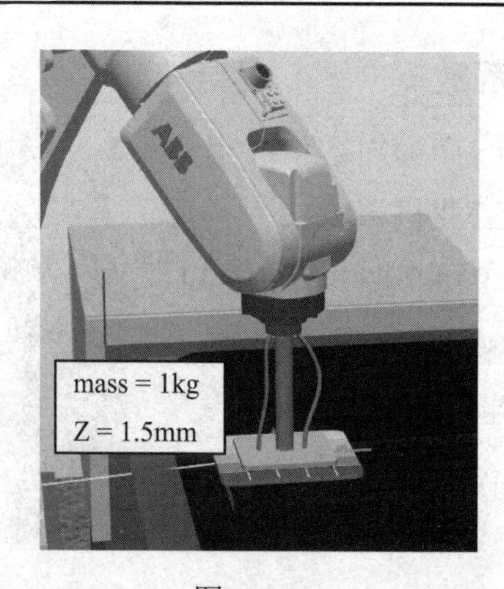

图　2-20

任务 2-6　导入程序模板的模块

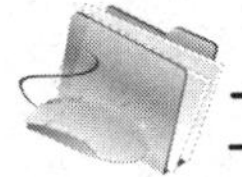

工作任务

1. 通过虚拟示教器导入程序模板的模块。
2. 通过 RobotStudio 导入程序模板的模块。

实践操作

在之前创建的备份文件中包含了本工作站的 RAPID 程序模板。此程序模板已能够实现本工作站工业机器人的完整逻辑及动作控制，只需对程序模块里的几个位置点进行适当的修改，便可正常运行。

注意

若在示教器导入程序模板时，出现报警提示工具数据、工件坐标数据和有效载荷数据命名不明确，这是因为在上一个任务中，已在示教器中生成了相同名字的程序数据。要解决这个问题，建议在手动操纵画面将之前设定的程序数据删除后再进行导入程序模板的操作，如图 2-21 所示。

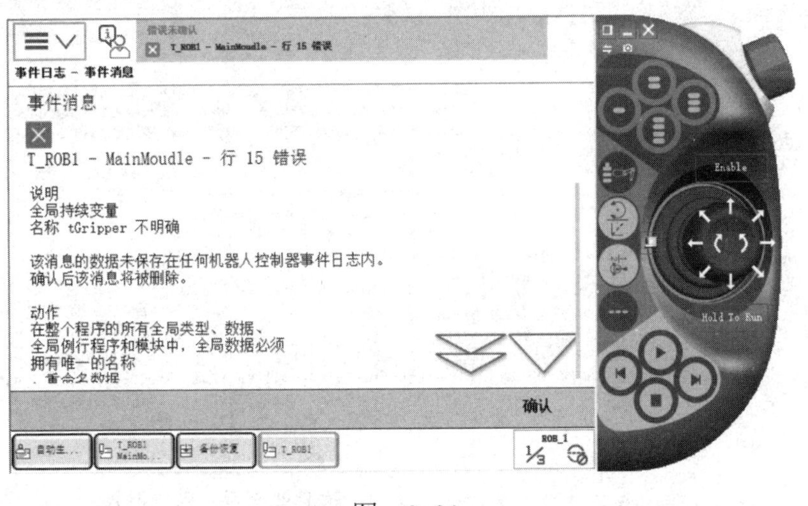

图　2-21

可以通过虚拟示教器导入程序模板的模块，也可以在 RobotStudio 中导入。导入程序模板的模块的操作步骤如图 2-22、图 2-23 所示。

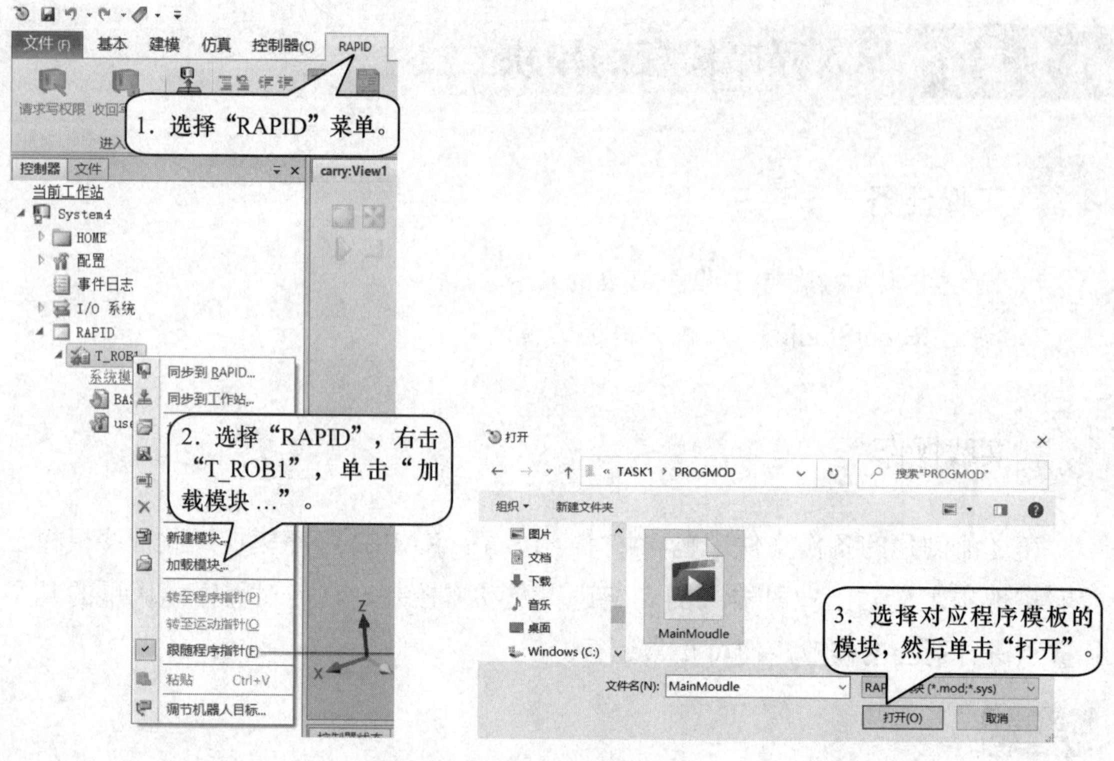
1. 选择“RAPID”菜单。
2. 选择“RAPID”，右击“T_ROB1”，单击“加载模块…”。
3. 选择对应程序模板的模块，然后单击“打开”。

图　2-22

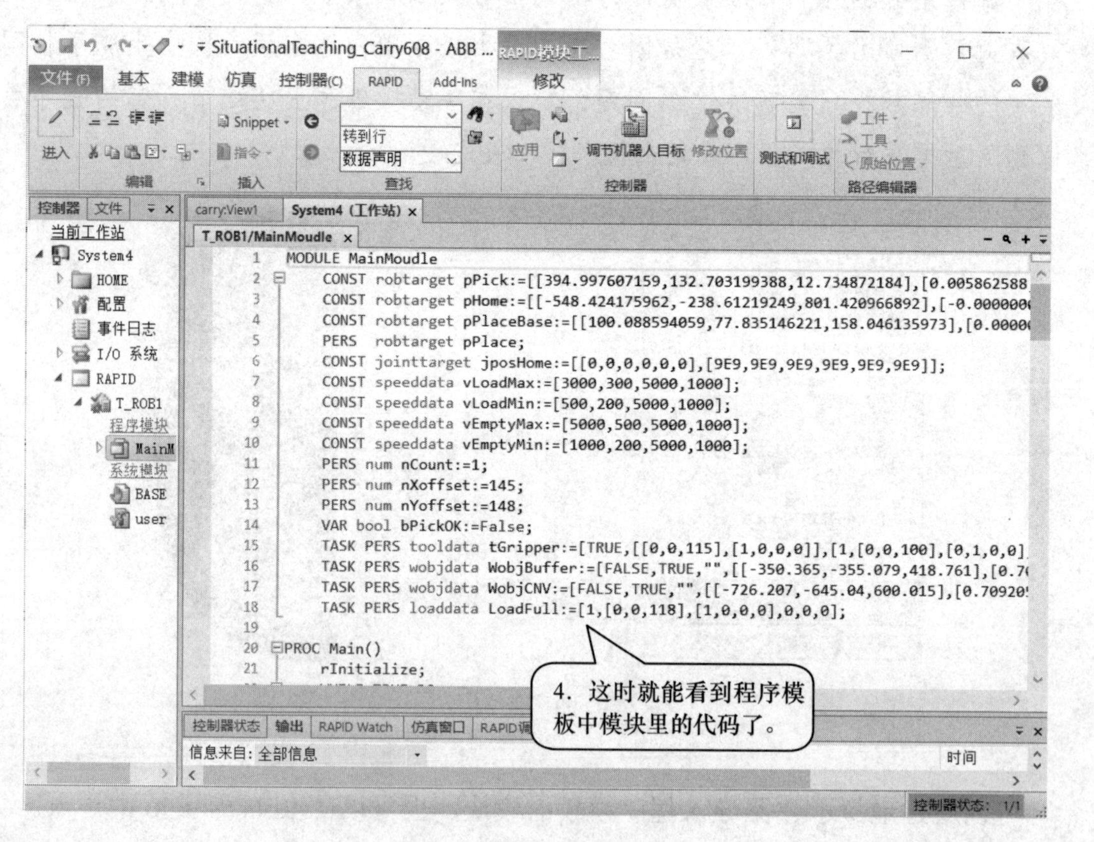
4. 这时就能看到程序模板中模块里的代码了。

图　2-23

任务 2-7　工作站 RAPID 程序的注解

工作任务

1．理解程序架构。

2．读懂程序代码的含义。

实践操作

本工作站要实现的动作是工业机器人在流水线上拾取太阳能薄板工件，将其搬运至暂存盒中，以便周转至下一工位进行处理。

在熟悉了此 RAPID 程序后，可以根据实际的需要在此程序的基础上做适用性的修改，以满足实际逻辑与动作的控制。

以下是实现工业机器人逻辑和动作控制的 RAPID 程序：

```
MOUDLE  MainMoudle
CONST  robtarget  pPick:=[[*,*,*],[*,*,*,*],[0,0,0,0],[9E9,9E9,9E9,9E9,9E9,9E9]];
CONST  robtarget  pHome :=[[*,*,*],[*,*,*,*],[0,0,0,0],[9E9,9E9,9E9,9E9,9E9,9E9]];
CONST  robtarget  pPlaceBase :=[[*,*,*],[*,*,*,*],[-1,0,-1,0],[9E9,9E9,9E9,9E9,9E9,9E9]];
! 需要示教的目标点数据 , 抓取点 pPick，HOME 点 pHome, 放置基准点 pPlaceBase
PERS wobjdata WobjCNV:=[FALSE,TRUE,"",[[-456.216,-2058.49,-233.373],
                        [1,0,0,0]],[[0,0,0],[1,0,0,0]]];
! 定义输送带工件坐标系 WobjCNV
PERS wobjdata WobjBuffer:=[FALSE,TRUE,"",[[-421.764,1102.39,-233.373],
                        [1,0,0,0]],[[0,0,0],[1,0,0,0]]];
! 定义暂存盒工件坐标系 WobjBuffer
PERS tooldata tGripper:=[TRUE,[[0,0,115],[1,0,0,0]],[1,[0,0,100],[1,0,0,0],0,0,0]];
! 定义工具坐标系数据 tGripper
PERS loaddata LoadFull:=[0.5,[0,0,1.5],[1,0,0,0],0,0,0.1];
! 定义有效载荷数据 LoadFull
PERS   robtarget  pPlace;
! 放置目标点，类型为 PERS，在程序中被赋予不同的数值，用以实现多点位放置
CONST  jointtarget  jposHome:=[[0,0,0,0,0,0],[9E+09,9E+09,9E+09,9E+09,9E+09,9E+09]];
! 关节目标点数据，各关节轴度数为 0，即工业机器人回到各关节轴机械刻度零位
CONST  speeddata  vLoadMax:=[3000,300,5000,1000];
```

```
    CONST speeddata vLoadMin:=[500,200,5000,1000];
    CONST speeddata vEmptyMax:=[5000,500,5000,1000];
    CONST speeddata vEmptyMin:=[1000,200,5000,1000];
    ! 速度数据，根据实际需求定义多种速度数据，以便于控制工业机器人各动作的速度
    PERS num nCount:=1;
    ! 数字型变量 nCount，此数据用于太阳能薄板计数，根据此数据的数值赋予放置目标点
pPlace 不同的位置数据，以实现多点位放置
    PERS num nXoffset:=145;
    PERS num nYoffset:=148;
    ! 数字型变量，用作放置位置偏移数值，即太阳能薄板摆放位置之间在 X、Y 方向的单个间
隔距离
    VAR bool bPickOK:=FALSE;
    ! 布尔量，当拾取动作完成后将其置为 TRUE，放置完成后将其置为 FALSE，以作逻辑
控制之用

    PROC Main()
    ! 主程序
        rInitialize;
        ! 调用初始化程序
        WHILE TRUE DO
            ! 利用 WHILE 循环将初始化程序隔开
        rPickPanel;
            ! 调用拾取程序
        rPlaceInBuffer;
            ! 调用放置程序
        Waittime 0.3;
            ! 循环等待时间，防止当不满足工业机器人动作情况下程序扫描过快，造成
CPU 过负荷
      ENDWHILE
    ENDPROC

    PROC rInitialize()
    ! 初始化程序
        rCheckHomePos;
            ! 工业机器人位置初始化，调用检测是否在 Home 位置点程序，检测当前工业机
              器人位置是否在 Home 点，若在 Home 的话，则继续执行之后的初始化相关
              指令，如果不在 Home 点，则先返回至 Home 点
        nCount:=1;
            ! 计数初始化，将用于太阳能薄板的计数数值设置为 1，即从放置的第一个位
置开始摆放
```

```
    reset do32_VacuumOpen;
        ！信号初始化，复位真空信号，关闭真空
    bPickOK:=FALSE;
        ！布尔量初始化，将拾取布尔量置为 FALSE
ENDPROC

PROC rPickPanel()
    ！拾取太阳能薄板程序
  IF bPickOK=FALSE THEN
    ！当拾取布尔量 bPickOK 为 FALSE 时，执行 IF 条件下的拾取动作指令，否则执
     行 ELSE 中出错处理的指令，因为当工业机器人去拾取太阳能薄板时，需保证
     其真空夹具上面没有太阳能薄板
      MoveJ offs(pPick,0,0,100),vEmptyMax,z20,tGripper\WObj:=WobjCNV;
      ！利用 MoveJ 指令移至拾取位置 pPick 点正上方 Z 轴正方向 100mm 处
      WaitDI di01_PanelInPickPos,1;
       ！等待产品到位信号 di01_PanelInPickPos 变为 1，即太阳能薄板已到位
       MoveL pPick,vEmptyMin,fine,tGripper\WObj:=WobjCNV;
        ！产品到位后，利用 MoveL 移至拾取位置 pPick 点
       Set do32_VacuumOpen;
        ！将真空信号置为 1，控制真空吸盘产生真空，将太阳能薄板拾起
      WaitDI di02_VacuumOK,1;
         ！等待真空反馈信号为 1，即真空夹具产生的真空度达到需求后才认为已将产
          品完全拾起。若真空夹具上面没有真空反馈信号，则可以使用固定等待时间，
          如 Waittime 0.3
      bPickOK:=TRUE;
         ！真空建立后将拾取的布尔量置为 TRUE，表示工业机器人夹具上面已拾取一
          个产品，以便在放置程序中判断夹具的当前状态
      GripLoad LoadFull;
    ！加载载荷数据 LoadFull
      MoveL offs(pPick,0,0,100),vLoadMin,z10,tGripper\WObj:=WobjCNV;
    ！利用 MoveL 移至拾取位置 pPick 点正上方 100mm 处
  ELSE
      TPERASE;
      TPWRITE "Cycle Restart Error";
      TPWRITE "Cycle can't start with SolarPanel on Gripper";
      TPWRITE "Please check the Gripper and then restart next cycle ";
       Stop;
        ！如果在拾取开始之前拾取布尔量已经为 TRUE，则表示夹具上面已有产品，
          此种情况下工业机器人不能再去拾取另一个产品。此时通过写屏指令描述当
```

```
            前错误状态，并提示操作员检查当前夹具状态，排除错误状态后再开始下一
            个循环。同时利用 Stop 指令，停止程序运行
  ENDIF
ENDPROC

PROC rPlaceInBuffer()
          ! 放置程序
    IF bPickOK=TRUE THEN
      rCalculatePos;
          ! 调用计算放置位置程序，此程序中会通过判断当前计数 nCount 的值从而对
            放置点 pPlace 赋予不同的放置位置数据
      WaitDI di00_BufferReady,1;
          ! 等待暂存盒准备完成信号 di00_BufferReady 变为 1
      MoveJ offs(pPlace,0,0,100),vLoadMax,z20,tGripper\WObj:=WobjBuffer;
          ! 利用 MoveJ 移至放置位置 pPlace 点正上方 100mm 处
      MoveL pPlace,vLoadMin,fine,tGripper\WObj:=WobjBuffer;
          ! 利用 MoveL 移至放置位置 pPlace 点处
      reset do32_VacuumOpen;
          ! 复位真空信号，控制真空夹具关闭真空，将产品放下
      WaitDI di02_VacuumOK,0;
          ! 等待真空反馈信号变为 0
      Waittime 0.3;
          ! 等待 0.3s，以防止刚放置的产品被剩余的真空带起
      GripLoad load0;
          ! 加载载荷数据 Load0
      bPickOK:=FALSE;
          ! 此时真空夹具已将产品放下，需要将拾取布尔量置为 FALSE，以便在下一个
            循环的拾取程序中判断夹具的当前状态
      MoveL offs(pPlace,0,0,100),vEmptyMin,z10,tGripper\WObj:=WobjBuffer;
          ! 利用 MoveL 移至放置位 pPlace 点正上方 100mm 处
      nCount:=nCount+1;
          ! 产品计数 nCount 加 1，通过累计 nCount 的数值，在计算放置位置的程序
            rCalculatePos 中赋予放置点 pPlace 不同的位置数据
      IF nCount>4 THEN
          ! 判断计数 nCount 是否大于 4，此处演示的状况是当放置 4 个产品即表示已满载，
            需要更换暂存盒以及其他的复位操作，如计数 nCount、满载信号等
          nCount:=1;
          ! 计数复位，将 nCount 赋值为 1
        Set do34_BufferFull;
```

```
        ！输出暂存盒满载信号，以提示操作员或周边设备更换暂存装置
      MoveJ pHome,vEmptyMax,fine,tGripper;
        ！工业机器人移至 Home 点，此处可根据实际情况来设置工业机器人的动作，
          例如若是多工位放置，那么工业机器人则可继续去其他的放置工位进行产品
          的放置任务
      WaitDI di00_BufferReady,0;
        ！等待暂存装置到位信号变为 0，即满载的暂存装置已被取走
      Reset do34_BufferFull;
        ！满载的暂存装置被取走后，则复位暂存装置满载信号
    ENDIF
  ENDIF
ENDPROC

PROC rCalculatePos()
        ！计算位置子程序
    TEST nCount
        ！检测当前计数 nCount 的数值
      CASE 1:
      pPlace:=Offs(pPlaceBase,0,0,0);
        ！若 nCount 为 1，则利用 Offs 指令，以
          pPlaceBase 为基准点，在坐标系 WobjBuffer
          中沿着 X、Y、Z 方向偏移相应的数值，
          此处 pPalceBase 点就是第一个放置位置，
          所以 X、Y、Z 偏移值均为 0，也可直接
          写成 pPlace:=pPlaceBase;
```

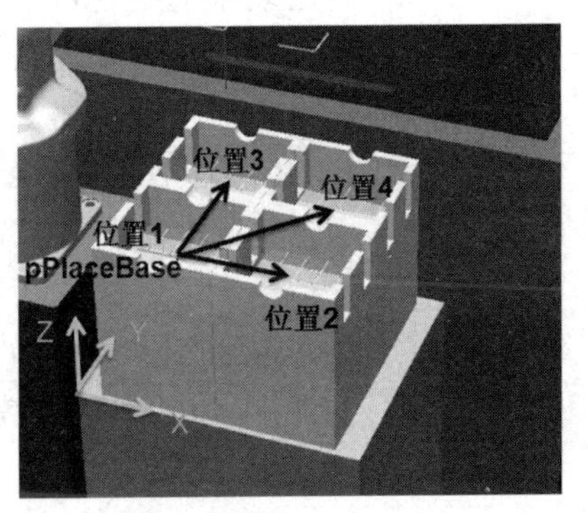

图　2-24

```
      CASE 2:
      pPlace:=Offs(pPlaceBase,nXoffset,0,0);
        ！若 nCount 为 2，如图 2-24 中所示，位置 2 相对于放置基准点 pPalceBase 点
          只是在 X 正方向偏移了一个产品间隔（PERS num nXoffset：=145; PERS
          num nYoffset：=148;），由于程序中是在工件坐标系 WobjBuffer 下进行放置
          动作，所以这里所涉及的 X、Y、Z 方向均指的是 WobjBuffer 坐标系方向
      CASE 3:
      pPlace:=Offs(pPlaceBase,0,nYoffset,0);
        ！若 nCount 为 3，如图 2-24 中所示，位置 3 相对于放置基准点 pPalceBase
          点只是在 Y 正方向偏移了一个产品间隔（PERS num nXoffset：=145; PERS
          num nYoffset：=148;）
      CASE 4:
      pPlace:=Offs(pPlaceBase,nXoffset,nXoffset,0);
        ！若 nCount 为 4，如图 2-24 中所示，位置 4 相对于放置基准点 pPalceBase 点在
```

```
            X、Y 正方向各偏移了一个产品间隔（PERS num nXoffset：=145; PERS num
            nYoffset：=148;）
        DEFAULT:
            TPERASE;
            TPWRITE "The CountNumber is error,please check it!";
          Stop;
          ! 若 nCount 数值不为 CASE 中所列的数值，则视为计数出错，写屏提示错误
            信息，并利用 Stop 指令停止程序循环
    ENDTEST
  ENDPROC

  PROC rCheckHomePos()
  ! 检测是否在 Home 点程序
      VAR robtarget pActualPos;
      ! 定义一个目标点数据 pActualPos
      IF NOT CurrentPos(pHome,tGripper) THEN
      ! 调用功能程序 CurrentPos，此为一个布尔量型的功能程序，括号里面的参数
        分别指的是所要比较的目标点以及使用的工具数据，这里写入的是 pHome，则
        是将当前工业机器人位置与 pHome 点进行比较，若在 Home 点，则此布尔量为
        TRUE；若不在 Home 点则为 FALSE。在此功能程序的前面加上一个 NOT，则表
        示当工业机器人不在 Home 点时才会执行 IF 判断中工业机器人返回 Home 点的动
        作指令
          pActualPos:=CRobT(\Tool:=tGripper\WObj:=wobj0);
          ! 利用 CRobT 功能读取当前工业机器人目标位置并赋值给目标点数据
          pActualPos
          pActualPos.trans.z:=pHome.trans.z;
          ! 将 pHome 点的 Z 值赋给 pActualPos 点的 Z 值
          MoveL pActualPos,v100,z10,tGripper;
        ! 移至已被赋值后的 pActualPos 点。
          MoveL pHome,v100,fine,tGripper;
          ! 移至 pHome 点，上述指令的目的是需要先将工业机器人提升至与 pHome 点一
            样的高度，之后再平移至 pHome 点，这样可以简单地规划一条安全回 Home
            的轨迹
      ENDIF
  ENDPROC
  FUNC bool CurrentPos(robtarget ComparePos,INOUT tooldata TCP)
  ! 检测目标点功能程序，带有两个参数，比较目标点和所使用的工具数据
      VAR num Counter:=0;
      ! 定义数字型数据 Counter
      VAR robtarget ActualPos;
```

```
        ! 定义目标点数据 ActualPos
      ActualPos:=CRobT(\Tool:=tGripper\WObj:=wobj0);
      ! 利用 CRobT 功能读取当前工业机器人目标位置并赋值给 ActualPos
      IF ActualPos.trans.x>ComparePos.trans.x-25 AND ActualPos.trans.x<ComparePos.trans.
x+25 Counter:=Counter+1;
      IF ActualPos.trans.y>ComparePos.trans.y-25 AND ActualPos.trans.y<ComparePos.trans.
y+25 Counter:=Counter+1;
      IF ActualPos.trans.z>ComparePos.trans.z-25 AND ActualPos.trans.z<ComparePos.trans.
z+25 Counter:=Counter+1;
      IF ActualPos.rot.q1>ComparePos.rot.q1-0.1 AND ActualPos.rot.q1<ComparePos.rot.
q1+0.1 Counter:=Counter+1;
      IF ActualPos.rot.q2>ComparePos.rot.q2-0.1 AND ActualPos.rot.q2<ComparePos.rot.
q2+0.1 Counter:=Counter+1;
      IF ActualPos.rot.q3>ComparePos.rot.q3-0.1 AND ActualPos.rot.q3<ComparePos.rot.
q3+0.1 Counter:=Counter+1;
      IF ActualPos.rot.q4>ComparePos.rot.q4-0.1 AND ActualPos.rot.q4<ComparePos.rot.
q4+0.1 Counter:=Counter+1;
      ! 将当前工业机器人所在目标位置数据与给定目标点位置数据进行比较，共七项数
       值，分别是 X、Y、Z 坐标值以及工具姿态数据 q1、q2、q3、q4 里面的偏差值，
       如 X、Y、Z 坐标偏差值“25”可根据实际情况进行调整。每项比较结果成立，
       则计数 Counter 加 1，七项全部满足的话，则 Counter 数值为 7
      RETURN Counter=7;
      ! 返回判断式结果，若 Counter 为 7，则返回 TRUE；若 Counter 不为 7，则返回
FALSE
   ENDFUNC
   PROC rMoveAbsj()
        MoveAbsJ jposHome\NoEOffs, v100, fine, tGripper\WObj:=wobj0;
        ! 利用 MoveAbsj 移至工业机器人各关节轴零位位置
   ENDPROC
   PROC rModPos()
   ! 示教目标点程序
      MoveL pPick,v10,fine,tGripper\WObj:=WobjCNV;
      ! 在工件坐标系 WobjCNV 下示教拾取点 pPick
      MoveL pPlaceBase,v10,fine,tGripper\WObj:=WobjBuffer;
      ! 在工件坐标系 WobjBuffer 下示教放置基准点 pPlaceBase
      MoveL pHome,v10,fine,tGripper;
      ! 在工件坐标系 Wobj0 下示教 Home 点 pHome
   ENDPROC
   ENDMOUDLE
```

任务 2-8 程序修改与示教目标点

工作任务

1. 掌握程序修改的方法。
2. 掌握示教目标点的操作。
3. 掌握仿真运行的操作。

实践操作

2-8-1 程序修改

根据实际情况需求，若需要在此程序基础上做适应性的修改，可以通过示教器的程序编辑器进行修改。

也可以使用 RobotStudio 直接对程序代码进行编辑，而且更为方便快捷。下面就如何在 RobotStudio 中编辑程序代码的操作进行示范，如图 2-25 所示。

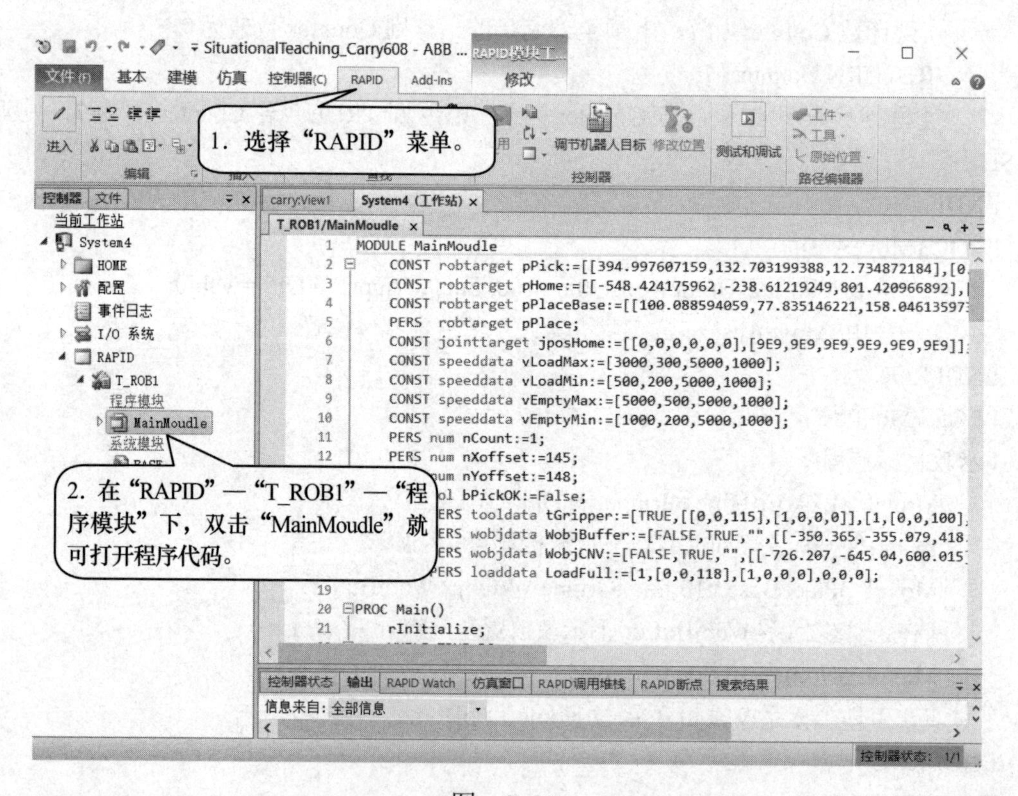

图　2-25

在 RAPID 菜单中可以进行添加、复制、粘贴、删除等常规文本编辑操作。若对 RAPID 指令不太熟练，可单击工具栏中的“Snippet”，选择所需添加的指令，同时有语法提示，便于程序代码编辑。

编辑完成后，单击“RAPID”菜单中的“应用”（图 2-26），即可将所做修改同步至控制系统中。

图　2-26

单击“应用”后，在编辑器下面的“输出”提示窗口会显示程序检查信息，根据错误提示对文本进行修改，直至无语法语义错误，如图 2-27 所示。

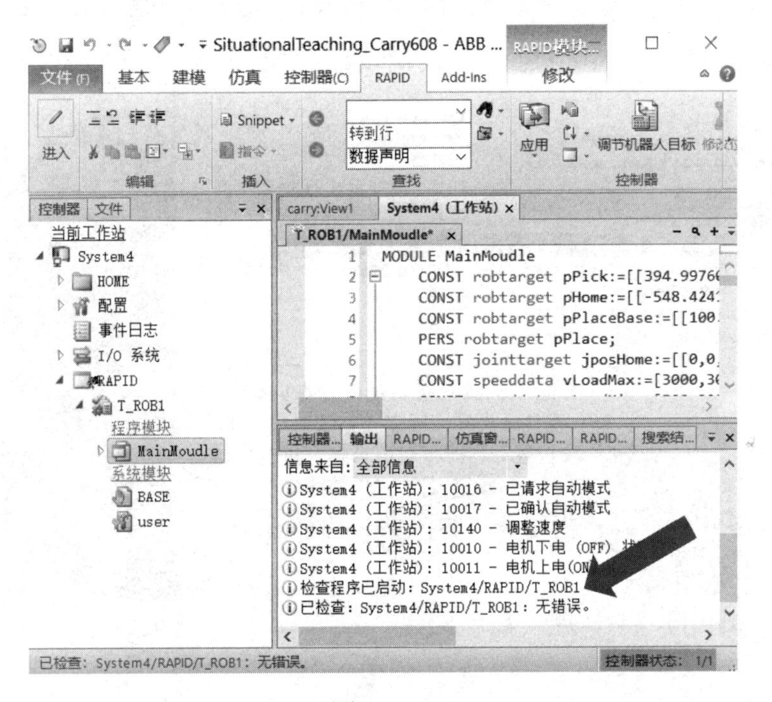

图　2-27

2-8-2 示教目标点

在本工作站中，需要示教三个目标点，分别为太阳能薄板拾取点 pPick、放置基准点 pPlaceBase 和程序起始点 pHome。

1）拾取点 pPick：如图 2-28 所示。

2）放置基准点 pPlaceBase：如图 2-29 所示。

3）程序起始点 pHome：如图 2-30 所示。

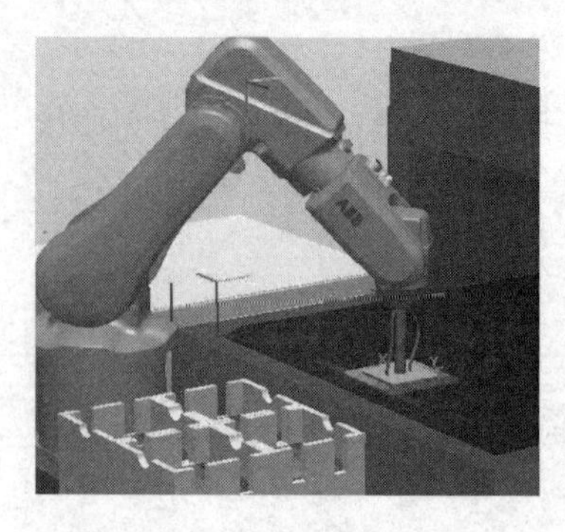

图　2-28

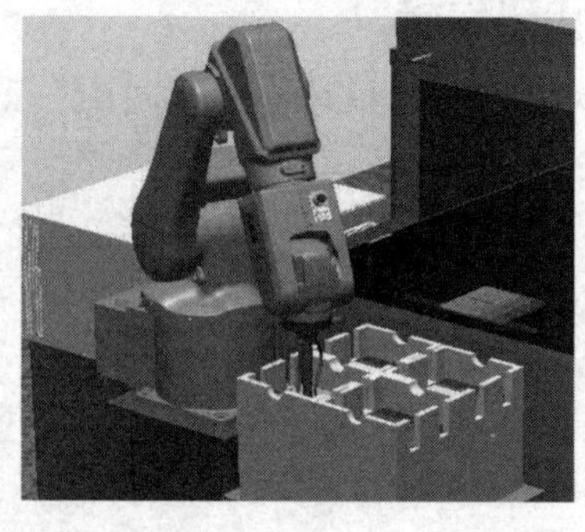

图　2-29

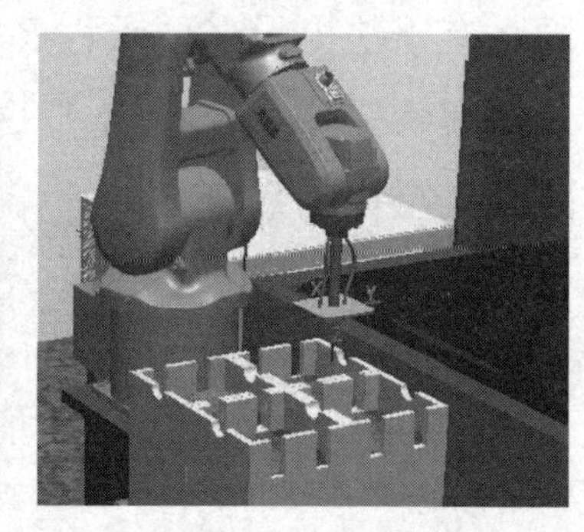

图　2-30

在 RAPID 程序模板中包含一个专门用于手动示教目标点的子程序 rModPos，在虚拟示教器中，进入“程序编辑器”，将指针移动至该子程序，然后通过虚拟示教器操纵工业机器人依次移动至拾取点 pPick、放置基准点 pPlaceBase、程序起始点 pHome，并通过修改位置将其记录下来，如图 2-31、图 2-32 所示。

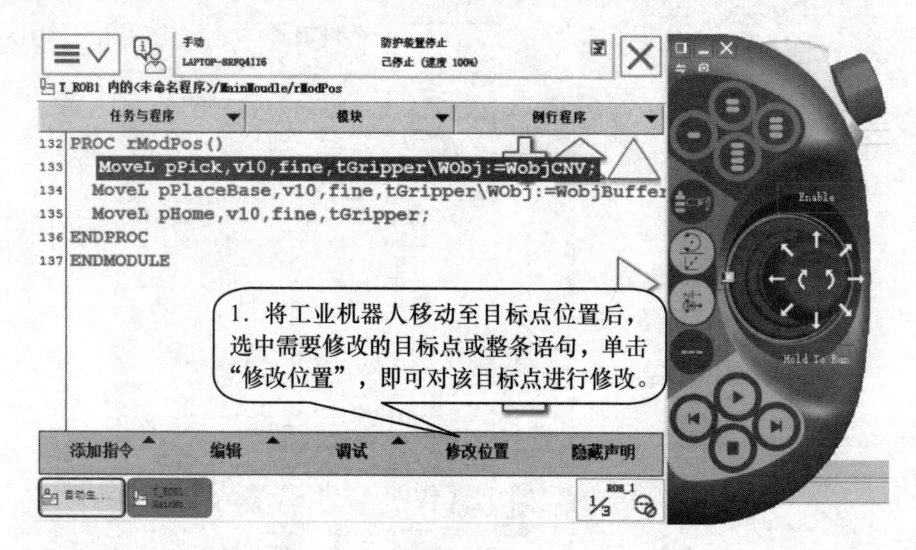

图　2-31

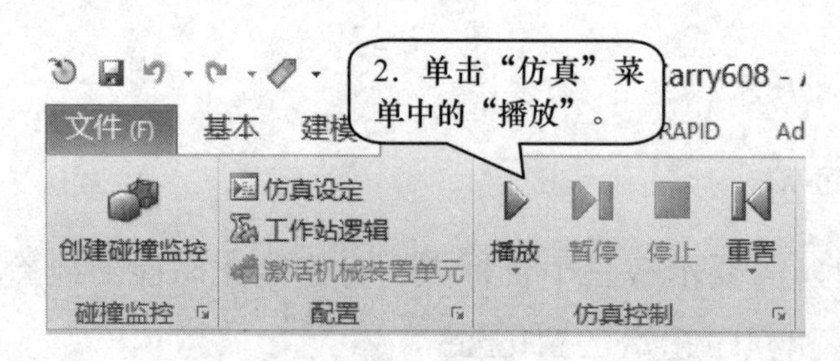

图　2-32

任务 2-9　知识拓展

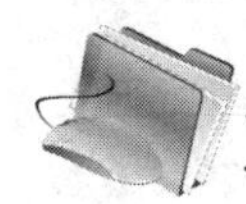

工作任务

1. 了解 LoadIdentify 载荷测定服务例行程序。
2. 了解数字 I/O 信号设置参数。
3. 了解系统输入 / 输出。
4. 了解限制关节轴运动范围。
5. 了解奇异点管理。

知识讲解

2-9-1　LoadIdentify 载荷测定服务例行程序

在工业机器人系统中已预定义了数个服务例行程序，如 SMB 电池节能、自动测定载荷等。其中，LoadIdentify 可以测定工具载荷和有效载荷。可确认的数据是质量、重心和转动惯量。与已确认数据一同提供的还有测量精度，该精度可以表明测定的进展情况。

在本案例中，由于工具及搬运工件结构简单并且对称，可以直接通过手工测量的方法测出工具及工件的载荷数据，但若所用夹具或搬运工件较为复杂，不便于手工测量，则可使用此服务例行程序来自动测量出工具载荷或有效载荷。示例如图 2-33 所示。

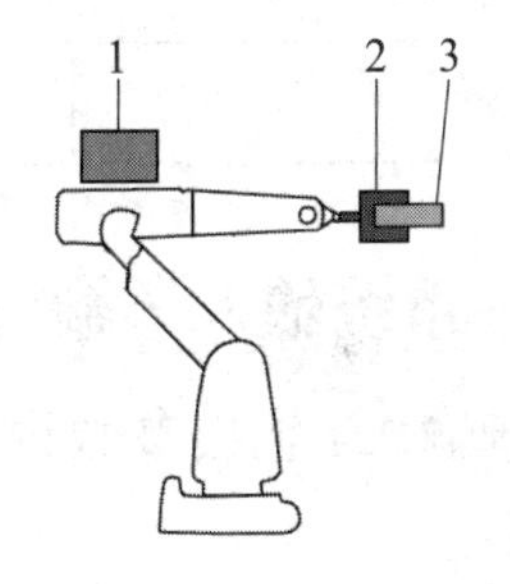

图　2-33

1—上臂载荷　2—工具载荷　3—工件载荷

2-9-2　数字 I/O 信号参数说明及设置

数字 I/O 信号参数说明及设置见表 2-8。

表　2-8

参 数 名 称	参数说明及设置
Name	信号名称（必设）
Type of Signal	信号类型（必设）

（续）

参数名称	参数说明及设置
Assigned to Device	连接到的I/O单元（必设）
Signal Identification Lable	信号标签；为信号添加标签，便于查看。例如将信号标签与接线端子上标签设为一致，如Conn. X4、Pin 1
Device Mapping	占用I/O单元的地址（必设）
Category	信号类别；为信号设置分类标签，当信号数量较多时，通过类别过滤，便于分类别查看信号
Access Level	写入权限 ReadOnly：各客户端均无写入权限，为只读状态 Default：可通过指令写入或本地客户端（如示教器）在手动模式下写入 All：各客户端在各模式下均有写入权限
Default Value	默认值；系统启动时其信号默认值
Filter Time Passive	失效过滤时间（ms）；防止信号干扰，如设置为1000，则当信号置为0，持续1s后才视为该信号已置为0（限于输入信号）
Filter Time Active	激活过滤时间（ms）；防止信号干扰，如设置为1000，则当信号置为1，持续1s后才视为该信号已置为1（限于输入信号）
Invert Physical Value	信号置反
Safe Level	安全等级设定（限于输出信号）

2-9-3 系统输入/输出参数

系统输入/输出参数说明见表2-9、表2-10。

表 2-9

系统输入参数	说明
Motor On	电动机上电
Motor On and Start	电动机上电并启动运行
Motor Off	电动机下电
Load and Start	加载程序并启动运行
Interrupt	中断触发
Start	启动运行

（续）

系统输入参数	说　　明
Start at Main	从主程序启动运行
Stop	暂停
Quick Stop	快速停止
Soft Stop	软停止
Stop at End fo Cycle	在循环结束后停止
Stop at End of Instruction	在指令运行结束后停止
Reset Execution Error Signal	报警复位
Reset Emergency Stop	急停复位
System Restart	重启系统
Load	加载程序文件，适用后，之前适用 Load 加载的程序文件将被清除
Backup	启动系统备份
Disable Backup	停止一次备份的操作
Enable Energy Saving	激活节能状态
Limit Speed	速度限制设定
Pp to Main	程序指针移至主程序
Sim Mode	进入仿真模式
Write Access	允许写权限
Collision Avoidance	激活碰撞监控功能

表　2–10

系统输出参数	说　　明
Auto On	自动运行状态
Backup Error	备份错误报警
Backup in Progress	系统备份进行中状态，当备份结束或错误时信号复位
Cycle On	程序运行状态
Emergency Stop	紧急停止
Execution Error	运行错误报警
Mechanical Unit Active	激活机械单元

（续）

系统输出参数	说　明
Mechanical Unit Not Moving	机械单元没有运行
Motor Off	电动机下电
Motor On	电动机上电
Motor Off State	电动机下电状态
Motor On State	电动机上电状态
Motion Supervision On	动作监控打开状态
Motion Supervision Triggered	当碰撞检测被触发时信号置位
Path Return Region Error	返回路径失败状态，工业机器人当前位置离程序位置太远导致
Power Fail Error	动力供应失效状态，工业机器人断电后无法从当前位置运行
Production Execution Error	程序执行错误报警
Run Chain OK	运行链处于正常状态
Simulated I/O	虚拟 I/O 状态，有 I/O 信号处于虚拟状态
Task Executing	任务运行状态
TCP Speed	TCP 速度，用模拟输出信号反映工业机器人当前实际速度
TCP Speed Reference	TCP 速度参考状态，用模拟输出信号反映工业机器人当前指令中的速度
Absolute Accuracy Active	绝对精度激活
Collision Avoidance	碰撞监控
CPU Fan not Running	CPU 风扇速度监控
Enable Energy Saving	节能状态
Limit Speed	速度限制
PP Moved	程序指针移动
Robot Not On Path	工业机器人不在路径上
Sim Mode	仿真模式
SMB Battery Charge Low	SMB 电池电量低
System Input Busy	系统输入繁忙
Temperature Warning	CPU 温度报警
Write Access	客户端拥有写权限

注意

表2-9、表2-10的系统输入/输出信号参数是基于RobotWare 6.08，随着RobotWare新版本的发布，系统输入/输出信号参数可能会有所变化。

2-9-4 限制关节轴运动范围

在某些情况下，因为工作环境或控制的需要，会对工业机器人关节轴的运动范围进行限定。具体操作如图2-34～图2-37所示。

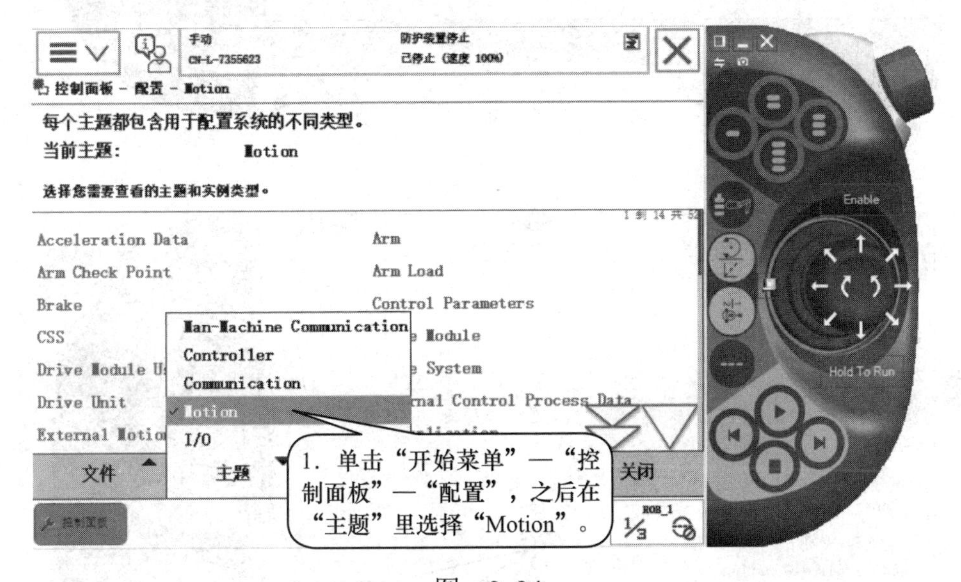

图　2-34

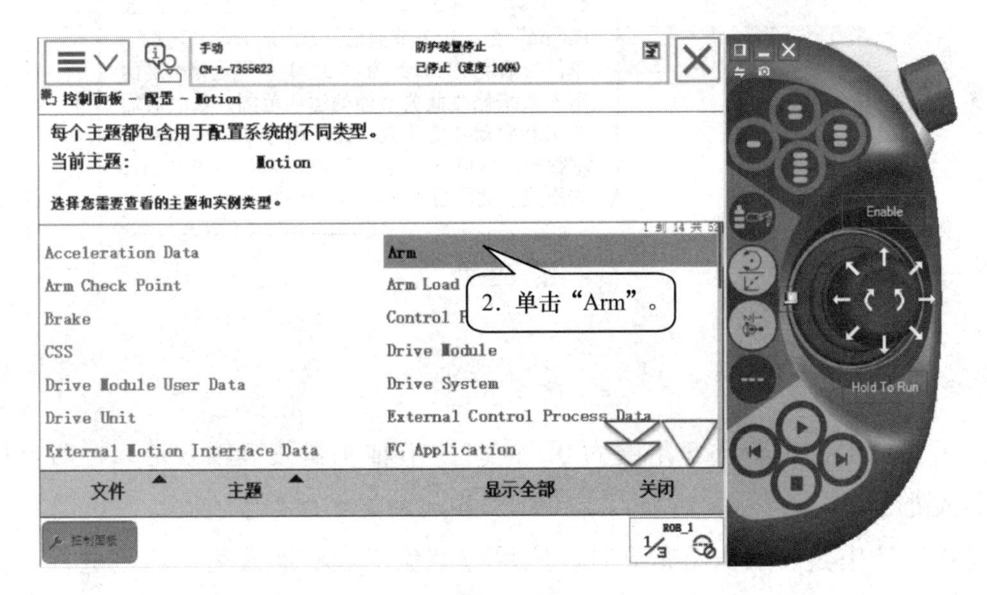

图　2-35

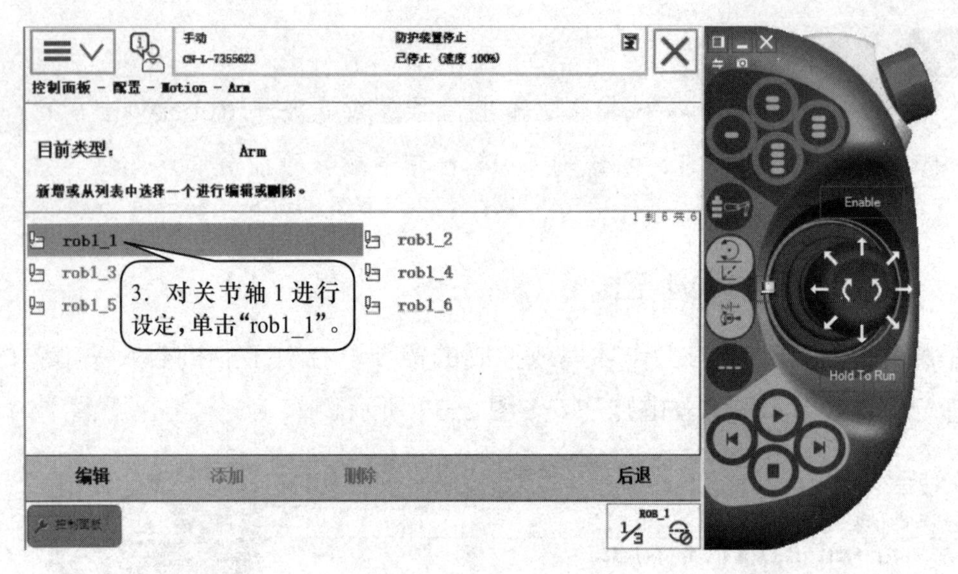

图　2-36

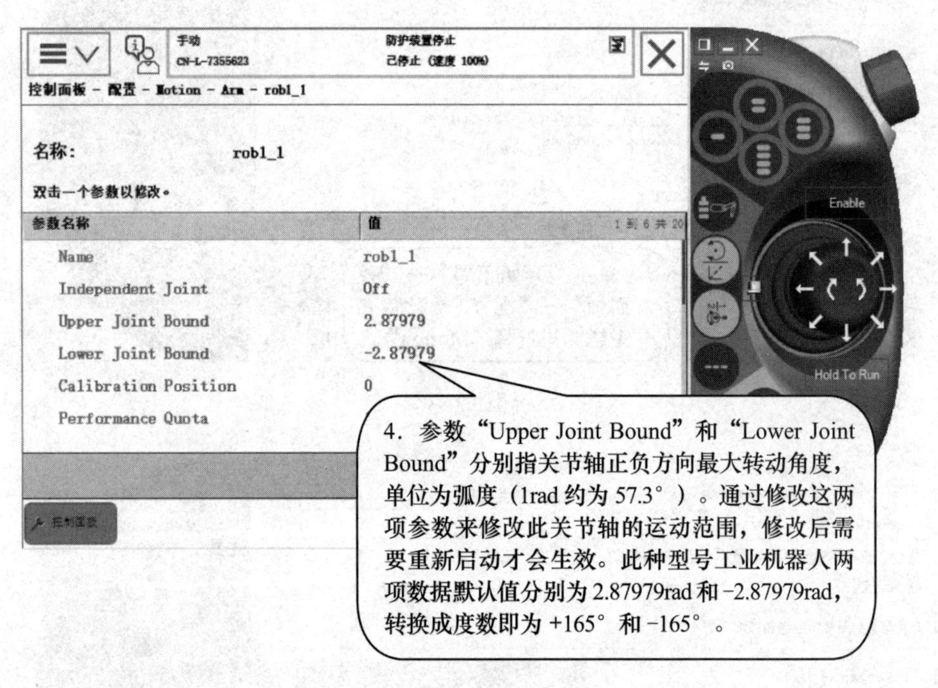

图　2-37

2-9-5 奇异点管理

当工业机器人关节轴 5 角度为 0，同时关节轴 4 和关节轴 6 是一样时，则工业机器人处于奇异点。

当在设计夹具及工作站布局时，应尽量避免工业机器人运动轨迹进入奇异点的可能。

在编程时，也可以使用 SingArea 这个指令来让工业机器人自动规划当前轨迹经过奇异点时的插补方式。如：

SingArea\Wrist; 允许轻微改变工具的姿态以便通过奇异点。

SingArea\Off; 关闭自动插补。

学习检测

技能自我学习检测评分表见表 2-11。

表 2-11

项　目	技术要求	分　值	评分细则	评分记录	备　注
练习搬运常用 I/O 配置	能够正确配置常用的 I/O 信号和系统输入 / 输出	20	1. 理解流程 2. 操作流程		
练习三个重要的程序数据创建	能够正确设定工具数据、工件坐标系数据和载荷数据	20	1. 理解流程 2. 操作流程		
练习目标点示教操作	能够准确完成目标点的示教操作	20	1. 理解流程 2. 操作流程		
总结程序调试的详细过程	能够将程序调试的详细过程用书面表达	20	1. 理解流程 2. 操作流程		
尝试根据实际需要优化搬运程序	能够根据实际需要对搬运程序进行优化	20	1. 理解流程 2. 熟练操作		

项目 3　工业机器人典型应用——码垛

教学目标

1．了解工业机器人码垛工作站的工作任务。

2．学会码垛常用 I/O 配置。

3．学会码垛程序数据创建。

4．学会中断程序的运用。

5．学会准确触发动作的应用。

6．学会多工位码垛程序调试。

7．学会码垛节拍优化技巧。

任务 3-1　了解工业机器人码垛工作站工作任务

本工作站以纸箱码垛为例，采用 ABB 公司 IRB 460 工业机器人完成双工位码垛任务，即两条产品输入线、两个产品输出位。IRB 460 工业机器人是 ABB 推出的一款全球最快的码垛机器人，IRB 460 的操作节拍最高可达 2190 次循环 /h，是生产线末端进行码垛作业的理想之选。该工业机器人到达距离为 2.4m，与类似条件下的竞争产品相比，占地面积节省了 20%，而运行速度快了 15%。本工作站中（图 3-1）已经设定虚拟垛相关的动作效果，包括产品流动、夹具动作以及产品拾放等，读者只需在此工作站中依次完成 I/O 配置、程序数据创建、目标点示教、程序编写及调试，即可完成整个码垛工作站的码垛任务。通过本任务的学习，读者可以熟悉工业机器人的码垛应用，学会工业机器人多工位码垛程序的编写技巧。

ABB 拥有全套先进的码垛机器人解决方案，包括全系列的紧凑型 4 轴码垛机器人，例如 IRB 260、IRB 460、IRB 660、IRB 760，以及 ABB 标准码垛夹具，例如夹板式夹具、吸盘式夹具、夹爪式夹爪、托盘夹具等，其广泛应用于化工、建材、饮料、食品等各行业生产线物料、货物的堆放等。

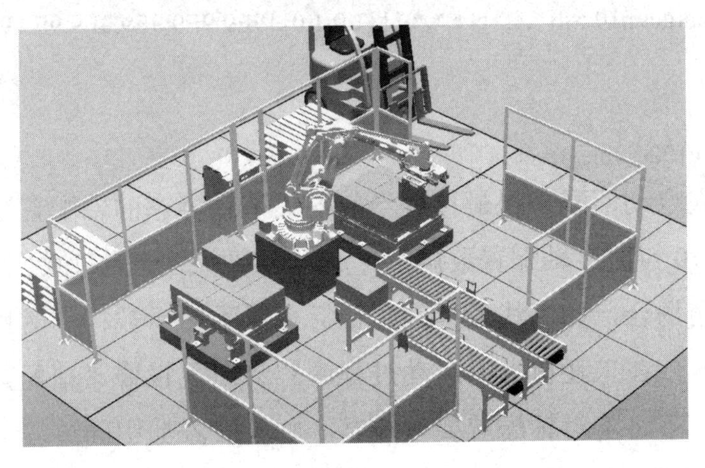

图　3-1

任务 3-2　学习码垛工作站的技术准备

工作任务

1. 了解轴配置监控指令的功能。
2. 了解计时指令的功能。
3. 了解动作触发指令的功能。
4. 了解数组的应用。
5. 了解中断程序的作用。
6. 了解复杂程序数据的赋值。

实践操作

3-2-1　轴配置监控指令

ConfL：指定工业机器人在线性运动及圆弧运动过程中是否严格遵循程序中已设定的轴配置参数。默认情况下轴配置监控是打开的，当关闭轴配置监控后，工业机器人在运动过程中采取最接近当前轴配置数据的配置到达指定目标点。

例如，目标点 p10 中，数据 [1,0,1,0] 就是此目标点的轴配置数据：

```
CONST robtarget p10 :=[[*,*,*],[*,*,*,*],[1,0,1,0],[9E9,9E9,9E9,9E9,9E9,9E9]];

ConfL \Off;
MoveL p10, v1000, fine, tool0;
```

工业机器人自动匹配一组最接近当前各关节轴姿态的轴配置数据移动至目标点 p10，到达 p10 点时，轴配置数据不一定为程序中指定的 [1,0,1,0]。

在某些应用场合，如离线编程创建目标点或手动示教相邻两目标点间轴配置数据相差较大时，在工业机器人运动过程中容易出现报警“轴配置错误”而造成停机。此种情况下，若对轴配置要求较高，则一般添加中间过渡点；若对轴配置要求不高，则可通过指令 ConfL\Off 关闭轴监控，使工业机器人自动匹配可行的轴配置来到达指定目标点。

ConfJ 用法与 ConfL 相同，只不过前者为关节线性运动过程中的轴监控开关，影响的是 MoveJ；而后者为线性运动过程中的轴监控开关，影响的是 MoveL。

3-2-2 计时指令

在工业机器人运动过程中，经常需要利用计时功能来计算当前工业机器人运行节拍，并通过写屏指令显示相关信息。

下面以一个完整的计时案例来学习关于计时并显示计时信息的综合运用。程序如下：

```
VAR clock clock1;
! 定义时钟数据 clock1
VAR num CycleTime;
! 定义数字型数据 CycleTime，用于存储时间数值
ClkReset clock1;
! 时钟复位
ClkStart clock1;
! 开始计时
…
! 工业机器人运动指令等
ClkStop clock1;
! 停止计时
```

CycleTime :=ClkRead(clock1);

！读取时钟当前数值，并赋值给 CycleTime

TPErase;

！清屏

TPWrite "The Last CycleTime is "\Num:= CycleTime ;

！写屏，在示教器屏幕上显示节拍信息，假设当前数值 CycleTime 为 10，则示教器屏幕上最终显示信息为："The Last CycleTime is 10"

3-2-3 动作触发指令

TriggL：在线性运动过程中，在指定位置准确的触发事件如置位输出信号、激活中断等。可以定义多种类型的触发事件，如 TriggIO（触发信号），TriggEquip（触发装置动作），TriggInt（触发中断）等。

下面以触发装置动作（图 3-2）类型为例（在准确的位置触发工业机器人夹具的动作通常采用此种类型的触发事件）说明，程序如下：

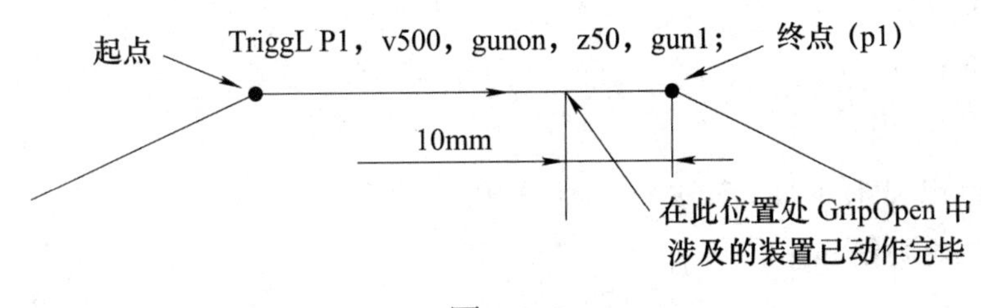

图　3-2

VAR triggdata GripOpen;

！定义触发数据 GripOpen

TriggEquip GripOpen, 10, 0.1 \DOp:=doGripOn, 1;

！定义触发事件 GripOpen，在距离指定目标点前 10mm 处，并提前 0.1s （用于抵消设备动作延迟时间）触发指定事件：将数字输出信号 doGripOn 置为 1。

TriggL p1, v500, GripOpen, z50, tGripper;

！执行 TriggL，调用触发事件 GripOpen，即工业机器人 TCP 在朝向 p1 点运动过程中，在距离 p1 点前 10mm 处，并且再提起 0.1s 则将 doGripOn 置为 1。

例如，为提高节拍时间，在控制吸盘夹具动作过程中，吸取产品时需要提前打开真空，放置产品时需要提前释放真空，为了能够准确地触发吸盘夹具的动作，通常采用 Trigg 指令来对其进行控制。

如果在触发距离后面添加可选参变量 \Start，则触发距离的参考点不再是终点，而是起点。

例如：

TriggEquip GripOpen, 10\Start, 0.1 \DOp:=doGripOn, 1;

TriggL p1, v500, GripOpen, z50, tGripper;

则当工业机器人 TCP 朝向 p1 点运动过程中，离开起点后 10mm 处，并且提前 0.1s 触发 GripOpen 事件。

3-2-4 数组的应用

在定义程序数据时，可以将同种类型、同种用途的数值存放在同一个数据中，当调用该数据时需要写明索引号来指定调用的是该数据中的哪个数值，这就是所谓的数组。在 RAPID 中可以定义一维数组、二维数组以及三维数组。

例如，一维数组：

```
VAR num num1{3}:=[5, 7, 9];
 ! 定义一维数组 num1
num2:=num1{2};
 !num2 被赋值为 7
```

例如，二维数组：

```
VAR num num1{3,4}:=[[1,2,3,4][5,6,7,8] [9,10,11,12]];
    ! 定义二维数组 num1
num2:=num1{3,2};
    !num2 被赋值为 10
```

在程序编写过程中，当需要调用大量的同种类型、同种用途的数据时，创建数据时可以利用数组来存放该些数据，这样便于在编程过程中对其进行灵活调用。甚至在大量 I/O 信号调用过程中，也可以先将 I/O 进行别名的操作，即将 I/O 信号与信号数据关联起来，之后将这些信号数据定义为数组类型，在程序编写中便于对同类型、同用途的信号进行调用。

3-2-5 什么是中断程序

在程序执行过程中，如果发生需要紧急处理的情况，这时就要中断当前程序的执行，马上跳转到专门的程序中对紧急情况进行相应处理，处理结束后返回至中断的地方继续往下执行程序。专门用来处理紧急情况的专门程序称作中断程序（TRAP），例如：

```
VAR intnum intnol;
  ! 定义中断数据 intnol
IDelete intnol;
  ! 取消当前中断符 intnol 的连接，预防误触发
CONNECT intnol WITH tTrap;
  ! 将中断符与中断程序 tTrap 连接
ISignalDI di1,1, intnol;
  ! 定义触发条件，即当数字输入信号 di1 为 1 时，触发该中断程序


TRAP  tTrap
  reg1:=reg1+1;
ENDTRAP
```

不需要在程序中对该中断程序进行调用，定义触发条件的语句一般放在初始化程序中，当程序启动运行完该定义触发条件的指令一次后，则进入中断监控，当数字输入信号 di1 变为 1 时，则工业机器人立即执行 tTrap 中的程序，运行完成之后，指针返回至触发该中断的程序位置继续往下执行。

ISleep：使中断监控失效，在失效期间，该中断程序不会被触发。例如：

```
ISleep  intnol;
```

与之对应的指令为：

IWatch：激活中断监控，系统启动后默认为激活状态，只要中断条件满足，即会触发中断。例如：

```
IWatch  intnol;
ISignalDI \Single, di1,1,intnol;
```

若在 ISignalDI 后面加上可选参变量 \Single，则该中断只会在 di1 信号第一次置 1 时触发相应的中断程序，后续则不再继续触发。

3-2-6 复杂程序数据的赋值

多数类型的程序数据均是组合型数据，即里面包含了多项数值或字符串。可以对其中的任何一项参数进行赋值。例如常见的目标点数据：

```
PERS  robtarget  p10 :=[[0,0,0],[1,0,0,0],[0,0,0,0],[9E9,9E9,9E9,9E9,9E9,9E9]];
PERS  robtarget  p20 :=[[100,0,0],[0,0,1,0],[1,0,1,0],[9E9,9E9,9E9,9E9,9E9,9E9]];
```

目标点数据里面包含了四组数据，从前往后依次为 TCP 位置数据 [0,0,0]（trans）、

TCP 姿态数据 [1,0,0,0]（rot）、轴配置数据 [1,0,1,0](robconf)、外部轴数据（extax），可以分别对该数据的各项数值进行操作，如：

```
p10.trans.x:=p20.trans.x+50;
p10.trans.y:=p20.trans.y-50;
p10.trans.z:=p20.trans.z+100;
p10.rot:=p20.rot;
p10.robconf:=p20.robconf;
```

赋值后则 p10 为：

```
PERS robtarget p10 :=[[150,-50,100],[0,0,1,0],[1,0,1,0],[9E9,9E9,9E9,9E9,9E9,9E9]];
```

任务 3-3 码垛工作站解包和工业机器人重置系统

工作任务

1. 对码垛工作站进行解包。
2. 对工业机器人进行重置系统。

实践操作

3-3-1 工作站解包

工作站解包的操作步骤如图 3-3 ～图 3-10 所示。

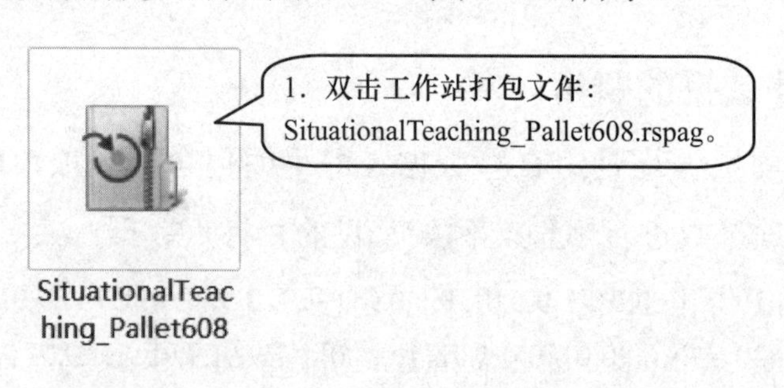

图　3-3

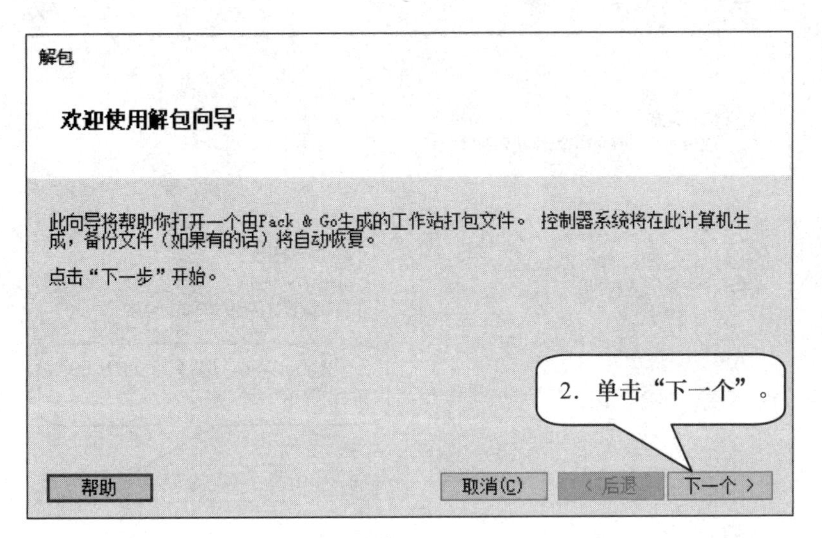
解包
欢迎使用解包向导
此向导将帮助你打开一个由Pack & Go生成的工作站打包文件。 控制器系统将在此计算机生成，备份文件（如果有的话）将自动恢复。
点击“下一步”开始。
2. 单击“下一个”。
帮助
取消(C)
< 后退
下一个 >

图　3-4

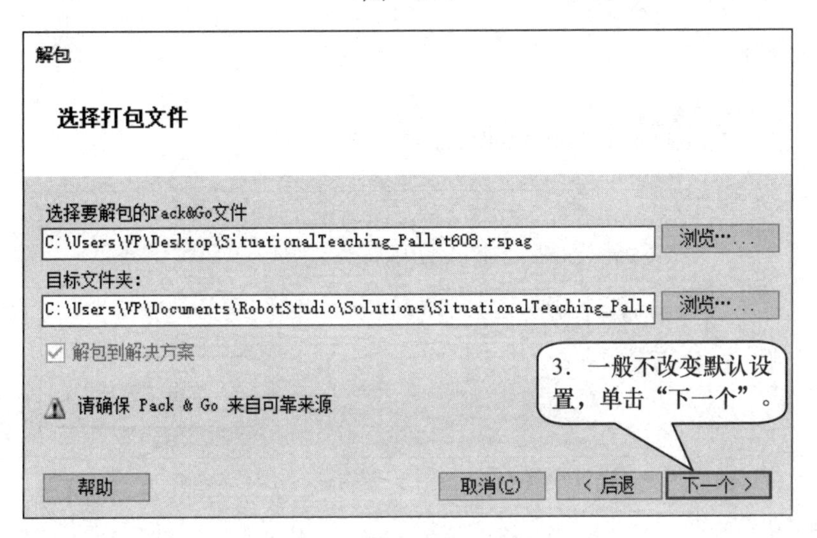
解包
选择打包文件
选择要解包的Pack&Go文件
C:\Users\VP\Desktop\SituationalTeaching_Pallet608.rspag
浏览...
目标文件夹:
C:\Users\VP\Documents\RobotStudio\Solutions\SituationalTeaching_Palle
浏览...
解包到解决方案
请确保 Pack & Go 来自可靠来源
3. 一般不改变默认设置，单击“下一个”。
帮助
取消(C)
< 后退
下一个 >

图　3-5

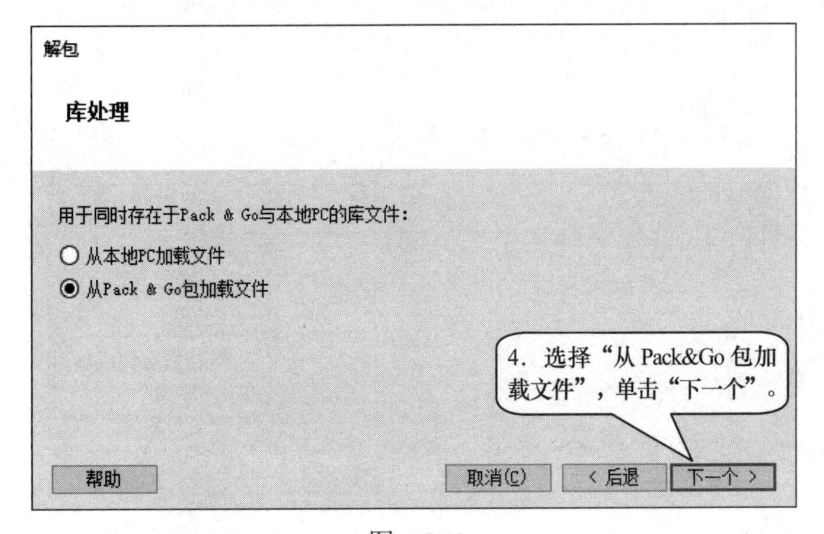
解包
库处理
用于同时存在于Pack & Go与本地PC的库文件:
从本地PC加载文件
从Pack & Go包加载文件
4. 选择“从 Pack&Go 包加载文件”，单击“下一个”。
帮助
取消(C)
< 后退
下一个 >

图　3-6

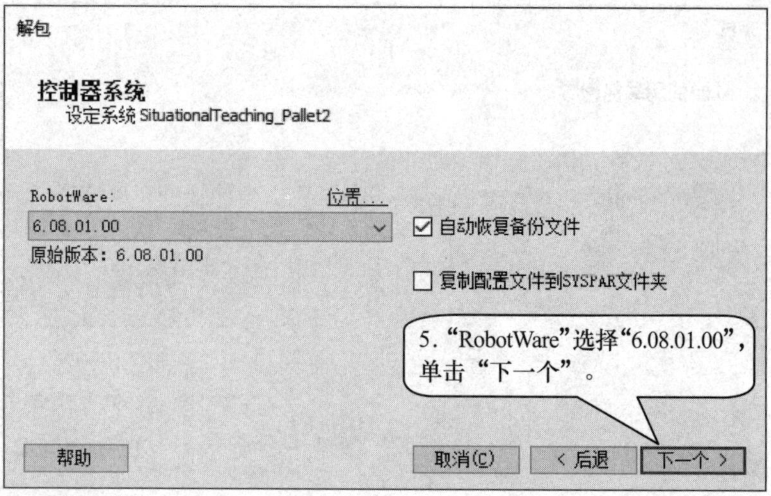

解包
控制器系统
设定系统 SituationalTeaching_Pallet2
RobotWare:
位置...
6.08.01.00
原始版本：6.08.01.00
自动恢复备份文件
复制配置文件到SYSPAR文件夹
5．“RobotWare”选择“6.08.01.00”，单击“下一个”。
帮助
取消(C)
< 后退
下一个 >

图　3-7

解包
解包已准备就绪
确认以下的设置，然后点击"完成"解包和打开工作站
解包的文件:
C:\Users\VP\Desktop\SituationalTeaching_Pallet608.rspag
目标:
C:\Users\VP\Documents\RobotStudio\Solutions
\SituationalTeaching_Pallet608
用于同时存在于Pack && Go与本地PC的库文件:
从Pack && Go包加载文件
设定系统 SituationalTeaching_Pallet2:
使用RobotWare: 6.08.01.00
自动恢复备份文件
6．单击“完成”。
帮助
取消(C)
< 后退
完成(F)

图　3-8

解包
解包完成
确认以下内容，然后点击"关闭"退出向导。
解包工作站中...
正在创建系统...
正在恢复备份...
正在打开工作站...
解包完成
7．等待解包完成后，单击“关闭”。
帮助
取消(C)
< 后退
关闭

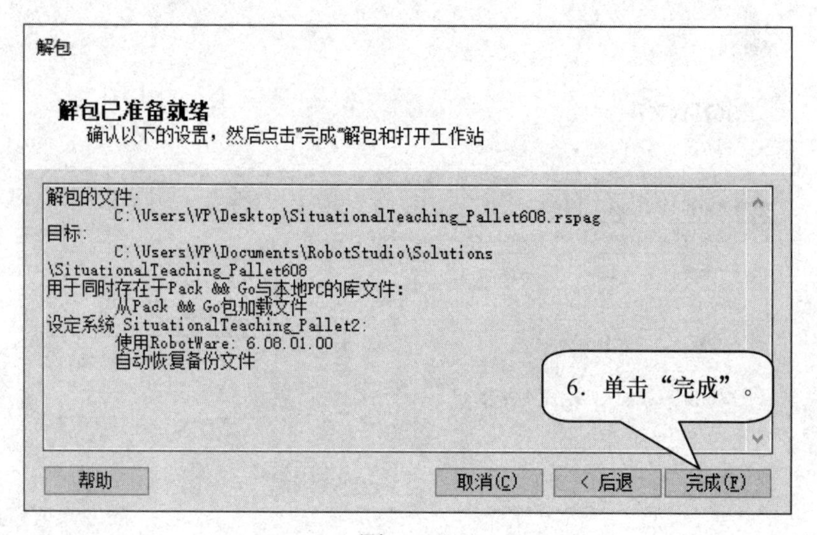

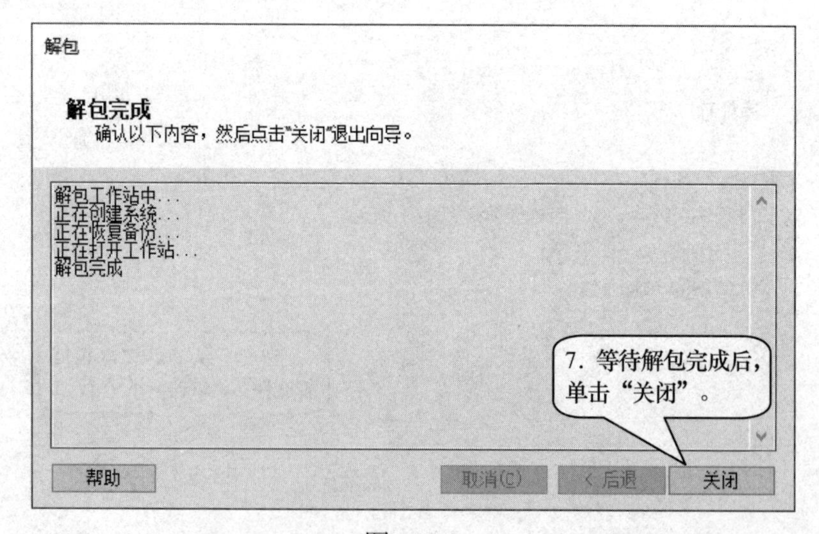

图　3-9

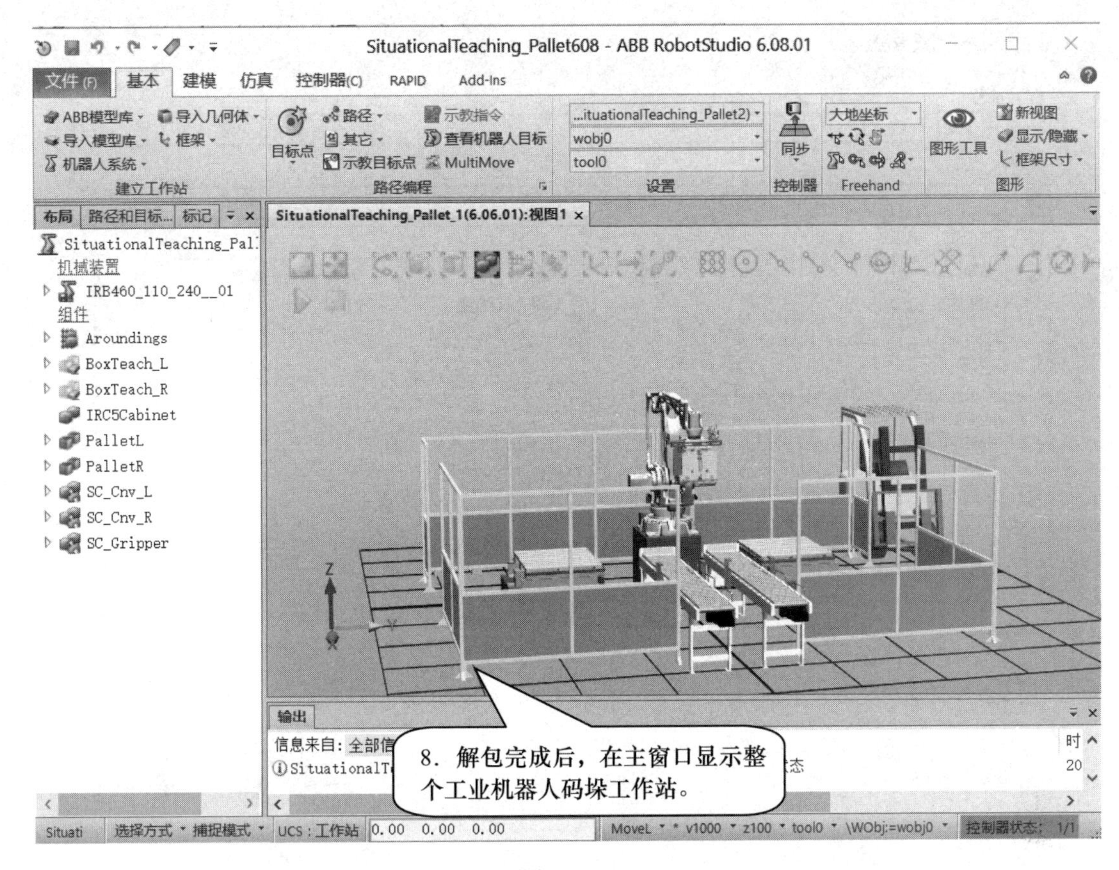

图　3-10

3-3-2 对工业机器人进行重置系统

现有解包打开的工作站中已包含创建好的参数以及 RAPID 程序。我们从零开始练习建立工作站的配置工作，需要先将此系统做一备份，之后执行“重置系统”的操作将工业机器人系统恢复到出厂初始状态。具体操作如图 3-11、图 3-12 所示。

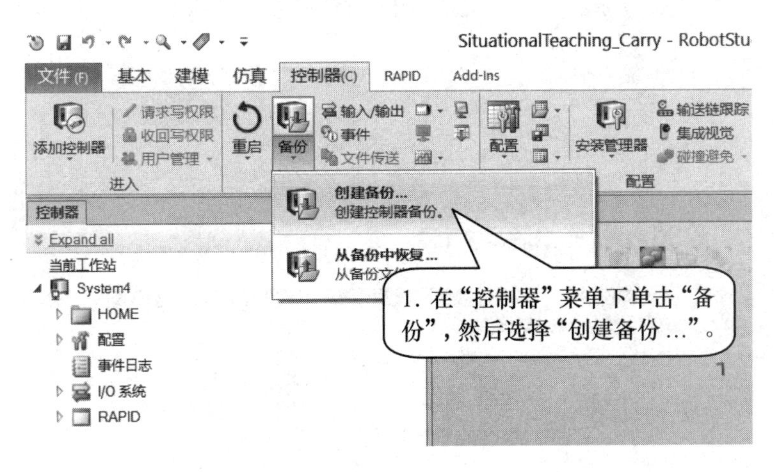

图　3-11

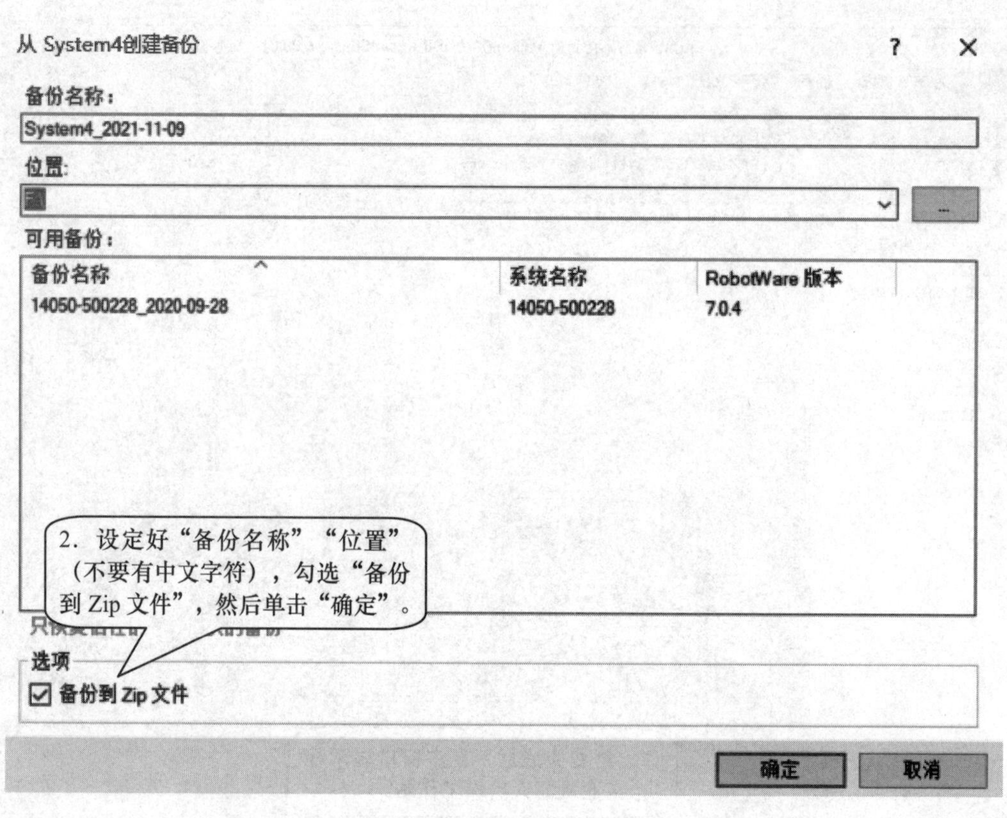
从 System4创建备份
备份名称：
System4_2021-11-09
位置:
可用备份：
备份名称
系统名称
RobotWare 版本
14050-500228_2020-09-28
14050-500228
7.0.4
2. 设定好“备份名称”“位置”（不要有中文字符），勾选“备份到 Zip 文件”，然后单击“确定”。
选项
备份到 Zip 文件
确定
取消

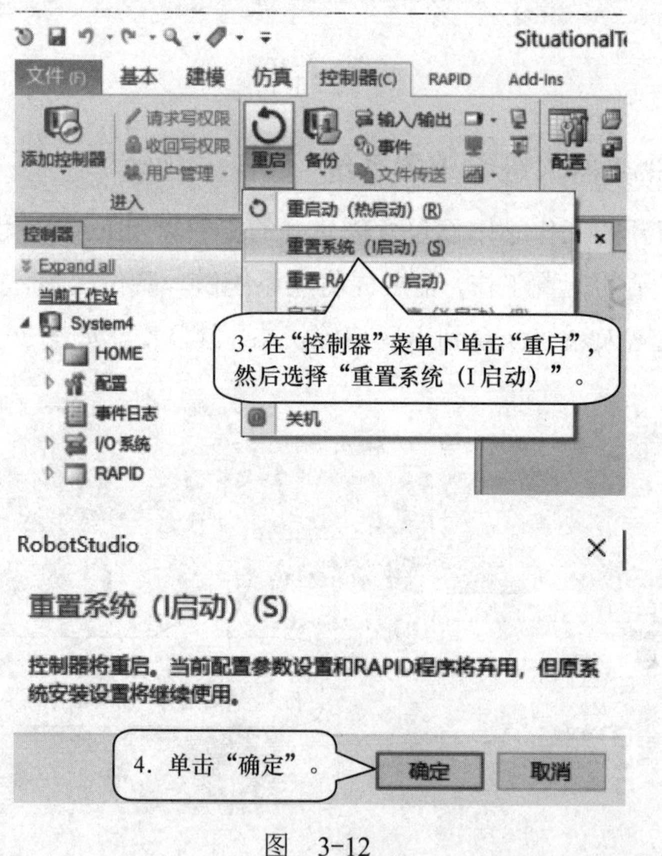
SituationalT
文件
基本
建模
仿真
控制器(C)
RAPID
Add-Ins
请求写权限
收回写权限
用户管理
添加控制器
重启
备份
输入/输出
事件
文件传送
配置
进入
重启动（热启动）(R)
重置系统（I启动）(S)
重置 RA (P 启动)
3. 在“控制器”菜单下单击“重启”，然后选择“重置系统（I 启动）”。
关机
控制器
Expand all
当前工作站
System4
HOME
配置
事件日志
I/O 系统
RAPID
RobotStudio
重置系统（I启动）(S)
控制器将重启。当前配置参数设置和RAPID程序将弃用，但原系统安装设置将继续使用。
4. 单击“确定”。
确定
取消

图　3-12

任务 3-4　配置工业机器人的 I/O 单元

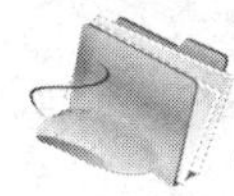

工作任务

1．配置 I/O 单元 DSQC 652。

2．配置 I/O 信号。

3．配置系统输入输出信号。

实践操作

3-4-1　配置 I/O 单元 DSQC 652

在虚拟示教器中，根据以下的步骤配置 I/O 单元。

1）在配置 DeviceNet Device 项中，新建一个 I/O 单元，在“使用来自模板的值”中选择“DSQC 652 24 VDC I/O Device”，如图 3-13 所示。

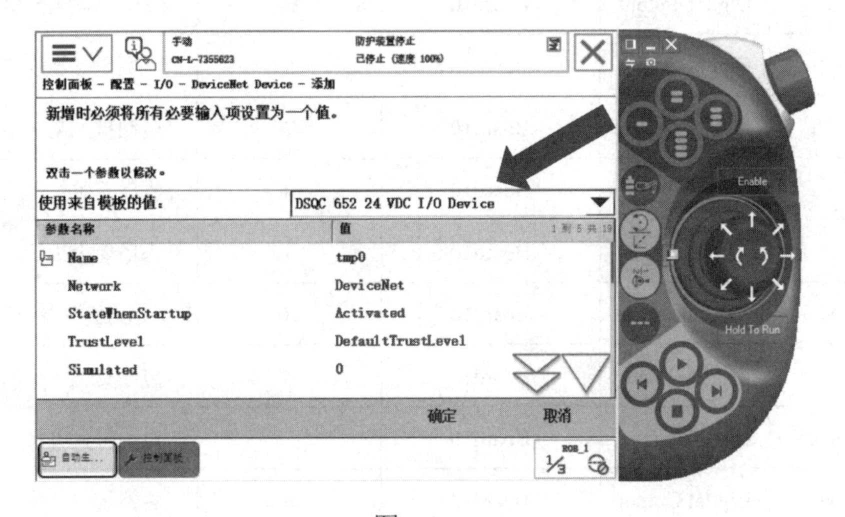

图　3-13

2）根据表 3-1 的参数进行 I/O 单元的配置。

表　3-1

参数名称	值
Name	Board10
address	10

3-4-2 配置用于工作站的 I/O 信号

在本工作站仿真环境中，动画效果均由 Smart 组件创建，Smart 组件的动画效果通过其自身的输入输出信号与工业机器人的 I/O 信号相关联，最终实现工作站动画效果与工业机器人程序的同步。在创建这些信号时，需要严格按照表 3-2 中的名称一一进行创建。

表　3-2

Name	Type of signal	Assigned to Device	Device Mapping	I/O 信号说明
di00_BoxInPos_L	Digital Input	Board10	0	左侧输入线产品到位信号
di01_BoxInPos_R	Digital Input	Board10	1	右侧输入线产品到位信号
di02_PalletInPos_L	Digital Input	Board10	2	左侧码盘到位信号
di03_PalletInPos _R	Digital Input	Board10	3	右侧码盘到位信号
do00_ClampAct	Digital Output	Board10	0	控制夹板
do01_HookAct	Digital Output	Board10	1	控制钩爪
do02_PalletFull_L	Digital Output	Board10	2	左侧码盘满载信号
do03_ PalletFull_R	Digital Output	Board10	3	右侧码盘满载信号
di07_MotorOn	Digital Input	Board10	7	电动机上电（系统输入）
di08_Start	Digital Input	Board10	8	程序开始执行（系统输入）
di09_Stop	Digital Input	Board10	9	程序停止执行（系统输入）
di10_StartAtMain	Digital Input	Board10	10	从主程序开始执行(系统输入)
di11_EstopReset	Digital Input	Board10	11	急停复位（系统输入）
do05_AutoOn	Digital Output	Board10	5	电动机上电状态(系统输出)
do06_Estop	Digital Output	Board10	6	急停状态（系统输出）
do07_CycleOn	Digital Output	Board10	7	程序正在运行（系统输出）
do08_Error	Digital Output	Board10	8	程序报错（系统输出）

3-4-3 配置系统 I/O 信号

在虚拟示教器中，根据表 3-3 的参数配置系统 I/O 信号。

表　3-3

Type	Signal name	Action/Status	Argument	说　明
System Input	di07_MotorOn	Motors On		电动机上电
System Input	di08_Start	Start	Continuous	程序开始执行
System Input	di09_Stop	Stop		程序停止执行
System Input	di10_StartAtMain	Start at Main	Continuous	从主程序开始执行
System Input	di11_EstopReset	Reset Emergency Stop		急停复位
System Output	do05_AutoOn	Auto On		自动运行状态
System Output	do06_Estop	Emergency Stop		急停状态
System Output	do07_CycleOn	Cycle On		程序正在运行
System Output	do08_Error	Execution Error	T_ROB1	程序报错

任务 3-5　设置工业机器人必要的程序数据

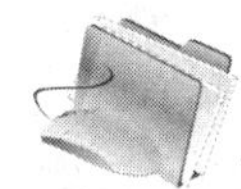

工作任务

1. 创建工具数据。
2. 创建工件坐标系数据。
3. 创建载荷数据。

实践操作

注意

关于程序数据声明可参考由机械工业出版社出版的《工业机器人实操与应用技巧　第2版》（ISBN 978-7-111-57493-4）中对应的相关内容。并且在加载程序模板之前仍需要执行删除这些数据，以防止发生数据冲突。

3-5-1　创建工具数据

创建工具数据的详细内容请参考机械工业出版社出版的《工业机器人实操与应用技巧　第2版》（ISBN 978-7-111-57493-4）书中或登录腾讯课堂 https://jqr.ke.qq.com 网上教学视频中关于创建工具数据的说明。

在虚拟示教器中，根据表3-4的参数设定工具数据 tGripper。示例如图3-14所示。

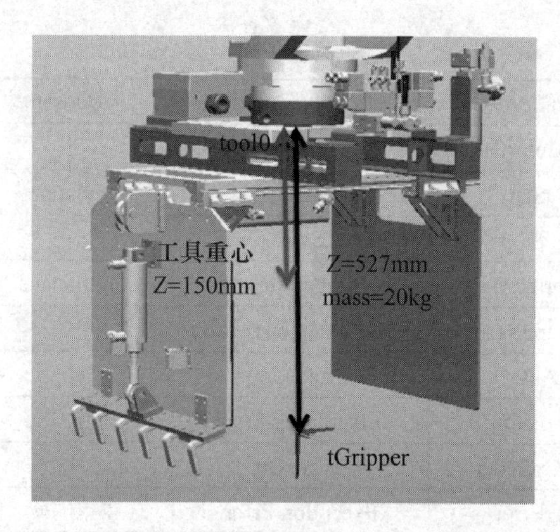

图　3-14

表　3-4

参数名称	参数数值
robothold	TRUE
trans	
X	0
Y	0
Z	527
rot	
q1	1
q2	0
q3	0
q4	0
mass	20
cog	
X	0
Y	0
Z	150
其余参数均为默认值	

3-5-2 创建工件坐标系数据

在本工作站中，工件坐标系均采用用户三点法创建。

在虚拟示教器中，根据图3-15、图3-16所示的位置设定工件坐标系。其中，左边托盘工件坐标系 WobjPallet_L 如图3-15所示，右边托盘工件坐标系 WobjPallet_R 如图3-16所示。

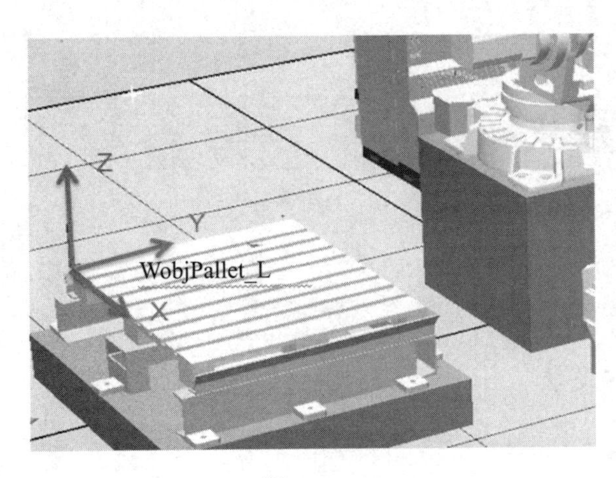

图　3-15

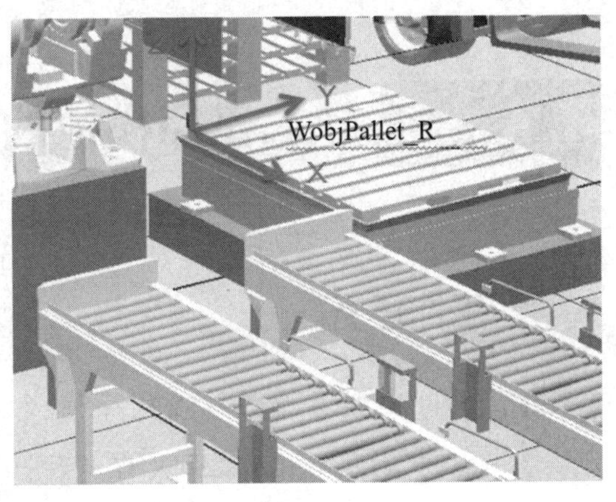

图　3-16

3-5-3 创建载荷数据

工件的重心是相对于当前使用的工具坐标数据，因此 Z 方向相对于工具 TCP 负方向偏移 227mm，如图 3-17 所示。

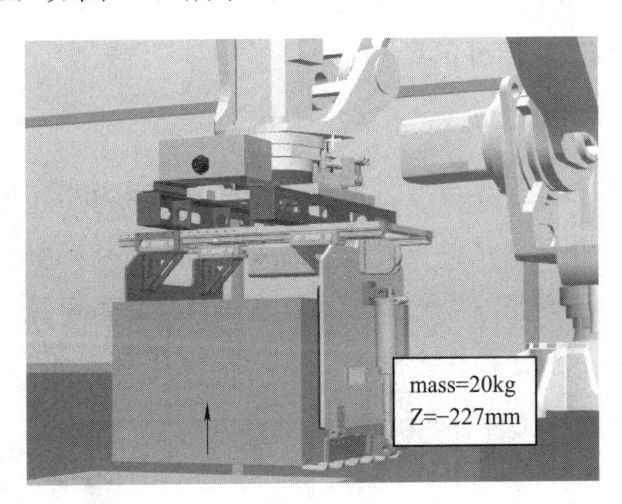

图　3-17

在虚拟示教器中，根据表 3-5 的参数设定载荷数据 LoadFull。

表　3-5

参数名称	参数数值
mass	20
cog	
x	0
y	0
z	–227
其余参数均为默认值	

任务3-6 导入程序模板的模块

工作任务

1．通过虚拟示教器导入程序模板的模块。

2．通过 RobotStudio 导入程序模板的模块。

实践操作

在之前创建的备份文件中包含了本工作站的 RAPID 程序模板。此程序模板已能够实现本工作站工业机器人的完整逻辑及动作控制，只需对程序模块里的几个位置点进行适当的修改，便可正常运行。

注意

若在示教器导入程序模板时，出现报警提示工具数据、工件坐标数据和有效载荷数据命名不明确，这是因为在上一个任务中，已在示教器中生成了相同名字的程序数据。要解决这个问题，建议在手动操纵画面将之前设定的程序数据删除后再进行导入程序模板的操作，如图 3-18 所示。

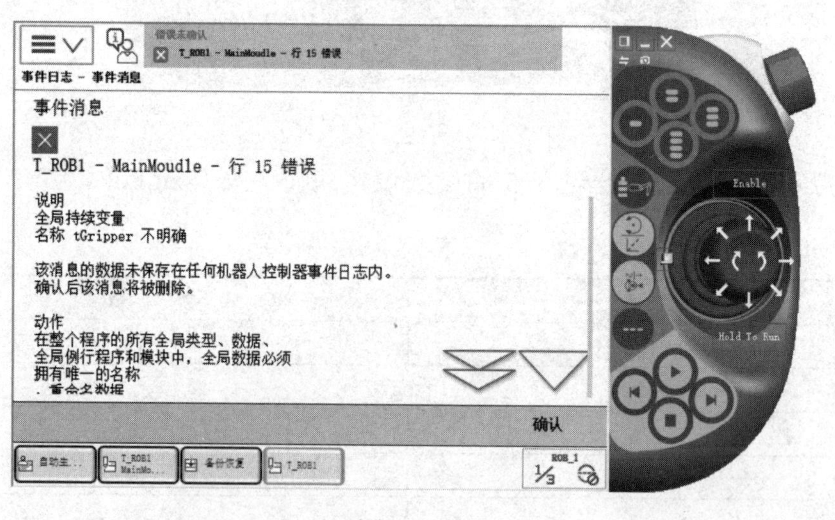

图 3-18

可以通过虚拟示教器导入程序模板的模块，也可以在 RobotStudio 中导入。导入程序模板的模块的步骤如图 3-19 ～图 3-21 所示。

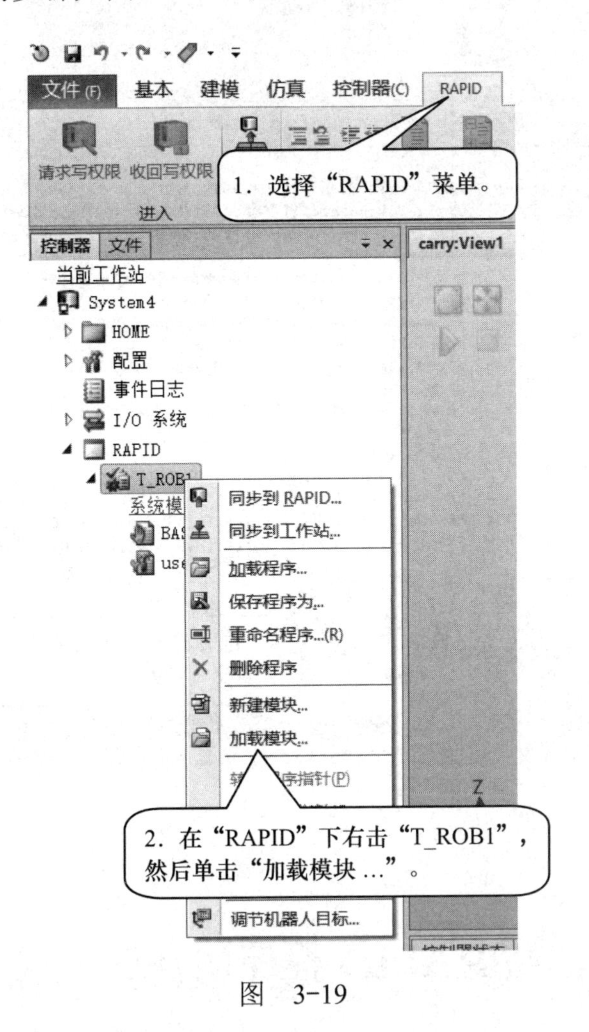

图　3-19

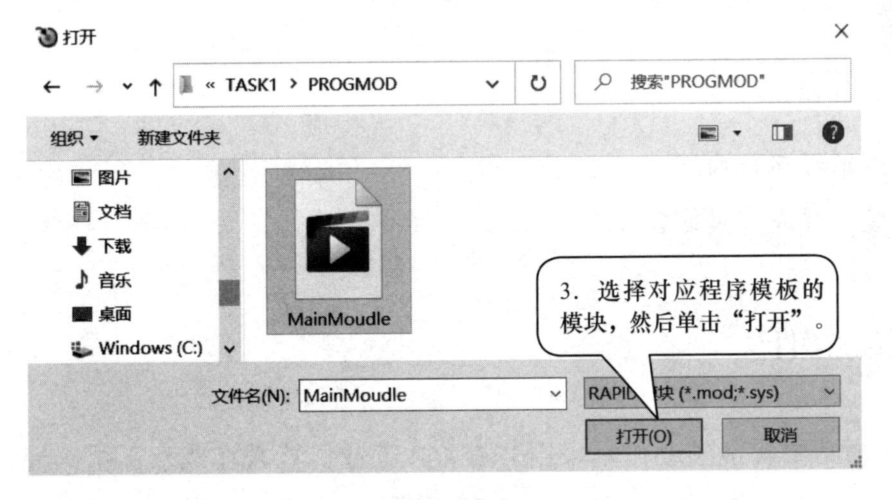

图　3-20

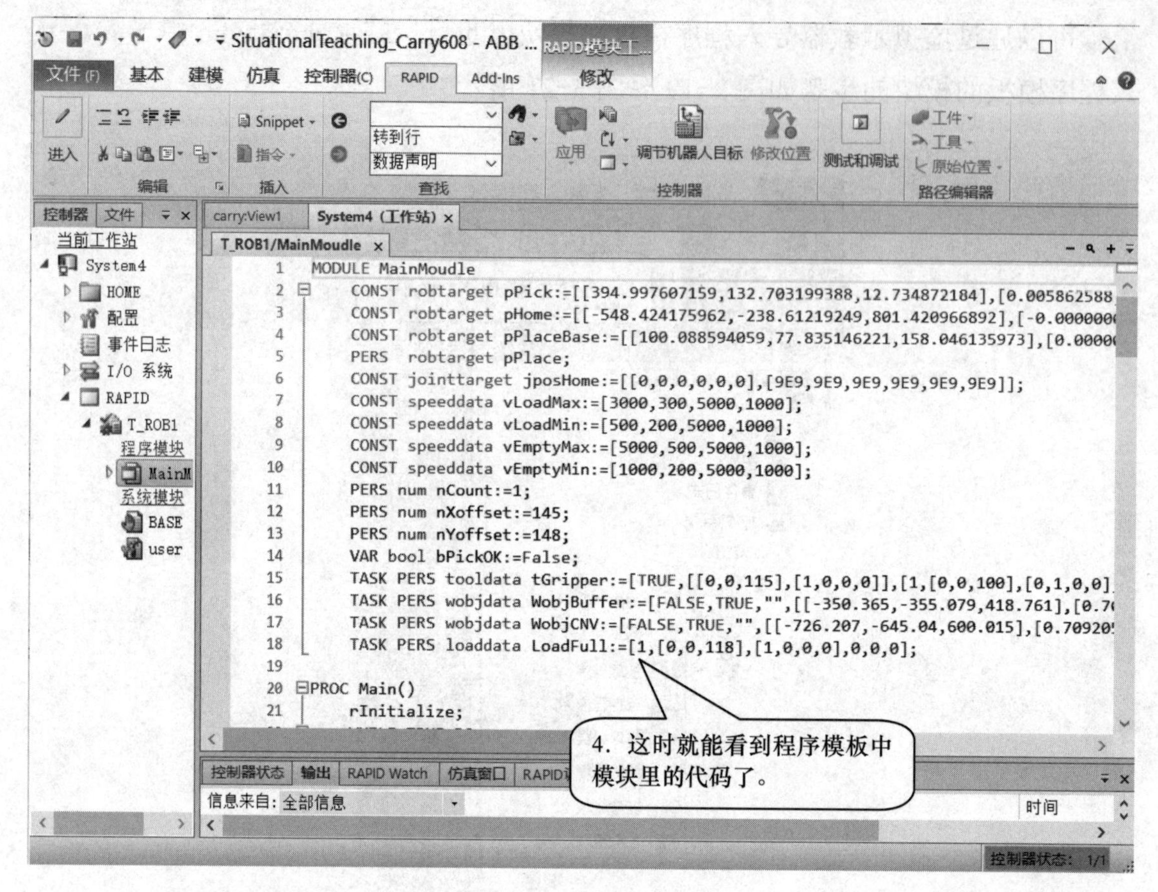

图　3-21

任务 3-7　工作站 RAPID 程序的注解

工作任务

1．理解程序架构。

2．读懂程序代码的含义。

实践操作

本工作站要实现的动作是采用 IRB 460 工业机器人完成双工位码垛任务，即两条产品输入线、两个产品输出位。在熟悉了此 RAPID 程序后，可以根据实际的需要在此程序的基础上做适用性的修改，以满足实际逻辑与动作的控制。

以下是实现工业机器人逻辑和动作控制的 RAPID 程序：

```
MODULE MainMoudle
PERS wobjdata
  WobjPallet_L:=[FALSE,TRUE,"",[[–456.216,–2058.49,–233.373], [1,0,0,0]],[[0,0,0],[1,0,0,0]]];
! 定义左侧码盘工件坐标系 WobjPallet_L
PERS wobjdata
  WobjPallet_R:=[FALSE,TRUE,"",[[–421.764,1102.39,–233.373], [1,0,0,0]],[[0,0,0],[1,0,0,0]]];
      ! 定义右侧码盘工件坐标系 WobjPallet_R
      PERS tooldata tGripper:=[TRUE,[[0,0,527],[1,0,0,0]],[20,[0,0,150],[1,0,0,0],0,0,0]];
      ! 定义工具坐标系数据 tGripper
  PERS loaddata LoadFull:=[20,[0,0,–227],[1,0,0,0],0,0,0.1];
      ! 定义有效载荷数据 LoadFull
    PERS wobjdata CurWobj;
       ! 定义工件坐标系数据 CurWobj，此工件坐标系作为当前使用坐标系。即当在
        左侧码垛时，将左侧码盘坐标系 WobjPallet_L 赋值给该数据；当在右侧堆垛时，
        则将 WobjPallet_R 赋值给该数据
    PERS jointtarget jposHome:=[[0,0,0,0,0,0],[9E+09,9E+09,9E+09,9E+09,9E+09,9E+09]];
      ! 定义关节目标点数据，各关节轴数值为 0，用于手动将工业机器人运动至各关节
轴机械零位
    CONST robtarget pPlaceBase0_L:=[[*,*,*],[*,*,*,*],[–2,0,–3,0],[9E9,9E9,9E9,9E9,9E9,9E9]];
    CONST robtarget pPlaceBase90_L:=[[*,*,*],[*,*,*,*],[–2,0,–2,0],[9E9,9E9,9E9,9E9,9E9,9E9]];
    CONST robtarget pPlaceBase0_R:=[ [*,*,*],[*,*,*,*],[1,0,0,0],[9E9,9E9,9E9,9E9,9E9,9E9]];
    CONST robtarget pPlaceBase90_R:=[ [*,*,*],[*,*,*,*],[1,0,1,0],[9E9,9E9,9E9,9E9,9E9,9E9]];
    CONST robtarget pPick_L:=[ [*,*,*],[*,*,*,*],[–1,0,–2,0],[9E9,9E9,9E9,9E9,9E9,9E9]];
    CONST robtarget pPick_R:=[ [*,*,*],[*,*,*,*],[0,0,–1,0],[9E9,9E9,9E9,9E9,9E9,9E9]];

CONST robtarget pHome:=[ [*,*,*],[*,*,*,*],[0,0,–2,0],[9E9,9E9,9E9,9E9,9E9,9E9]];
```

位置点说明见表 3-6。

表　3-6

位　置　点	说　　明
pPlaceBase0_L	左侧不旋转放置基准位置
pPlaceBase90_L	左侧旋转 90° 放置基准位置
pPlaceBase0_R	右侧不旋转放置基准位置
pPlaceBase90_R	右侧旋转 90° 放置基准位置
pPick_L	左侧抓取位置
pPick_R	右侧抓取位置
pHome	程序起始点，即 Home 点

PERS robtarget pPlaceBase0;

PERS robtarget pPlaceBase90;

PERS robtarget pPick;

PERS robtarget pPlace;

！定义目标点数据，这些数据是工业机器人当前使用的目标点，当在左侧、右侧码垛时，将对应的左侧、右侧基准目标点赋值给这些数据

PERS robtarget pPickSafe;

！工业机器人将产品抓取后需提升至一定的安全高度，才能向码垛位置移动，随着摆放位置逐层加高，此数据在程序中会被赋予不同的数值，以防止工业机器人与码放好的产品发生碰撞

PERS num nCycleTime:=4.165;

！定义数字型数据，用于存储单次节拍时间

PERS num nCount_L:=1;

PERS num nCount_R:=1;

！定义数字型数据，分别用于左侧、右侧堆垛计数，在计算位置子程序中根据该计数从而计算出相应的放置位置

PERS num nPallet:=1;

！定义数字型数据，利用 TEST 指令判断此数值，从而决定执行哪侧的码垛任务，1 为左侧，2 为右侧

PERS num nPalletNo:=1;

！定义数字型数据，利用 TEST 指令判断此数值，从而决定执行哪侧码垛计数累计，1 为左侧，2 为右侧

PERS num nPickH:=300;

PERS num nPlaceH:=400;

！定义数字型数据，分别对应的是抓取、放置时的一个安全高度，例如 nPickH：=300，则表示工业机器人快速移动至抓取位置上方 300mm 处，然后慢速移动至抓取位置，之后慢速将产品提升至抓取位置上方 300mm 处，最后再快速移动至其他位置

PERS num nBoxL:=605;

PERS num nBoxW:=405;

PERS num nBoxH:=300;

！定义三个数字型数据，分别对应的是产品的长、宽、高，在计算位置程序中通过在放置基准点上面叠加长、宽、高数值，从而计算出放置位置

VAR clock Timer1;

！定义时钟数据，用于计时

PERS bool bReady:=FALSE;

！定义布尔量数据，作为主程序逻辑判断条件，当左右两侧有任何一侧满足码垛条件时，此布尔量均为 TRUE, 即工业机器人会执行堆垛任务，否则该布尔量为 FALSE，工业机器人会等待直至条件满足

```
PERS bool bPallet_L:=FALSE;
PERS bool bPallet_R:= FALSE;
```

！定义两个布尔量数据，当工业机器人在左侧码垛时则 bPallet_L 为 TRUE，bPallet_R 为 FALSE；当工业机器人在右侧码垛时，则相反

```
PERS bool bPalletFull_L:= FALSE;
PERS bool bPalletFull_R:= FALSE;
```

！定义两个布尔量数据，分别对应的是左侧、右侧码盘是否已满载

```
PERS bool bGetPosition:=FALSE;
```

！定义两个布尔量数据，判断是否已计算出当前取放位置

```
VAR triggdata HookAct;
VAR triggdata HookOff;
```

！定义两个触发数据，分别对应的是夹具上面钩爪收紧及松开动作

```
VAR intnum iPallet_L;
VAR intnum iPallet_R;
```

！定义两个中断符，对应左侧、右侧码盘更换时所需触发相应的复位操作，如满载信号复位等

```
PERS speeddata vMinEmpty:=[2000,400,6000,1000];
PERS speeddata vMidEmpty:=[3000,400,6000,1000];
PERS speeddata vMaxEmpty:=[5000,500,6000,1000];
PERS speeddata vMinLoad:=[1000,200,6000,1000];
PERS speeddata vMidLoad:=[2500,500,6000,1000];
PERS speeddata vMaxLoad:=[4000,500,6000,1000];
```

！定义多种速度数据，分别对应空载时高、中、低速，以及满载时的高、中、低速，便于对工业机器人的各个动作进行速度控制

```
PERS num Compensation{15,3}:=[[0,0,0],[0,0,0],[0,0,0],[0,0,0],[0,0,0],[0,0,0], [0,0,0],[0,0,0],
[0,0,0],[0,0,0],[0,0,0],[0,0,0],[0,0,0],[0,0,0],[0,0,0]];
```

！定义二维数组，用于各摆放位置的偏差调整；15 组数据，对应 15 个摆放位置，每组数据 3 个数值，对应 X、Y、Z 的偏差值

```
PROC main()
        ！主程序
    rInitAll;
     ！调用初始化程序，包括复位信号、复位程序数据、初始化中断等
    WHILE TRUE DO
   ！利用 WHILE 循环，将初始化程序隔离开，即只在第一次运行时需要执行一次初始化程序，之后循环执行拾取放置动作
        IF bReady THEN
```

```
            ! 利用 IF 条件判断，当左右两侧至少有一侧满足码垛条件时，判断条件 bReady
              为 TRUE，工业机器人则执行堆垛任务
            rPick;
    ! 调用抓取程序
            rPlace;
            ! 调用放置程序
                ENDIF
                rCycleCheck;
    ! 调用循环检测程序，里面包含写屏显示循环时间、码垛个数、判断当前左右两侧状况等
        ENDWHILE
ENDPROC

PROC rInitAll()
        ! 初始化程序
    rCheckHomePos;
            ! 调用检测 Home 点程序，若工业机器人在 Home 点，则直接执行后面的指令，
              否则工业机器人先安全返回至 HOME 点，然后再执行后面的指令
    ConfL\OFF;
    ConfJ\OFF;
        ! 关闭轴配置监控
    nCount_L:=1;
     nCount_R:=1;
        ! 初始化左右两侧码垛计数数据
     nPallet:=1;
        ! 初始化两侧码垛任务标识，1 为左侧，2 为右侧
    nPalletNo:=1;
        ! 初始两侧码垛计数累计标识，1 为左侧，2 为右侧
    bPalletFull_L:=FALSE;
    bPalletFull_R:=FALSE;
    ! 初始化左右两侧码垛满载布尔量
    bGetPosition:=FALSE;
        ! 初始化计算位置标识，FALSE 为未完成计算，TRUE 为已完成计算
    Reset do00_ClampAct;
    Reset do01_HookAct;
        ! 初始化夹具，夹板张开和钩爪松开
    ClkStop Timer1;
        ! 停止时钟计时
```

```
ClkReset Timer1;
  ！复位时钟
TriggEquip HookAct,100,0.1\DOp:=do01_HookAct,1;
    ！定义触发事件：钩爪收紧，朝向指定目标点运动时提前 100mm 收紧钩爪，
     即将产品钩住，提前动作时间为 0.1s
TriggEquip HookOff,100\Start,0.1\DOp:=do01_HookAct,0;
    ！定义触发事件：钩爪松开，距离之后加上可选参变量 \Start，则表示在离开
     起点 100mm 处松开钩爪，提前动作时间为 0.1s
IDelete iPallet_L;
CONNECT iPallet_L WITH tEjectPallet_L;
ISignalDI di02_PalletInPos_L,0,iPallet_L;
    ！中断初始化，当左侧满载码盘到位信号变为 0 时，即表示满载码盘被取走，
     则触发中断程序 iPallet_L，复位左侧满载信号、满载布尔量等
IDelete iPallet_R;
CONNECT iPallet_R WITH tEjectPallet_R;
ISignalDI di03_PalletInPos_R,0,iPallet_R;
！中断初始化，当右侧满载码盘单位信号变为 0 时，即表示满载码盘被取走，则触发中
断程序 iPallet_R，复位右侧满载信号、满载布尔量等
ENDPROC

PROC rPick()
    ！抓取程序
  ClkReset Timer1;
    ！复位时钟
  ClkStart Timer1;
    ！开始计时
  rCalPosition;
    ！计算位置，包括抓取位置、抓取安全位置、放置位置等
  MoveJ Offs(pPick,0,0,nPickH),vMaxEmpty,z50,tGripper\WObj:=wobj0;
    ！利用 MoveL 移动至抓取位置正上方
  MoveL pPick,vMinLoad,fine,tGripper\WObj:=wobj0;
    ！利用 MoveL 移动至抓取位置
  Set do00_ClampAct;
    ！置位夹板信号，将夹板收紧，夹取产品
  Waittime 0.3;
      ！预留夹具动作时间，以保证夹具已将产品夹紧，等待时间根据实际情况来
       调整其大小；若有夹紧反馈信号，则可利用 WaitDI 指令等待反馈信号变为 1，
       从而替代固定的等待时间
```

```
        GripLoad LoadFull;
          ！加载载荷数据
        TriggLOffs(pPick,0,0,nPickH),vMinLoad,HookAct,z50,tGripper\WObj:=wobj0;
            ！利用 TriggL 移动至抓取正上方，并调用触发事件 HookAct，即在距离到达
              点 100mm 处将钩爪收紧，以防止产品在快速移动中掉落
        MoveL pPickSafe,vMaxLoad,z100,tGripper\WObj:=wobj0;
          ！利用 MoveL 移动至抓取安全位置
    ENDPROC

    PROC rPlace()
          ！放置程序
        MoveJ Offs(pPlace,0,0,nPlaceH),vMaxLoad,z50,tGripper\WObj:=CurWobj;
          ！利用 MoveJ 移动至放置位置正上方
        TriggL pPlace,vMinLoad,HookOff,fine,tGripper\WObj:=CurWobj;
          ！利用 TriggL 移动至放置位置，并调用触发事件 HookOff，即在离开放置位置
            正上方点位 100mm 后将钩爪放开
        Reset do00_ClampAct;
          ！复位夹板信号，夹板松开，放下产品
        Waittime 0.3;
          ！预留夹具动作时间，以保证夹具已将产品完全放下，等待时间根据实际情况调
            整其大小
        GripLoad Load0;
          ！加载载荷数据 Load0
        MoveL Offs(pPlace,0,0,nPlaceH),vMinEmpty,z50,tGripper\WObj:=CurWobj;
          ！利用 MoveL 移动至放置位置正上方
        rPlaceRD;
          ！调用放置计数程序，其中会执行计数加 1 操作，并判断当前码盘是否已满载
        MoveJ pPickSafe,vMaxEmpty,z50,tGripper\WObj:=wobj0;
          ！利用 MoveJ 移动至抓取安全位置，以等待执行下一次循环
        ClkStop Timer1;
          ！停止计时
        nCycleTime:=ClkRead(Timer1);
          ！读取时钟数值，并赋值给 nCycleTime
    ENDPROC

    PROC rCycleCheck()
          ！周期循环检查
```

```
        TPErase;
        TPWrite "The Robot is running!";
                ！示教器清屏，并显示当前工业机器人的运行状态
        TPWrite "Last cycletime is : "\Num:=nCycleTime;
                ！显示上次循环运行时间
        TPWrite "The number of the Boxes in the Left pallet is:"\Num:=nCount_L-1;
        TPWrite "The number of the Boxes in the Right pallet is:"\Num:=nCount_R-1;
                  ！显示当前左右码盘上面已摆放的产品个数，由于 nCount_L 和 nCount_R 表
                  示的是下轮循环将要摆放的第多少个产品，此处显示的是码盘上已摆放的产
                  品数，所以在当前计数数值上面减 1
         IF (bPalletFull_L=FALSE AND di02_PalletInPos_L=1 AND di00_BoxInPos_L=1)  OR
           (bPalletFull_R=FALSE AND di03_PalletInPos_R=1 AND di01_BoxInPos_R=1)  THEN
             bReady:=TRUE;
        ELSE
             bReady:=FALSE;
             ！判断当前工作站状况，只要左右两侧有任何一侧满足码垛条件，则布尔量 bReady
               为 TRUE，工业机器人继续执行码垛任务；否则布尔量 bReady 为 FALSE，工业
               机器人则等待码垛条件的满足
        ENDIF
    ENDPROC

    PROC rCalPosition()
                ！计算位置程序
        bGetPosition:=FALSE;
                ！复位完成计算位置标识
        WHILE bGetPosition=FALSE DO
                ！若未完成计算位置，则重复执行 WHILE 循环
          TEST nPallet
                ！利用 TEST 判断执行码垛检测标识的数值，1 为左侧，2 为右侧
            CASE 1:
          ！若为 1，则执行左侧检测
                    IF bPalletFull_L=FALSE AND di02_PalletInPos_L=1 AND di00_BoxInPos_L=1 THEN
         ！判断左侧是否满足码垛条件，若条件满足，则将左侧的基准位置数值赋值给当前
           执行位置数据
                      pPick:=pPick_L;
               ！将左侧抓取目标点数据赋值给当前抓取目标点
                      pPlaceBase0:=pPlaceBase0_L;
```

```
            pPlaceBase90:=pPlaceBase90_L;
        !将左侧放置位置基准目标点数据赋值给当前放置位置基准点
            CurWobj:=WobjPallet_L;
        !将左侧码盘工件坐标系数据赋值给当前工件坐标系
          pPlace:=pPattern(nCount_L);
          !调用计算放置位置功能程序，同时写入左侧计数参数，从而计算出当前需
            要摆放的位置数据并赋值给当前放置目标点
            bGetPosition:=TRUE;
          !已完成计算位置，将完成计算位置标识置为 TRUE
            nPalletNo:=1;
          !将码垛计数标识置为 1，后续则会执行左侧码垛计算累计
            ELSE
              bGetPosition:=FALSE;
          !若左侧不满足码垛任务，则完成计算位置标识置为 FALSE，程序会再次
            执行 WHILE 循环
            ENDIF
            nPallet:=2;
          !将码垛检测标识置为 2，则下次执行 WHILE 循环时检测右侧是否满足码
            垛条件
      CASE 2:
          !若为 2，则执行右侧检测
            IF bPalletFull_R=FALSE AND di03_PalletInPos_R=1 AND di01_BoxInPos_R=1
THEN
          !判断右侧是否满足码垛条件，若条件满足则将右侧的基准位置数值赋值给
            当前执行位置数据
              pPick:=pPick_R;
          !将右侧抓取目标点数据赋值给当前抓取目标点
              pPlaceBase0:=pPlaceBase0_R;
              pPlaceBase90:=pPlaceBase90_R;
          !将右侧放置位置基准目标点数据赋值给当前放置位置基准点
              CurWobj:=WobjPallet_R;
          !将右侧码盘工件坐标系数据赋值给当前工件坐标系
              pPlace:=pPattern(nCount_R);
          !调用计算放置位置功能程序，同时写入右侧计数参数，从而计算出当前需
            要摆放的位置数据并赋值给当前放置目标点
              bGetPosition:=TRUE;
```

```
            ! 已完成计算位置，将完成计算位置标识置为 TRUE
                nPalletNo:=2;
            ! 将码垛计数标识置为 2，后续则会执行右侧码垛计算累计
        ELSE
          bGetPosition:=FALSE;
            ! 若右侧不满足码垛任务，则将完成计算位置标识置为 FALSE，程序会
              再次执行 WHILE 循环
        ENDIF
        nPallet:=1;
            ! 将码垛检测标识置为 1，则下次执行 WHILE 循环时检测左侧是否满足码
              垛条件
  DEFAULT:
      TPERASE;
      TPWRITE "The data 'nPallet' is error,please check it!";
      Stop;
            ! 数据 nPallet 数值出错处理，提示操作员检查并停止运行
   ENDTEST
  ENDWHILE
            ! 此种程序结构的目的是便于程序的扩展，假设在此两进两出的基础上改
              为四进四出，则可并列写入 CASE 3 和 CASE 4。在 CASE 中切换 nPallet
              的数值，是为了将各线体作为并列处理，执行完左侧后，下次优先检测
              右侧，之后下次再优先检测左侧
ENDPROC

FUNC robtarget pPattern(num nCount)
            ! 计算摆放位置功能程序，调用时需写入计数参数，以区别计算左侧或右
              侧的摆放位置
   VAR robtarget pTarget;
            ! 定义一个目标点数据，用于返回摆放目标点数据
   IF nCount>=1 AND nCount<=5 THEN
            pPickSafe:=Offs(pPick,0,0,400);
   ELSEIF nCount>=6 AND nCount<=10 THEN
            pPickSafe:=Offs(pPick,0,0,600);
   ELSEIF nCount>=11 AND nCount<=15 THEN
            pPickSafe:=Offs(pPick,0,0,800);
   ENDIF
```

```
        ! 利用 IF 判断当前码垛是第几层（本案例中每层堆放 5 个产品），根据判
          断结果来设置抓取安全位置，以保证工业机器人不会与已码垛产品发生
          碰撞，抓取安全设置高度由现场实际情况来调整。此案例中的安全位置
          是以抓取点为基准偏移出来的，在实际情况中也可单独去示教一个抓取
          后的安全目标点，同样也是根据码垛层数的增加而改变该安全目标点的
          位置
TEST nCount
          ! 判定计数 nCount 的数值，根据此数据的不同数值计算出不同摆放
          位置的目标点数据
    CASE 1:
    pTarget.trans.x:=pPlaceBase0.trans.x;
    pTarget.trans.y:=pPlaceBase0.trans.y;
    pTarget.trans.z:=pPlaceBase0.trans.z;
    pTarget.rot:=pPlaceBase0.rot;
    pTarget.robconf:=pPlaceBase0.robconf;
    pTarget:=Offs(pTarget,Compensation{nCount,1},Compensation{nCount,2},Compensa
    tion{nCount,3});
      ! 若为 1，则放置在第一个摆放位置，以摆放基准目标点为基准，分别在 X、Y、Z
      方向做相应偏移，同时指定 TCP 姿态数据、轴配置参数等。为方便对各个摆放位
      置进行微调，利用 Offs 功能在已计算好的摆放位置基础上沿着 X、Y、Z 再进行微
      调，其中调用的是已创建的数组 Compensation，例如摆放第一个位置时 nCount 为 1，
      则 pTarget:=Offs(pTarget,Compensation{1,1},Compensation{1,2},Compensation{1,3});
```

如果发现第一个摆放位置向 X 负方向偏了 5mm，则只需在程序数据数组 Compensation 中将第一组数中的第一个数设为5,即可对其X方向摆放位置进行微调。

摆放位置的算法如图 3-22 所示，例如，位置 1 与创建好的放置基准点 pPlaceBase0 重合，则直接将 pPlaceBase0 各项数据赋值给当前放置目标点；相对于 pPlaceBase0，位置 2 只是在 X 正方向偏移了一个产品长度，这样只需在 pPlaceBase0 目标点 X 数据上面加上一个产品长度即可；位置 3 则和 pPlaceBase90 重合，依次类推，则可计算出剩余的全部摆放位置。在码垛应用过程中，通常是奇数层跺型一致，偶数层跺型一致，这样只要算出第一层和第二层之后，第三层算位置时可直接复制第一层各项 CASE，然后在其基础上在 Z 轴正方向上面叠加相应的产品高度就可完成。第四层则直接复制第二层各项 CASE，然后在其基础上在 Z 轴正方向上面叠加相应的产品高度就可完成；以此类推，即可完成整个跺型的计算。

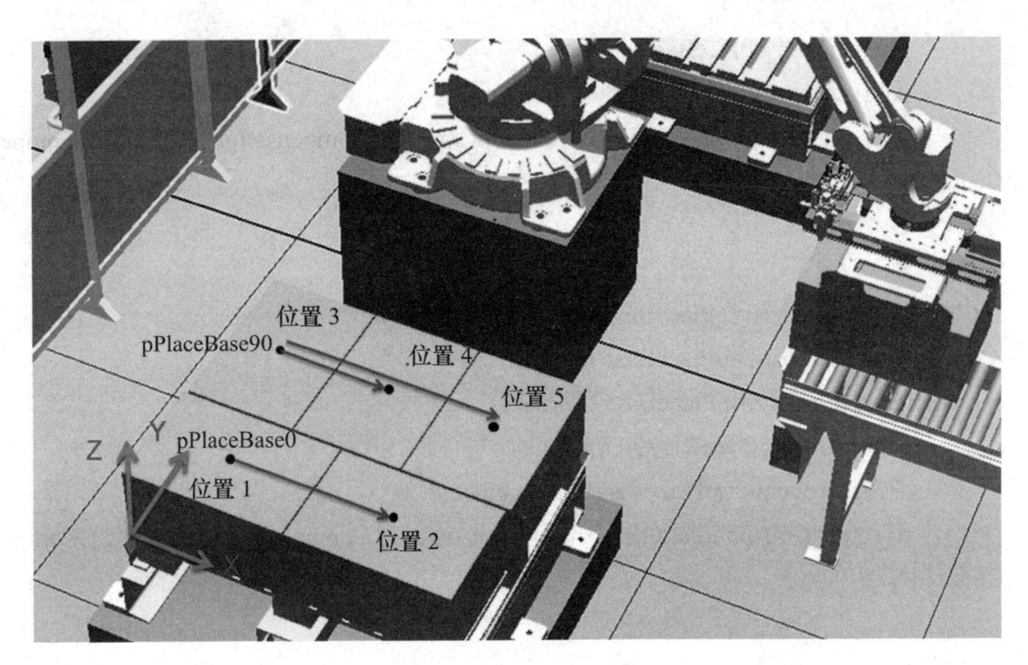

图　3-22

```
CASE 2:
        pTarget.trans.x:=pPlaceBase0.trans.x+nBoxL;
        pTarget.trans.y:=pPlaceBase0.trans.y;
        pTarget.trans.z:=pPlaceBase0.trans.z;
        pTarget.rot:=pPlaceBase0.rot;
        pTarget.robconf:=pPlaceBase0.robconf;
        pTarget:=Offs(pTarget,Compensation{nCount,1},Compensation{nCount,2},Compensa
tion{nCount,3});

CASE 3:
        pTarget.trans.x:=pPlaceBase90.trans.x;
        pTarget.trans.y:=pPlaceBase90.trans.y;
        pTarget.trans.z:=pPlaceBase90.trans.z;
        pTarget.rot:=pPlaceBase90.rot;
        pTarget.robconf:=pPlaceBase90.robconf;
        pTarget:=Offs(pTarget,Compensation{nCount,1},Compensation{nCount,2},Compensa
tion{nCount,3});

CASE 4:
        pTarget.trans.x:=pPlaceBase90.trans.x+nBoxW;
        pTarget.trans.y:=pPlaceBase90.trans.y;
        pTarget.trans.z:=pPlaceBase90.trans.z;
```

```
            pTarget.rot:=pPlaceBase90.rot;
            pTarget.robconf:=pPlaceBase90.robconf;
            pTarget:=Offs(pTarget,Compensation{nCount,1},Compensation{nCount,2},Compensa
tion{nCount,3});

        CASE 5:
            pTarget.trans.x:=pPlaceBase90.trans.x+2*nBoxW;
            pTarget.trans.y:=pPlaceBase90.trans.y;
            pTarget.trans.z:=pPlaceBase90.trans.z;
            pTarget.rot:=pPlaceBase90.rot;
            pTarget.robconf:=pPlaceBase90.robconf;
            pTarget:=Offs(pTarget,Compensation{nCount,1},Compensation{nCount,2},Compensa
tion{nCount,3});

        CASE 6:
            pTarget.trans.x:=pPlaceBase0.trans.x;
            pTarget.trans.y:=pPlaceBase0.trans.y+nBoxL;
            pTarget.trans.z:=pPlaceBase0.trans.z+nBoxH;
            pTarget.rot:=pPlaceBase0.rot;
            pTarget.robconf:=pPlaceBase0.robconf;
            pTarget:=Offs(pTarget,Compensation{nCount,1},Compensation{nCount,2},Compensa
tion{nCount,3});

        CASE 7:
            pTarget.trans.x:=pPlaceBase0.trans.x+nBoxL;
            pTarget.trans.y:=pPlaceBase0.trans.y+nBoxL;
            pTarget.trans.z:=pPlaceBase0.trans.z+nBoxH;
            pTarget.rot:=pPlaceBase0.rot;
            pTarget.robconf:=pPlaceBase0.robconf;
            pTarget:=Offs(pTarget,Compensation{nCount,1},Compensation{nCount,2},Compensa
tion{nCount,3});

        CASE 8:
            pTarget.trans.x:=pPlaceBase90.trans.x;
            pTarget.trans.y:=pPlaceBase90.trans.y-nBoxW;
            pTarget.trans.z:=pPlaceBase90.trans.z+nBoxH;
            pTarget.rot:=pPlaceBase90.rot;
            pTarget.robconf:=pPlaceBase90.robconf;
```

```
            pTarget:=Offs(pTarget,Compensation{nCount,1},Compensation{nCount,2},Compensa
tion{nCount,3});

        CASE 9:
            pTarget.trans.x:=pPlaceBase90.trans.x+nBoxW;
            pTarget.trans.y:=pPlaceBase90.trans.y-nBoxW;
            pTarget.trans.z:=pPlaceBase90.trans.z+nBoxH;
            pTarget.rot:=pPlaceBase90.rot;
            pTarget.robconf:=pPlaceBase90.robconf;
            pTarget:=Offs(pTarget,Compensation{nCount,1},Compensation{nCount,2},Compensa
tion{nCount,3});

        CASE 10:
            pTarget.trans.x:=pPlaceBase90.trans.x+2*nBoxW;
            pTarget.trans.y:=pPlaceBase90.trans.y-nBoxW;
            pTarget.trans.z:=pPlaceBase90.trans.z+nBoxH;
            pTarget.rot:=pPlaceBase90.rot;
            pTarget.robconf:=pPlaceBase90.robconf;
            pTarget:=Offs(pTarget,Compensation{nCount,1},Compensation{nCount,2},Compensa
tion{nCount,3});

        CASE 11:
            pTarget.trans.x:=pPlaceBase0.trans.x;
            pTarget.trans.y:=pPlaceBase0.trans.y;
            pTarget.trans.z:=pPlaceBase0.trans.z+2*nBoxH;
            pTarget.rot:=pPlaceBase0.rot;
            pTarget.robconf:=pPlaceBase0.robconf;
            pTarget:=Offs(pTarget,Compensation{nCount,1},Compensation{nCount,2},Compensa
tion{nCount,3});

        CASE 12:
            pTarget.trans.x:=pPlaceBase0.trans.x+nBoxL;
            pTarget.trans.y:=pPlaceBase0.trans.y;
            pTarget.trans.z:=pPlaceBase0.trans.z+2*nBoxH;
            pTarget.rot:=pPlaceBase0.rot;
            pTarget.robconf:=pPlaceBase0.robconf;
            pTarget:=Offs(pTarget,Compensation{nCount,1},Compensation{nCount,2},Compensa
tion{nCount,3});
```

```
        CASE 13:
            pTarget.trans.x:=pPlaceBase90.trans.x;
            pTarget.trans.y:=pPlaceBase90.trans.y;
            pTarget.trans.z:=pPlaceBase90.trans.z+2*nBoxH;
            pTarget.rot:=pPlaceBase90.rot;
            pTarget.robconf:=pPlaceBase90.robconf;
            pTarget:=Offs(pTarget,Compensation{nCount,1},Compensation{nCount,2},Compensa
tion{nCount,3});

        CASE 14:
            pTarget.trans.x:=pPlaceBase90.trans.x+nBoxW;
            pTarget.trans.y:=pPlaceBase90.trans.y;
            pTarget.trans.z:=pPlaceBase90.trans.z+2*nBoxH;
            pTarget.rot:=pPlaceBase90.rot;
            pTarget.robconf:=pPlaceBase90.robconf;
            pTarget:=Offs(pTarget,Compensation{nCount,1},Compensation{nCount,2},Compensa
tion{nCount,3});

        CASE 15:
            pTarget.trans.x:=pPlaceBase90.trans.x+2*nBoxW;
            pTarget.trans.y:=pPlaceBase90.trans.y;
            pTarget.trans.z:=pPlaceBase90.trans.z+2*nBoxH;
            pTarget.rot:=pPlaceBase90.rot;
            pTarget.robconf:=pPlaceBase90.robconf;
            pTarget:=Offs(pTarget,Compensation{nCount,1},Compensation{nCount,2},Compensa
tion{nCount,3});

        DEFAULT:
            TPErase;
            TPWrite "The counter is error,please check it !";
            stop;
            !若当前 nCount 数值均非所列 CASE 中的数值，则视为计数出错，写屏显示信息，
              并停止程序运行
        ENDTEST
       Return pTarget;
            ！计算出放置位置后，将此位置数据返回，在其他程序中调用此功能后则算出
            当前所需的摆放位置数据
```

```
ENDFUNC

PROC rPlaceRD()
        ! 码垛计数程序
    TEST nPalletNo
        ! 利用 TEST 判断执行哪侧码垛计数
    CASE 1:
     ! 若为 1，则执行左侧码垛计数
          Incr nCount_L;
        ! 左侧计数 nCount_L 加 1，其等同于：nCount_L:=nCount_L+1;
          IF nCount_L>15 THEN
           Set do02_PalletFull_L;
           bPalletFull_L:=TRUE;
           nCount_L:=1;
          ENDIF
          ! 判断左侧码盘是否已满载，本案例中码盘上面只摆放 15 个产品，则当计数
            数值大于 15，则视为满载，输出左侧码盘满载信号，将左侧满载布尔量置
            为 TRUE，并复位计数数据 nCount_L
    CASE 2:
        ! 若为 2，则执行右侧码垛计数
       Incr nCount_R;
        ! 右侧计数 nCount_R 加 1
       IF nCount_R>15 THEN
                Set do03_PalletFull_R;
                bPalletFull_R:=TRUE;
                nCount_R:=1;
          ENDIF
          ! 判断右侧码盘是否已满载，本案例中码盘上面只摆放 15 个产品，则当计数
            数值大于 15，则视为满载，输出右侧码盘满载信号，将右侧满载布尔量置
            为 TRUE，并复位计数数据 nCount_R
    DEFAULT:
          TPERASE;
          TPWRITE "The data 'nPalletNo' is error,please check it!";
          Stop;
          ! 数据 nPalletNo 数值出错处理，提示操作员检查并停止运行
    ENDTEST
 ENDPROC
```

```
PROC rCheckHomePos()
    ! 检测工业机器人是否在 Home 点程序
    VAR robtarget pActualPos;
    IF NOT CurrentPos(pHome,tGripper) THEN
    pActualpos:=CRobT(\Tool:=tGripper\WObj:=wobj0);
    pActualpos.trans.z:=pHome.trans.z;
    MoveL pActualpos,v500,z10,tGripper;
    MoveJ pHome,v1000,fine,tGripper;
  ENDIF
ENDPROC
```

关于检测当前工业机器人是否在 Home 点的程序，以及里面调用到的下面的比较目标点功能 CurrentPos 可参考搬运应用案例中的详细介绍。

```
FUNC bool CurrentPos(robtarget ComparePos,INOUT tooldata TCP)
    ! 比较工业机器人当前位置是否在给定目标点偏差范围之内
VAR num Counter:=0;
VAR robtarget ActualPos;
ActualPos:=CRobT(\Tool:=tGripper\WObj:=wobj0);
    IF ActualPos.trans.x>ComparePos.trans.x-25 AND ActualPos.trans.x<ComparePos.trans.x+25
Counter:=Counter+1;
    IF ActualPos.trans.y>ComparePos.trans.y-25 AND ActualPos.trans.y<ComparePos.trans.y+25
Counter:=Counter+1;
    IF ActualPos.trans.z>ComparePos.trans.z-25 AND ActualPos.trans.z<ComparePos.trans.
z+25 Counter:=Counter+1;
    IF ActualPos.rot.q1>ComparePos.rot.q1-0.1 AND ActualPos.rot.q1<ComparePos.rot.q1+0.1
Counter:=Counter+1;
    IF ActualPos.rot.q2>ComparePos.rot.q2-0.1 AND ActualPos.rot.q2<ComparePos.rot.q2+0.1
Counter:=Counter+1;
    IF ActualPos.rot.q3>ComparePos.rot.q3-0.1 AND ActualPos.rot.q3<ComparePos.rot.q3+0.1
Counter:=Counter+1;
    IF ActualPos.rot.q4>ComparePos.rot.q4-0.1 AND ActualPos.rot.q4<ComparePos.rot.q4+0.1
Counter:=Counter+1;
    RETURN Counter=7;
ENDFUNC

TRAP tEjectPallet_L
    ！左侧码盘更换中断程序，当左侧码盘满载后会将满载信号置为1，同时将满载布尔
    量置位 TRUE，当满载码盘被取走后，则利用此中断程序将满载输出信号复位，
```

```
    满载布尔量置为 FALSE
    Reset do02_PalletFull_L;
    ! 左侧满载输出信号复位
     bPalletFull_L:=FALSE;
    ! 左侧满载布尔量置为 FALSE
ENDTRAP

TRAP tEjectPallet_R
    ! 右侧码盘更换中断程序，同上
    Reset do03_PalletFull_R;
     bPalletFull_R:=FALSE;
ENDTRAP

PROC rMoveAbsj()
      MoveAbsJ jposHome\NoEOffs, v100, fine, tGripper\WObj:=wobj0;
     ! 手动执行该程序，将工业机器人移动至各关节轴机械零位，在程序运行过程中不被
      调用
ENDPROC

PROC rModPos()
     ! 专门用于手动示教关键目标点的程序
         MoveL pHome,v100, fine,tGripper\WObj:=Wobj0;
     ! 示教 Home 点，在工件坐标系 Wobj0 中示教
         MoveL pPick_L,v100, fine,tGripper\WObj:=Wobj0;
     ! 示教左侧产品抓取位置，在工件坐标系 Wobj0 中示教
         MoveL pPick_R,v100, fine,tGripper\WObj:=Wobj0;
     ! 示教右侧产品抓取位置，在工件坐标系 Wobj0 中示教
         MoveL pPlaceBase0_L,v100, fine,tGripper\WObj:=WobjPallet_L;
     ! 示教左侧放置基准点（不旋转），在工件坐标系 WobjPallet_L 中示教
         MoveL pPlaceBase90_L,v100, fine,tGripper\WObj:=WobjPallet_L;
     ! 示教左侧放置基准点（旋转 90°），在工件坐标系 WobjPallet_L 中示教
         MoveL pPlaceBase0_R,v100,fine,tGripper\WObj:=WobjPallet_R;
     ! 示教右侧放置基准点（不旋转），在工件坐标系 WobjPallet_R 中示教
         MoveL pPlaceBase90_R,v100, fine,tGripper\WObj:=WobjPallet_R;
     ! 示教右侧放置基准点（旋转 90°），在工件坐标系 WobjPallet_R 中示教
ENDPROC
ENDMODULE
```

任务 3-8　示教目标点和仿真运行

工作任务

1．掌握示教目标点的操作。

2．掌握仿真运行的操作。

实践操作

3-8-1　示教目标点

在本工作站中，需要示教七个目标点，如图 3-23 ～图 3-29 所示。

1）Home 点 pHome 如图 3-23 所示。

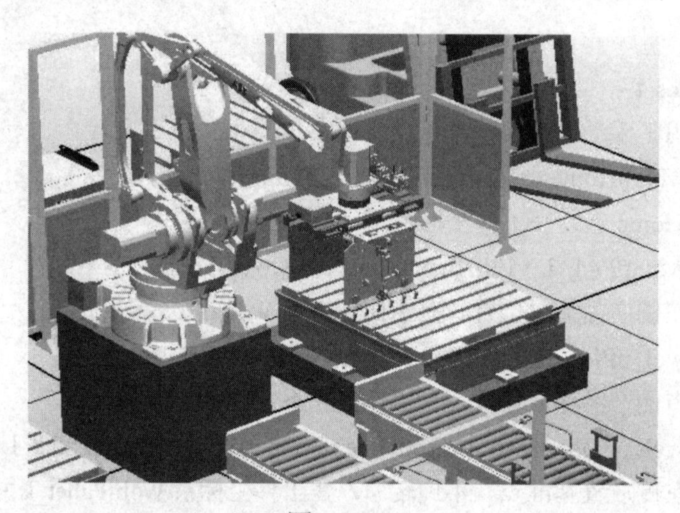

图　3-23

2）左侧抓取点 pPick_L 如图 3-24 所示。

3）右侧抓取点 pPick_R 如图 3-25 所示。

4）左侧不旋转放置点 pPlaceBase0_L 如图 3-26 所示。

5）左侧旋转 90° 放置点 pPlaceBase90_L 如图 3-27 所示。

6）右侧不旋转放置点 pPlaceBase0_R 如图 3-28 所示。

7）右侧旋转 90° 放置点 pPlaceBase90_R 如图 3-29 所示。

图　3-24

图　3-25

图　3-26

图　3-27

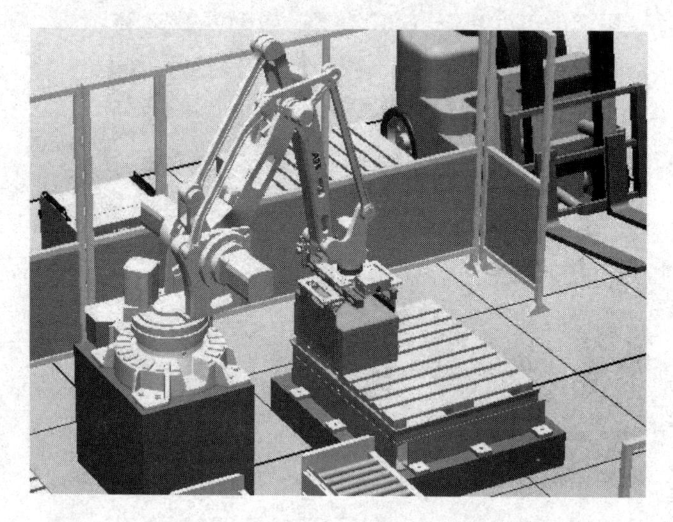

图　3-28

图　3-29

3-8-2 仿真运行的操作

在 RAPID 程序模板中包含一个专门用于手动示教目标点的子程序 rModPos（图 3-30），仿真运行的具体操作步骤如图 3-30 ～图 3-34 所示。

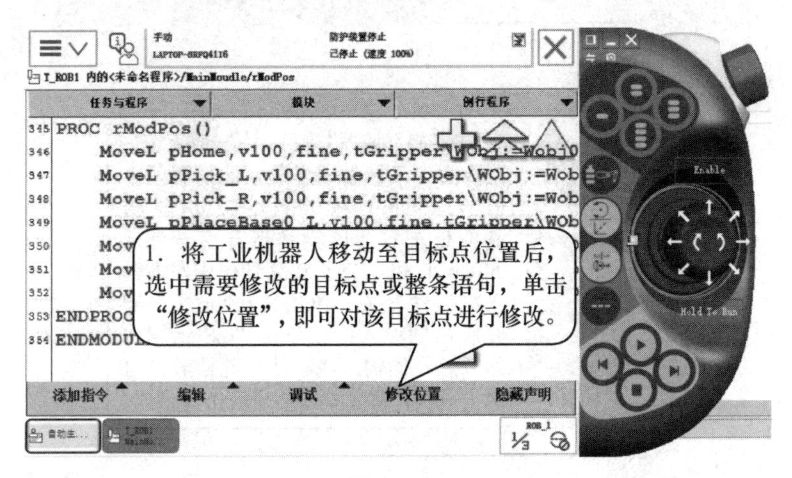

图　3-30

示教目标点完成之后，在“仿真”菜单中单击“I/O 仿真器”（图 3-31）。

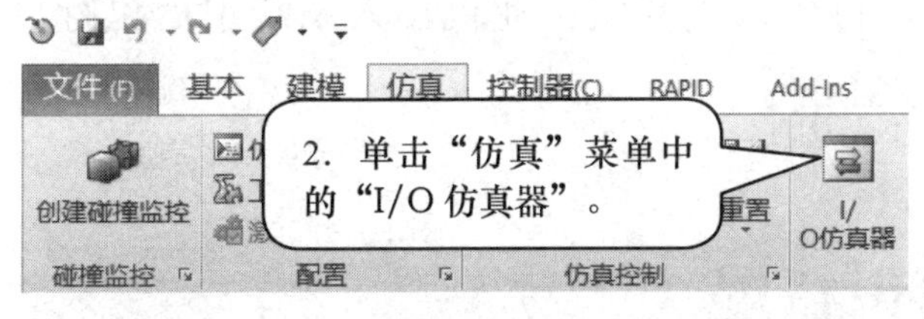

图　3-31

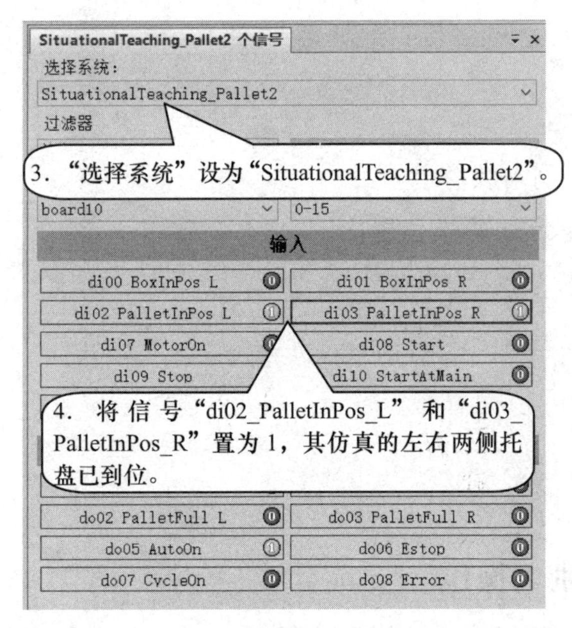

图　3-32

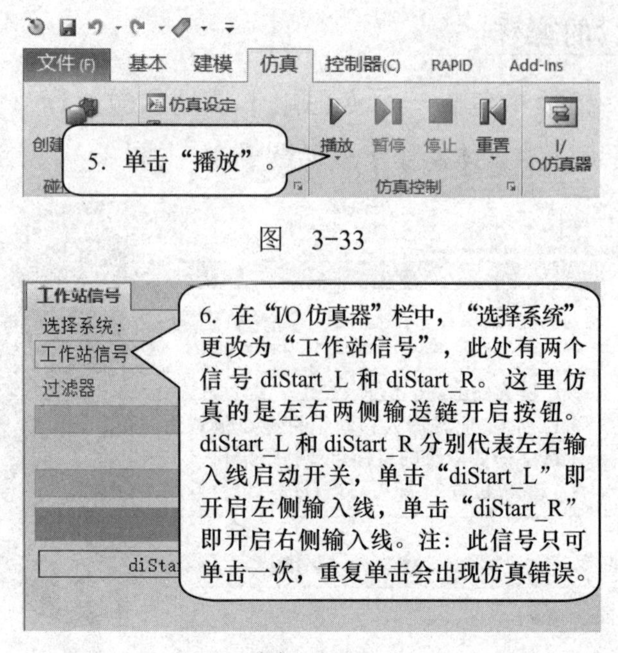

图　3-33

图　3-34

在实际的码垛应用过程中，若遇到类似的码垛工作站，可以在此程序模板基础上做相应的修改，再导入到真实工业机器人系统中后执行目标点示教即可快速完成程序编写工作。

任务 3-9　知识拓展

工作任务

1．了解 I/O 信号别名操作。

2．了解利用数组存储码垛位置。

3．了解带参数例行程序。

4．了解码垛节拍优化技巧。

知识讲解

3-9-1　I/O 信号别名操作

在实际应用中，可以将 I/O 信号进行别名处理，即将 I/O 信号与信号数据做关联，在程序应用过程中直接对信号数据做处理。例如：

```
VAR signaldo a_do1;
 ! 定义一个 signaldo 数据
PROC InitAll()
     AliasIO do1, a_do1;
! 将真实 I/O 信号 do1 与信号数据 a_do1 做别名关联
ENDPROC

PROC rMove()
     Set a_do1;
     ! 在程序中即可直接对 a_do1 进行操作
ENDPROC
```

在实际应用过程中，I/O 信号别名处理常见应用：

1）有一典型的程序模板可以应用到各种类似的项目中去，由于各个工作站中的 I/O 信号名称可能不一致，这样在程序模板中全部调用信号数据，在应对某一项目时，只需将程序中的信号数据与该项目中工业机器人的实际 I/O 信号做别名关联，则无须再更改程序中关于信号的语句。

2）真实的 I/O 信号是不能用作数组的，可以将 I/O 信号进行别名处理，将对应的信号数据定义为数组类型，这样便于程序编写。例如：

```
VAR signaldi diInPos{4};
PROC InitAll()
AliasIO diInPos_1, diInPos{1};
AliasIO diInPos_2, diInPos{2};
AliasIO diInPos_3, diInPos{3};
AliasIO diInPos_4, diInPos{4};
ENDPROC
```

则在程序中可以直接对信号数据 diInPos{} 进行处理。

注意

I/O 信号必须提前在 I/O 配置中定义，程序中需要运行 I/O 别名语句之后才能建立关联，所以别名语句通常写在初始化程序中，或通过事件例行程序 EventRoutine 将别名处理语句在工业机器人启动时自动执行一次。

3-9-2 利用数组存储码垛位置

对于一些常见的码垛跺型，可以利用数组来存放各个摆放位置数据，这样在放置程序中直接调用该数据即可。下面以一个简单的例子来介绍此种用法，如图 3-35 所示，这里只摆放 5 个位置。

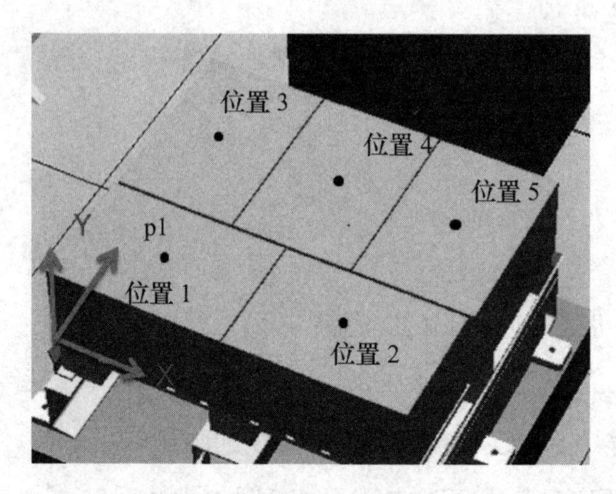

图 3-35

只需示教一个基准位置 p1 点。

之后创建一个数组，用于存储 5 个摆放位置数据：

```
PERS num nPosition{5,4}:=[[0,0,0,0],[600,0,0,0],[-100,500,0,-90],[300,500,0,-90],
                [700,500,0,-90]];
```

! 该数组中共有 5 组数据，分别对应 5 个摆放位置；每组数据中有 4 项数值，分别代表 X、Y、Z 偏移值以及旋转度数。该数组中的各项数值只需按照几何算法算出各摆放位置相对于基准点 p1 的 X、Y、Z 偏移值以及旋转度数（此例子中产品长为 600mm，宽为 400mm）

```
PERS num nCount:=1;
! 定义数字型数据，用于产品计数

PROC rPlace()
⋮
MoveL RelTool (p1, nPosition{nCount,1},nPosition{ nCount,2},nPosition{nCount,3}
        \Rz:= nPosition{nCount,4}),v1000,fine,tGripper\ WobjPallet_L;
⋮
ENDPROC
```

调用该数组时，第一项索引号为产品计数 nCount，利用 RelTool 功能将数组中每组数据的各项数值分别叠加到 X、Y、Z 偏移，以及绕着工具 Z 轴方向旋转的度数之上，即可较为简单地实现码垛位置的计算。

3-9-3 带参数例行程序

在编写例行程序时，可以附带参数。下面以一个简单的画正方形的程序为例来对此进行介绍。程序如下：

```
PROC rDraw_Square (robotarget pStart, num nSize)
  MoveL pStart, v100, fine, tool1;
  MoveL Offs(pStart,nSize,0,0), v100, fine, tool1;
  MoveL Offs(pStart,nSize, -nSize,0), v100, fine, tool1;
  MoveL Offs(pStart,0, -nSize,0), v100, fine, tool1;
  MoveL pStart, v100, fine, tool1;
ENDPROC
```

在调用此带参数的例行程序时，需要输入一个目标点作为正方形的顶点，同时还要输入一个数字型数据作为正方形的边长。

```
PROC rDraw()
 rDraw_Square  p10,100;
ENDPROC
```

在程序中，调用画正方方程序，同时输入顶点 p10、边长 100mm，则工业机器人 TCP 会完成图 3-36 所示轨迹。

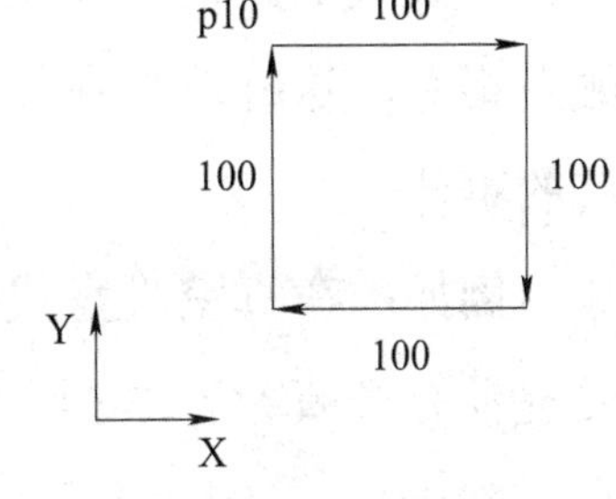

图　3-36

3-9-4 码垛节拍优化技巧

在码垛过程中，最为关注的是每一个运行周期的节拍。在码垛程序中，通常可以在以下几个方面进行节拍的优化。

1）在工业机器人运行轨迹过程中，经常会有一些中间过渡点，即在该位置工业机器人不会具体触发事件，例如拾取正上方位置点、放置正上方位置点、绕开障碍物而设置的一些位置点，在运动至这些位置点时应将转弯半径设置得大一些，这样可以减少工业机器人在转角时的速度衰减，同时也可使工业机器人的运行轨迹更加圆滑。

例如：在拾取放置动作过程中（图 3-37），工业机器人在拾取和放置之前需要先移动至其正上方处，之后竖直上下对工件进行拾取放置动作。

```
MoveJ pPrePick,vEmptyMax,z50,tGripper;
MoveL pPick,vEmptyMin,fine,tGripper;
Set doGripper;
```

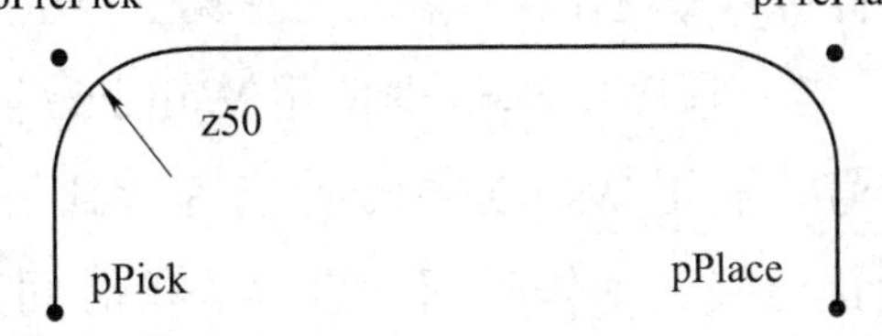

图　3-37

```
⋮
MoveJ pPrePlace,vLoadMax,z50,tGripper;
MoveL pPlace,vLoadMin,fine,tGripper;
Reset doGripper;
⋮
```

在工业机器人TCP运动至pPrePick和pPrePlace点位的运动指令中写入转弯半径z50，这样工业机器人可在此两点处以半径为50mm的轨迹圆滑过渡，速度衰减较小。在满足轨迹要求的前提下，转弯半径越大，运动轨迹越圆滑。但在pPick和pPlace点位处需要置位夹具动作，所以一般情况下使用fine，即完全到达该目标点处再置位夹具。

2）善于运用Trigg触发指令，即要求工业机器人在准确的位置触发事件，例如真空夹具的提前开真空、提前释放真空，带钩爪夹具对应钩爪的控制均可采用触发指令，这样能够在保证工业机器人速度不衰减的情况下在准确的位置触发相应的事件。

例如：在真空吸盘式夹具对产品进行拾取过程中，一般情况下，在拾取前需要提前打开真空，这样可以减少拾取过程的时间。在此案例中，工业机器人需要在拾取位置前20mm处将真空完全打开，夹具动作延迟时间为0.1s，如图3-38所示。

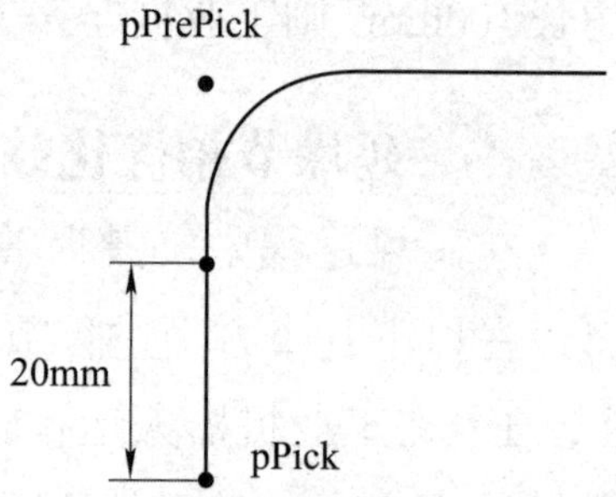

图　3-38

```
VAR triggdata VacuumOpen;
⋮
MoveJ pPrePick,vEmptyMax,z50,tGripper;
TriggEquip VacuumOpen, 20, 0.1 \DOp:=doVacuumOpen, 1;
TriggL pPick, vEmptyMin, VacuumOpen, fine, tGripper;
⋮
```

这样，当工业机器人TCP运动至拾取点位pPick之前20mm处已将真空完全打开，这样可以快速在工件表面产生真空，从而将产品拾取，减少了拾取过程的时间。

3）程序中尽量少使用Waittime固定等待时间指令，可在夹具上面添设反馈信号，利用WaitDI指令，当等待到条件满足则立即执行。例如，夹取产品时，一般预留夹具动作时间，设置等待时间过长则降低节拍，过短则可能夹具未运动到位。若用固定的等待时间Waittime，则不容易控制，还可能增加节拍。此时利用

WaitDI 监控夹具到位反馈信号，则可便于对夹具动作的监控及控制。

在图 3-37 的例子中，程序如下：

```
MoveL pPick,vEmptyMin,fine,tGripper;
Set doGripper;
(Waittime 0.3;)
WaitDI diGripClose,1;
⋮
MoveL pPlace,vLoadMin,fine,tGripper;
Reset doGripper;
(Waittime 0.3;)
WaitDI diGripOpen,1;
⋮
```

在置位夹具动作时，若没有夹具动作到位信号 diGripOpen 和 diGripClose，则需要强制预留夹具动作时间 0.3s。这样既不容易对夹具进行控制，也容易浪费时间，所以建议在夹具端配置动作到位检测开关，之后利用 WaitDI 指令监控夹具动作到位信号。

4）在某些运行轨迹中，工业机器人的运行速度设置过大容易触发过载报警。在整体满足工业机器人载荷能力要求的前提下，此种情况多是由于未正确设置夹具重量和重心偏移，以及产品重量和重心偏移所致，此时需要重新设置该项数据，若夹具或产品形状复杂可调用例行程序 LoadIdentify，让工业机器人自动测算重量和重心偏移；同时也可利用 AccSet 指令来修改工业机器人的加速度，在易触发过载报警的轨迹之前利用此指令降低加速度，过后再将加速度加大。

例如：

```
⋮
MoveL pPick,vEmptyMin,fine,tGripper;
Set doGripper;
WaitDI diGripClose,1;
AccSet 70,70;
⋮
MoveL pPlace,vLoadMin,fine,tGripper;
Reset doGripper;
WaitDI diGripOpen,1;
AccSet 100,100;
⋮
```

在工业机器人有负载的情况下利用AccSet指令将加速度减小，在工业机器人空载时再将加速度加大，这样可以减少过载报警。

5）在运行轨迹中通常会添加一些中间过渡点，以保证工业机器人能够绕开障碍物。在保证轨迹安全的前提下，应尽量减少中间过渡点，可删除没有必要的过渡点，这样工业机器人的速度才可能提高，如果两个目标点之间离的较近，则工业机器人还未加速至指令中所写速度，则就开始减速，这种情况下工业机器人指令中写的速度即使再大，也不会明显提高工业机器人的实际运行速度。

例如：工业机器人从pPick点运动至pPlace点（图3-39）时需要绕开中间障碍物，需要添加中间过渡点，此时应在保证不发生碰撞的前提下尽量减少中间过渡点的个数，规划中间过渡点的位置，否则点位过于密集，不易提升工业机器人的运行速度。

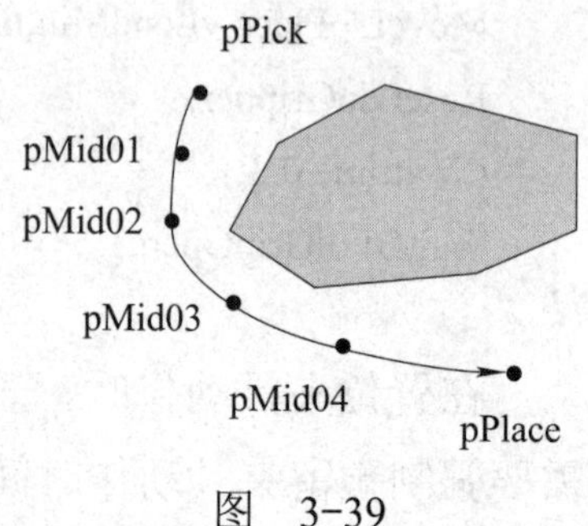

图　3-39

学习检测

技能自我学习检测评分表见表3-7。

表　3-7

项　目	技术要求	分　值	评分细则	评分记录	备　注
练习码垛常用I/O配置	能够正确配置常用的I/O信号和系统输入输出	20	1. 理解流程 2. 操作流程		
练习并总结中断程序的设定	能够正确设定中断程序并进行总结	20	1. 理解流程 2. 操作流程		
练习准确触发动作指令Trigg的应用	能够正确使用触发动作指令Trigg	20	1. 理解流程 2. 操作流程		
尝试码垛程序编写	能够在程序模板的基础上实现单进单出码垛	20	1. 理解流程 2. 操作流程		
总结码垛节拍优化技巧	能够根据实际需要对码垛节拍进行优化	20	1. 理解流程 2. 熟练操作		

项目 4　工业机器人典型应用——弧焊

教学目标

1. 了解工业机器人弧焊工作站的任务。
2. 学会弧焊常用 I/O 配置。
3. 学会弧焊常用参数配置。
4. 学会弧焊软件设定。
5. 学会弧焊程序数据创建。
6. 学会弧焊目标点示教。
7. 学会常用弧焊程序编写。
8. 学会弧焊程序调试。
9. 学会 Torch Services 应用。

任务 4-1　了解工业机器人弧焊工作站工作任务

本工作站（图 4-1）以汽车配件工业机器人焊接为例，使用 IRB 1520ID 工业机器人双工位工作站实现产品的焊接工作，通过本任务的学习，能够学会 ABB 工业机器人弧焊的基础知识，包括 I/O 配置、参数设置、程序编写和调试等内容。

随着汽车、军工及重工等行业的飞速发展，这些行业中的三维钣金零部件的焊接加工呈现小批量、多样化的趋势。由工业机器人和焊接电源组成的工业机器人自动化焊接系统，能够自由、灵活地实现各种复杂三维曲线加工轨迹，并且能够把员工从恶劣的工作环境中解放出来以从事更高附加值的工作。

与码垛、搬运等应用所不同的是，弧焊是基于连续工艺状态下的工业机器人应用，这对工业机器人提出了更高的要求。ABB 利用自身强大的研发实力开发了一系列的焊接技术，来满足市场的需求。所开发的 ArcWare 弧焊包可匹配当今市场大多数知名品牌的焊机，TrochServies 清枪系统和 PathRecovery（路径恢复）让工业机器人的工作更加智能化和自动化，SmartTac 探测系统则更好地解决了产品定位精度不足的问题。

图　4-1

任务 4-2　学习弧焊工作站的技术准备

工作任务

1. 了解工业机器人 I/O 板配置和 I/O 信号配置。
2. 了解工业机器人 Cross Connection 配置。
3. 了解信号与弧焊软件关联。
4. 了解常用的弧焊参数。
5. 了解弧焊常用的指令。
6. 了解 Torch Services 清枪系统。

实践操作

4-2-1　工业机器人 I/O 板和信号配置

1. 标准 I/O 板配置

ABB 标准 I/O 板下挂在 DeviceNet 总线上面，弧焊应用常用型号有 DSQC 651（8

个数字输入，8 个数字输出，2 个模拟输出），DSQC 652（16 个数字输入，16 个数字输出）。在系统中配置标准 I/O 板，至少需要设置表 4-1 所示的两项参数。

表　4-1

参 数 名 称	参 数 说 明
Name	I/O 单元名称
Address	I/O 单元所占用总线地址

2. 数字量常用 I/O 配置

在 I/O 单元上面创建一个数字 I/O 信号，至少需要设置表 4-2 所示的四项参数。

表　4-2

参 数 名 称	参 数 说 明
Name	I/O 信号名称
Type of Signal	I/O 信号类型
Assigned to Device	I/O 信号所在 I/O 单元
Device Mapping	I/O 信号所占用单元地址

3. 系统 I/O 配置

系统输入：可以将数字输入信号与工业机器人系统的控制信号关联起来，通过输入信号对系统进行控制。例如电动机上电、程序启动等。

系统输出：工业机器人系统的状态信号也可以与数字输出信号关联起来，将系统的状态输出给外围设备作控制之用。例如系统运行模式、程序执行错误等。

4. 虚拟 I/O 板及 I/O 配置

ABB 虚拟 I/O 板是下挂在虚拟总线 Virtual1 下面的，每一块虚拟 I/O 板可以配置 512 个数字输入和 512 个数字输出，输入和输出分别占用地址 0 ～ 511，虚拟 I/O 的作用就如同 PLC 的中间继电器一样，起到信号之间的关联和过渡的作用。在系统中配置虚拟 I/O 板，需要设定表 4-3 所示的两项参数。

表　4-3

参 数 名 称	参 数 说 明
Name	I/O 单元名称
Address	无须输入

配置好虚拟 I/O 板后，配置 I/O 信号和标准 I/O 配置相同。

4-2-2 Cross Connection 配置

Cross Connection 是 ABB 工业机器人一项用于 I/O 信号“与，或，非”逻辑控制的功能，图 4-2 为“与”关系示例，只有当 di1、do2、do10 三个 I/O 信号都为 1 时才输出 do26。

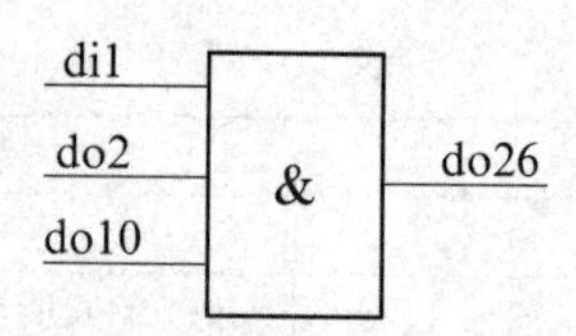

Resultant	Actor 1	Invert actor 1	Opera-tor 1	Actor 2	Invert actor 2	Opera-tor 2	Actor 3	Invert actor 3
do26	di1	No	AND	do2	No	AND	do10	No

图　4-2

配置 Cross Connection 有以下三个条件限制：

1）一次最多只能生成 100 个。

2）条件部分一次最多只能有 5 个。

3）深度最多只能 20 层。

4-2-3 I/O 信号与弧焊软件关联

可以将定义好的 I/O 信号与弧焊软件的相关端口进行关联，关联后弧焊系统会自动处理关联好的信号。在进行弧焊程序编写与调试时，可以通过弧焊专用的 RAPID 指令简单高效地对工业机器人进行弧焊连续工艺的控制。一般需要关联的信号见表 4-4。

表　4-4

IO Name	Parameters Type	Parameters Name	I/O 信号说明
ao01Weld_REF	Arc Equipment Analogue Output	VoltReference	焊接电压控制模拟信号
ao02Feed_REF	Arc Equipment Analogue Output	CurrentReference	焊接电流控制模拟信号
do01WeldOn	Arc Equipment Digital Output	WeldOn	焊接启动数字信号
do02GasOn	Arc Equipment Digital Output	GasOn	打开保护气数字信号
do03FeedOn	Arc Equipment Digital Output	FeedOn	送丝信号
di01ArcEst	Arc Equipment Digital Intput	ArcEst	起弧检测信号
di02GasOK	Arc Equipment Digital Intput	GasOk	保护气检测信号
di03FeedOK	Arc Equipment Digital Intput	WirefeedOk	送丝检测信号

4-2-4 弧焊常用的弧焊参数

在弧焊的连续工艺过程中，需要根据材质或焊缝的特性来调整焊接电压或电流的大小，或焊枪是否需要摆动、摆动的形式和幅度大小等参数，在弧焊机器人系统中用程序数据来控制这些变化的因素。需要设定的三个参数如下：

1. WeldData：焊接参数

焊接参数（WeldData）是用来控制在焊接过程中工业机器人的焊接速度，以及焊机输出的电压和电流的大小，需要设定表 4-5 所示的参数。

表　4-5

参数名称	参数说明
Weld_speed	焊接速度
Voltage	焊接电压
Current	焊接电流

2. SeamData：起弧收弧参数

起弧收弧参数（SeamData）是控制焊接开始前和结束后的吹保护气的时间长度，以保证焊接时的稳定性和焊缝的完整性。需要设定表 4-6 所示的参数。

表　4-6

参数名称	参数说明
Purge_time	清枪吹气时间
Preflow_time	预吹气时间
Postflow_time	尾气吹气时间

3. WeaveData：摆弧参数

摆弧参数（WeaveData）是控制工业机器人在焊接过程中的焊枪的摆动，通常在焊缝的宽度超过焊丝直径较多的时候通过焊枪的摆动去填充焊缝。该参数属于可选项，如果焊缝宽度较小，工业机器人线性焊接可以满足的情况下不选用该参数，需要设定表 4-7 所示的参数。

表　4-7

参数名称	参数说明
Weave_shape	摆动的形状
Weave_type	摆动的模式
Weave_length	一个周期前进的距离
Weave_width	摆动的宽度
Weave_height	摆动的高度

4-2-5 常用的弧焊参数

任何焊接程序都必须以ArcLStart或者ArcCStart开始，通常运用ArcLStart作为起始语句；任何焊接过程都必须以ArcLEnd或者ArcCEnd结束；焊接中间点用ArcL\ArcC语句；焊接过程中不同语句可以使用不同的焊接参数（SeamData和WeldData）。

1. ArcLStart：线性焊接开始指令

ArcLStart用于直线焊缝的焊接开始，工具中心点线性移动到指定目标位置，整个焊接过程通过参数监控和控制。程序如下：

ArcLStart p1, v100, seam1, weld5, fine, gun1

如图4-3所示，工业机器人线性运行到p1点起弧，焊接开始。

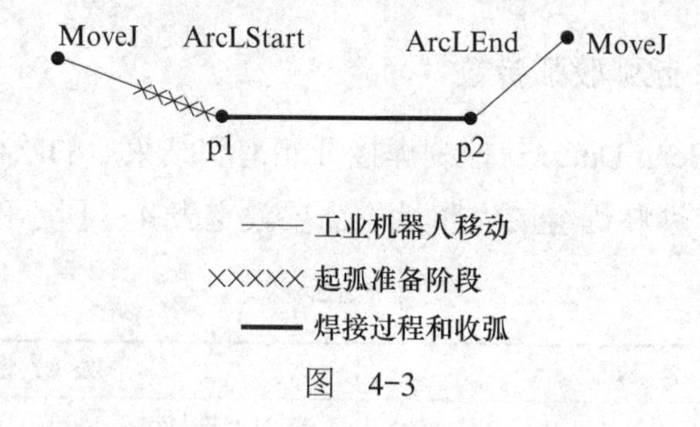

图 4-3

2. ArcL：线性焊接指令

ArcL用于直线焊缝的焊接，工具中心点线性移动到指定目标位置，焊接过程通过参数控制。程序如下：

ArcL *, v100, seam1, weld5\Weave:=Weave1, z10, gun1

如图4-4所示，工业机器人线性焊接的部分应使用ArcL指令。

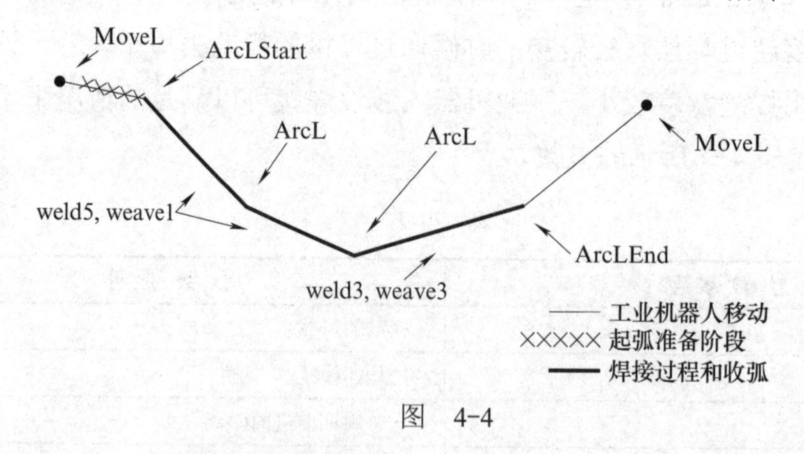

图 4-4

3. ArcLEnd：线性焊接结束指令

ArcLEnd用于直线焊缝的焊接结束，工具中心点线性移动到指定目标位置，整个焊接过程通过参数监控和控制。程序如下：

ArcLEnd p2, v100, seam1, weld5, fine, gun1;

如图 4-5 所示，工业机器人在 p2 点使用 ArcLEnd 指令结束焊接。

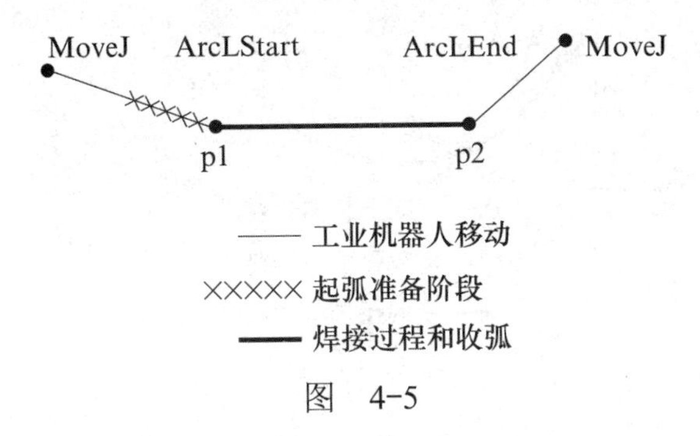

图 4-5

4. ArcCStart：圆弧焊接开始指令

ArcCStart 用于圆弧焊缝的焊接开始，工具中心点圆周运动到指定目标位置，整个焊接过程通过参数监控和控制。程序如下：

ArcCStart p1,p2, v100, seam1, weld5, fine, gun1;

执行以上指令，工业机器人圆弧运动到 p2 点，在 p2 点开始焊接。

5. ArcC：圆弧焊接指令

ArcC 用于圆弧焊缝的焊接，工具中心点线性移动到指定目标位置，焊接过程通过参数控制。程序如下：

ArcLC *, *, v100, seam1, weld1\Weave:=Weave1, z10, gun1;

如图 4-6 所示，工业机器人圆弧焊接的部分应使用 ArcC 指令。

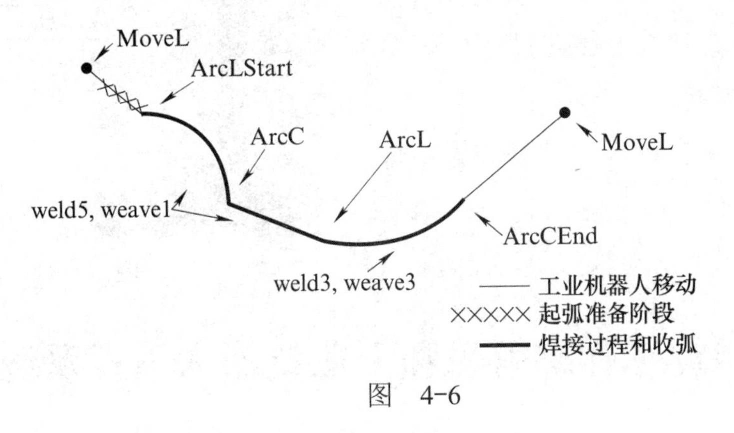

图 4-6

6. ArcCEnd：圆弧焊接结束指令

ArcCEnd 用于圆弧焊缝的焊接结束，工具中心点圆周运动到指定目标位置，整个焊接过程通过参数监控和控制。程序如下：

ArcCEnd p2, p3, v100, seam1, weld5, fine, gun1;

如图 4-7 所示，工业机器人在 p3 点使用 ArcCEnd 指令结束焊接。

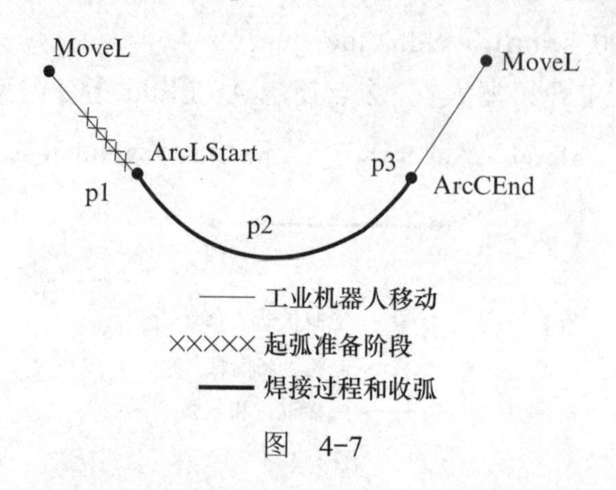

图　4-7

4-2-6 了解 Torch Services 清枪系统

Torch Services 是一套焊枪的维护系统（图 4-8），在焊接过程中可以进行清焊渣、喷雾、剪焊丝三个动作，以保证焊接过程的顺利进行，减少人为的干预，让整个自动化焊接工作站流畅运转，其使用了最简单的控制原理，用三个输出信号控制三个动作的启动停止。

Torch Services 的三个动作说明如下：

1）清焊渣：由自动机械装置（焊渣清洁装置）带动顶端的尖头旋转对焊渣进行清洁。

2）喷雾：自动喷雾装置对清完焊渣的枪头部分进行喷雾，防止焊接过程中焊渣飞溅粘连到导电嘴上。

3）剪焊丝：由自动焊丝剪切装置将焊丝剪至合适的长度。

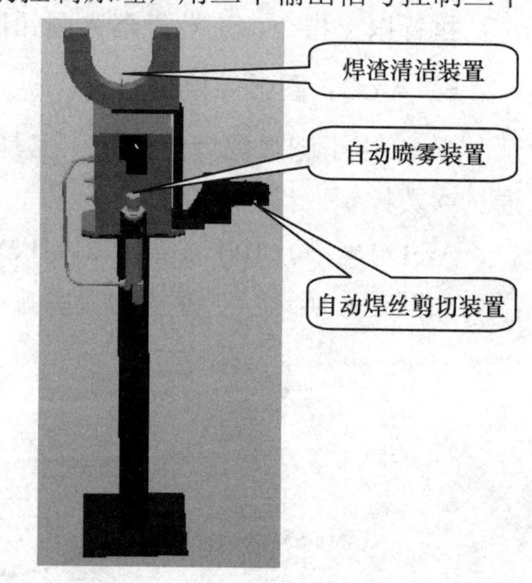

图　4-8

任务 4-3 弧焊工作站解包和工业机器人重置系统

工作任务

1．对弧焊工作站进行解包。

2．对工业机器人进行重置系统。

4-3-1 工作站解包

工作站解包的具体操作步骤如图 4-9 ～图 4-16 所示。

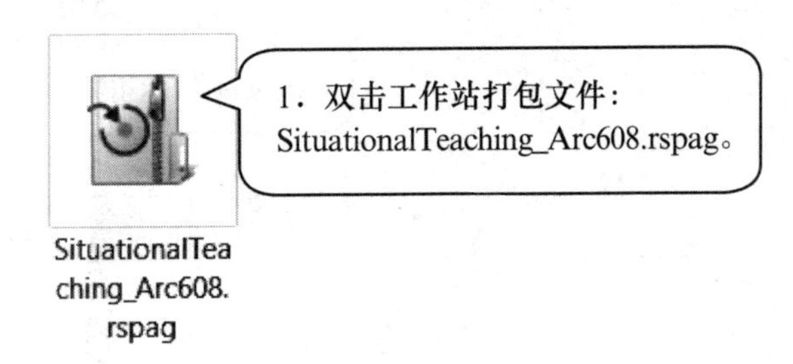

图　4-9

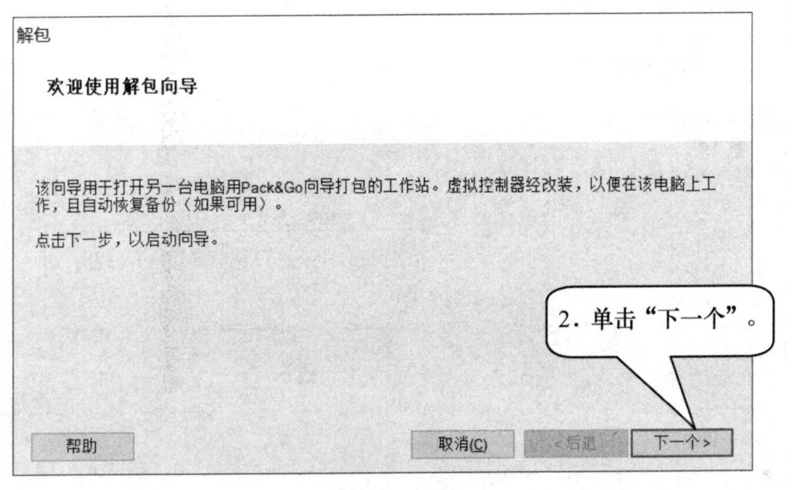

图　4-10

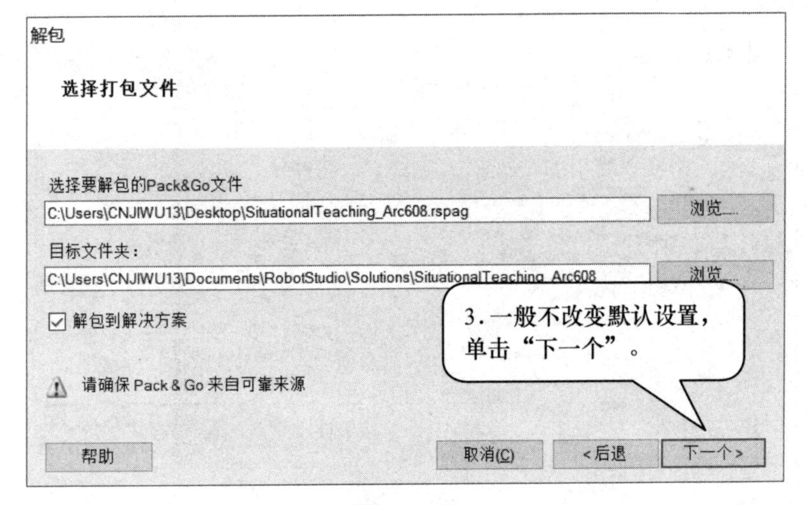

图　4-11

解包
库处理
用于同时存在于Pack & Go与本地PC的库文件：
从本地PC加载文件
从Pack & Go包加载文件
4. 选择“从 Pack&Go 包加载文件”，单击“下一个”。
帮助
取消(C)
< 后退
下一个 >

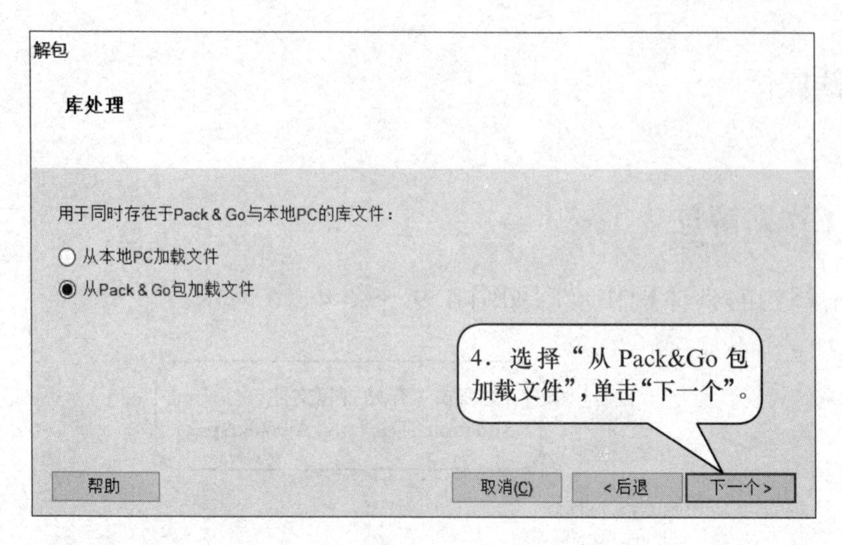

图　4-12

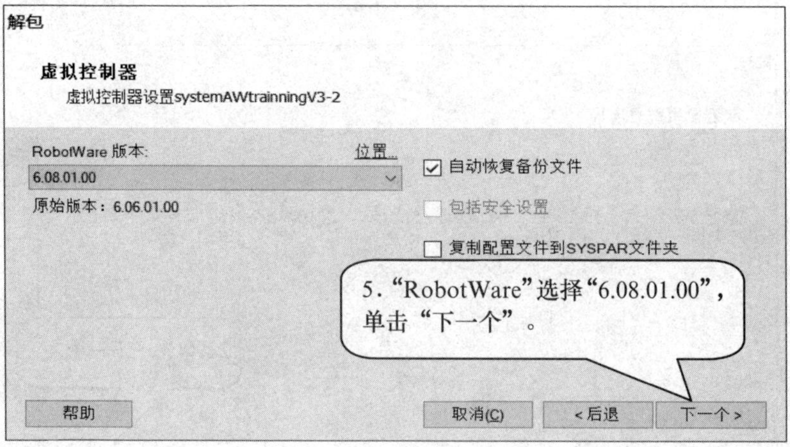

解包
虚拟控制器
虚拟控制器设置systemAWtrainningV3-2
RobotWare 版本:
位置...
6.08.01.00
原始版本：6.06.01.00
自动恢复备份文件
包括安全设置
复制配置文件到SYSPAR文件夹
5.“RobotWare”选择“6.08.01.00”，单击“下一个”。
帮助
取消(C)
< 后退
下一个 >

图　4-13

解包
解包已准备就绪
确认以下的设置，然后点击"完成"解包和打开工作站
解包的文件:
C:\Users\CNJIWU13\Desktop\SituationalTeaching_Arc608.rspag
目标:
C:\Users\CNJIWU13\Documents\RobotStudio\Solutions\SituationalTeaching_Arc608
用于同时存在于Pack && Go与本地PC的库文件：
从Pack && Go包加载文件
虚拟控制器设置systemAWtrainningV3-2:
使用RobotWare: 6.08.01.00
自动恢复备份文件
6. 单击“完成”。
帮助
取消(C)
< 后退
完成(F)

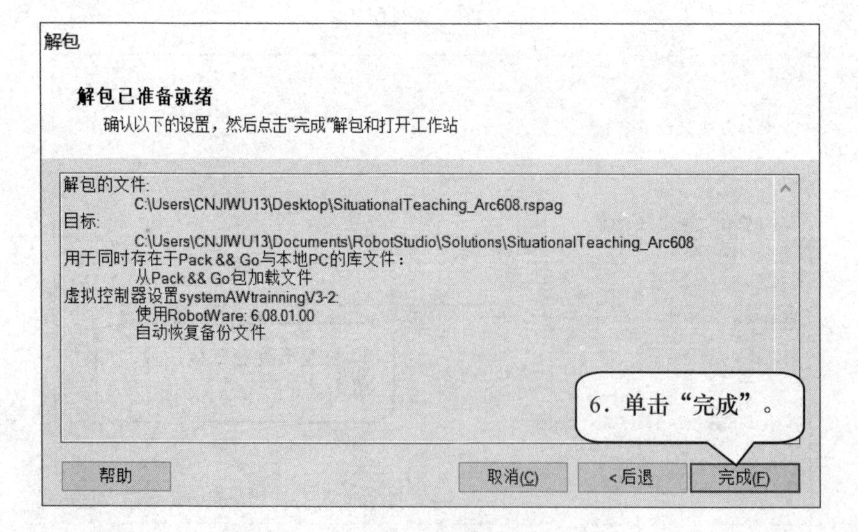

图　4-14

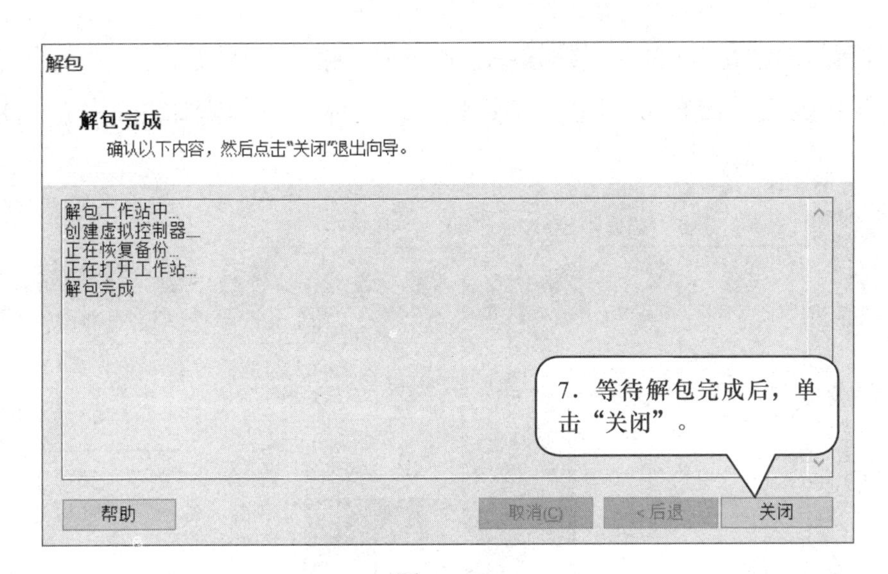

图　4-15

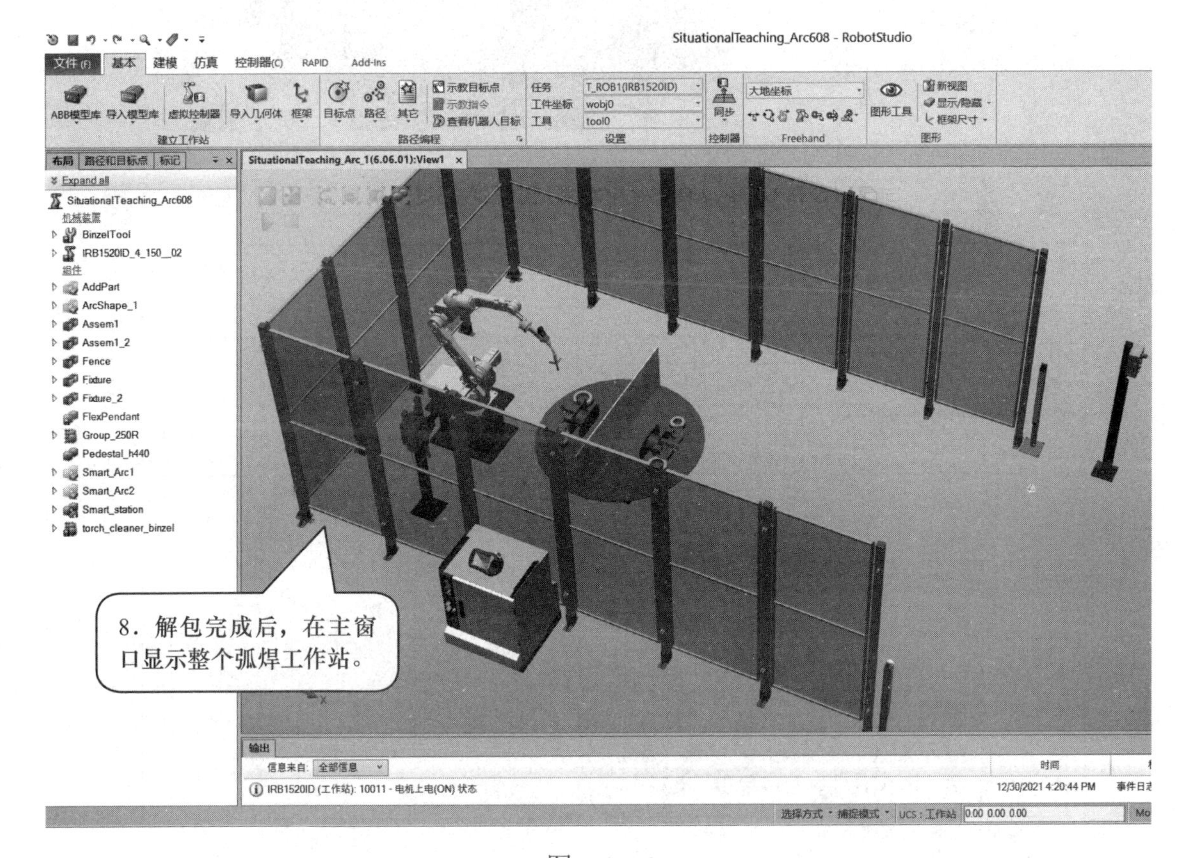

图　4-16

4-3-2 对工业机器人进行重置系统

现有解包打开的工作站中已包含创建好的参数以及 RAPID 程序。从零开始练习建立工作站的配置工作，需要先将此系统做一备份，然后执行“重置系统”的操作将工业机器人系统恢复到出厂初始状态，具体操作步骤如图 4-17～图 4-20。

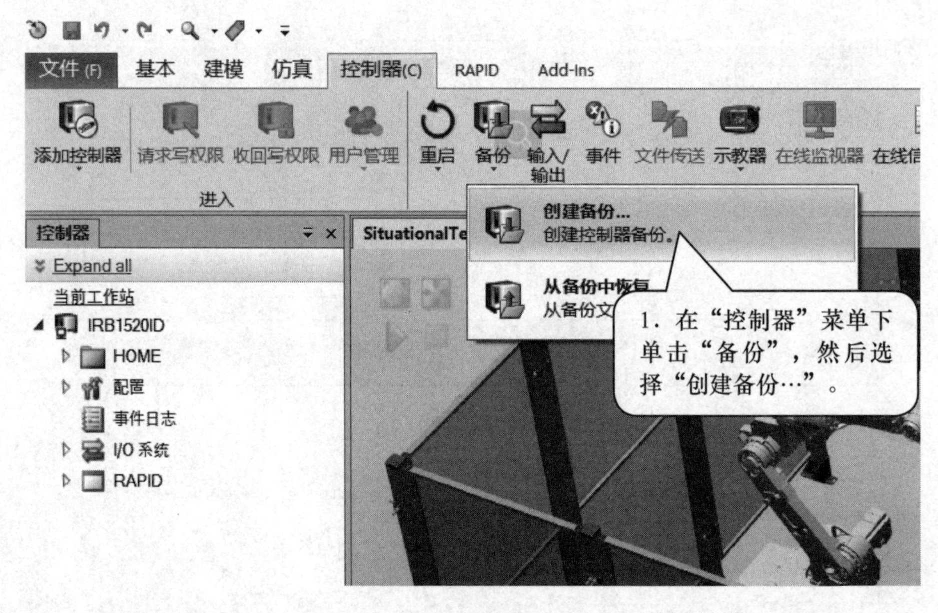

图　4-17

从 IRB1520ID创建备份

备份名称：

IRB1520ID_2021-12-30

位置:

C:\Users\CNJIWU13\Desktop

可用备份：

备份名称	系统名称	RobotWare 版本

2. 设定好“备份名称”“位置”（不要有中文字符），勾选“备份到 Zip 文件”，然后单击“确定”。

只恢复信任的来源提供的备份

选项

☑ 备份到 Zip 文件

确定　取消

图　4-18

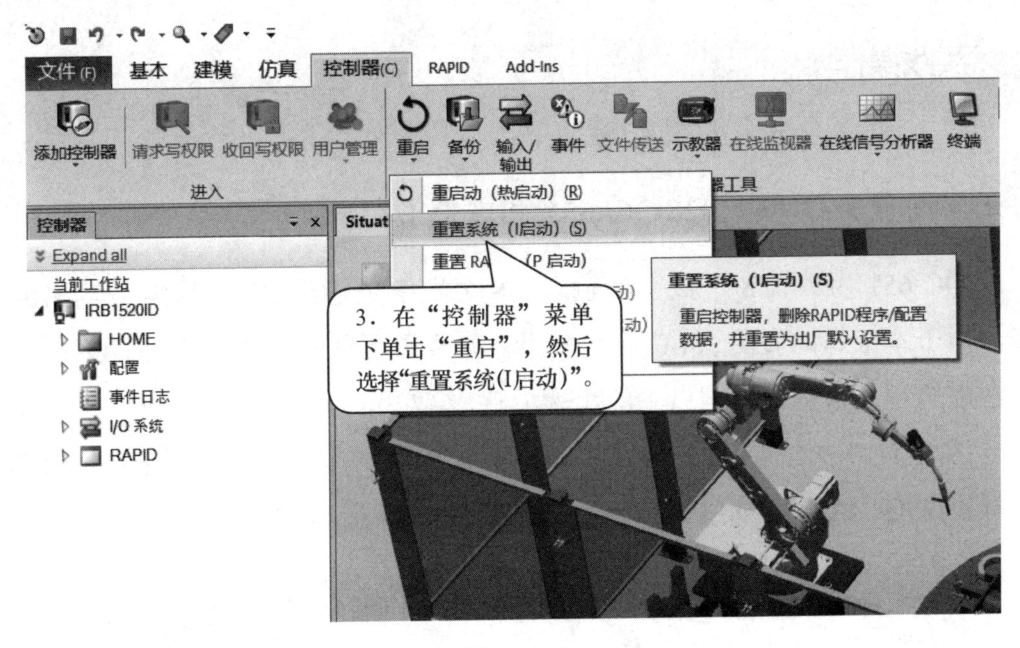

图　4-19

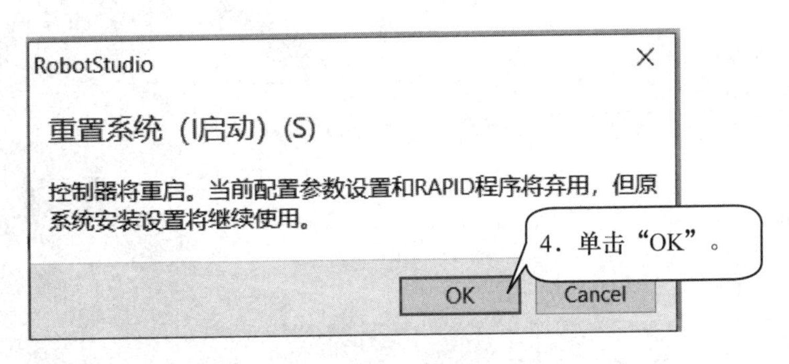

图　4-20

任务 4-4　配置工业机器人的 I/O 单元

工作任务

1．配置 I/O 单元 DSQC 651 和虚拟 I/O 板。

2．配置 I/O 信号。

3．配置系统输入输出信号。

4．配置 Cross Connection。

实践操作

4-4-1 配置 I/O 单元 DSQC 651 和虚拟 I/O 板

DSQC 651 为带有 8 个数字量输入、8 个数字量输出、2 个模拟量输出的 I/O 板卡，由于本工作站需要的 I/O 点位较多，则需要配置两块 DSQC 651 板卡。

在虚拟示教器中，根据以下的步骤配置 I/O 单元。

1）在配置 DeviceNet Device 项中，新建一个 I/O 单元，在“使用来自模板的值”中选择“DSQC 651 Combi I/O Device”，如图 4-21 所示。

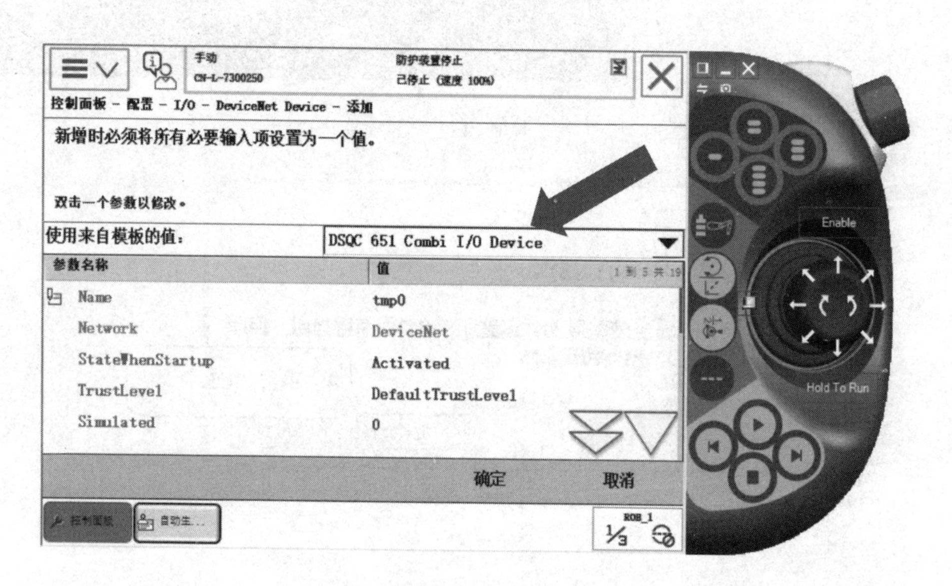

图　4-21

2）根据表 4-8 所示的参数进行 I/O 单元的配置。

表　4-8

参 数 名 称	值
Name	Board10
Address	10

3）在配置 DeviceNet Device 项中，新建一个 I/O 单元，在“使用来自模板的值”中选择“DSQC 651 Combi I/O Device”，如图 4-22 所示。

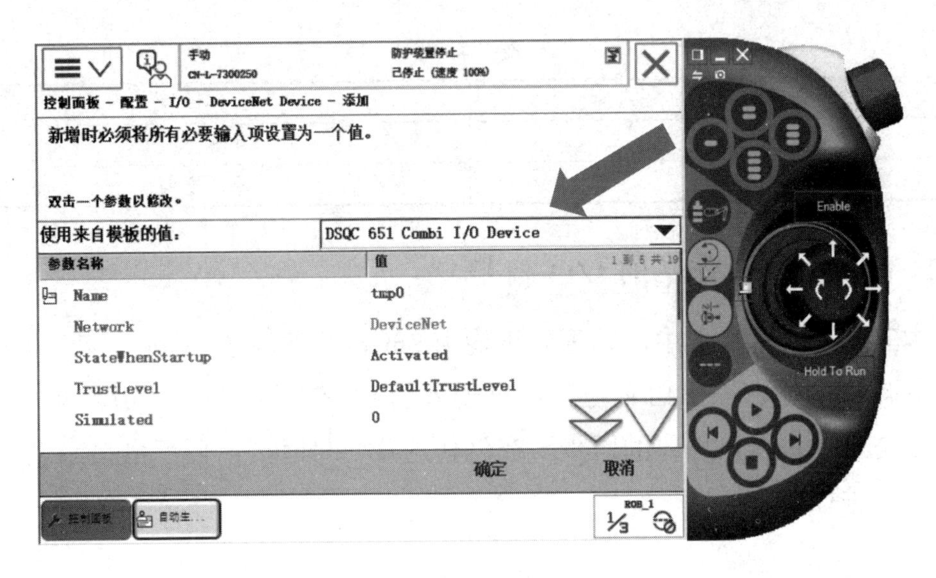

图　4-22

4）根据表 4-9 所示的参数进行 I/O 单元的配置。

表　4-9

参 数 名 称	值
Name	Board11
Address	11

5）在配置 DeviceNet Device 项中，新建一个 I/O 单元，模板选择“默认”即可，如图 4-23 所示。

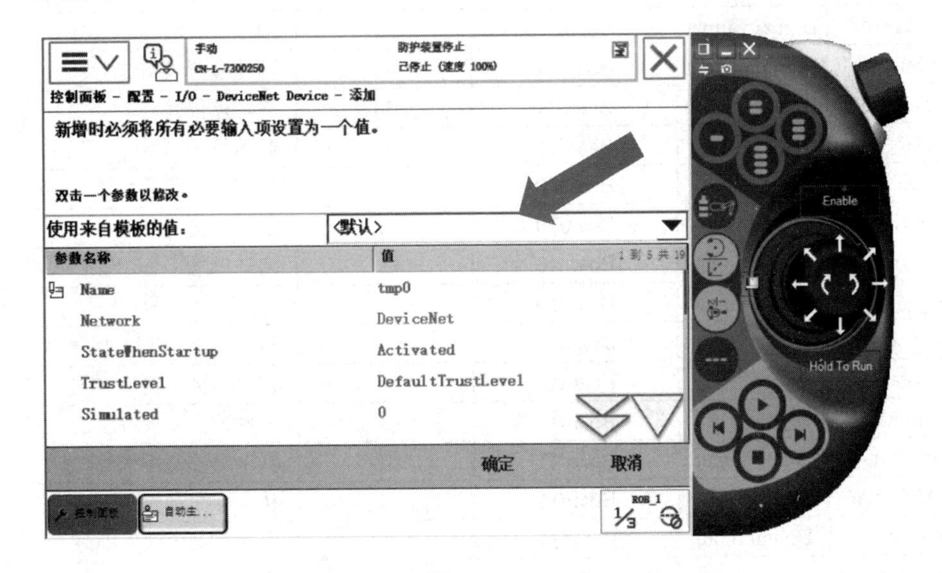

图　4-23

6）根据表 4-10 所示的参数进行 I/O 单元的配置。

表 4-10

参数名称	值
Name	simBoard1
Address	不需要输入

4-4-2 配置用于工作站的I/O信号

在本工作站仿真环境中，动画效果均由Smart组件创建，Smart组件的动画效果通过其自身的输入输出信号与工业机器人的I/O信号相关联，最终实现工作站动画效果与工业机器人程序的同步。在创建这些信号时，需要严格按照表4-11中的名称一一进行创建。

表 4-11

Name	Type of signal	Assigned to Device	Device Mapping	I/O 信号说明
ao01Weld_REF	Analog Output	Board10	0～15	焊接电压控制模拟信号
ao02Feed_REF	Analog Output	Board10	16～31	焊接电流控制模拟信号
do01WeldOn	Digital Output	Board10	32	焊接启动数字信号
do02GasOn	Digital Output	Board10	33	打开保护气数字信号
do03FeedOn	Digital Output	Board10	34	送丝信号
do04Pos1	Digital Output	Board10	35	转台转到A工位
do05Pos2	Digital Output	Board10	36	转台转到B工位
do06CycleOn	Digital Output	Board10	37	工业机器人处于运行状态信号
do07Error	Digital Output	Board10	38	工业机器人处于错误报警状态信号
do08E_Stop	Digital Output	Board10	39	工业机器人处于急停状态信号
do09GunWash	Digital Output	Board11	32	清枪装置清焊渣信号
do10GunSpary	Digital Output	Board11	33	清枪装置喷雾信号
do11FeedCut	Digital Output	Board11	34	剪焊丝信号
di01ArcEst	Digital Input	Board10	0	起弧检测信号
di02GasOK	Digital Input	Board10	1	保护气检测信号
di03FeedOK	Digital Input	Board10	2	送丝检测信号
di04Start	Digital Input	Board10	3	启动信号
di05Stop	Digital Input	Board10	4	停止运行信号
di06WorkStation1	Digital Input	Board10	5	转台转到工位A信号
di07WorkStation2	Digital Input	Board10	6	转台转到工位B信号
di08LoadingOK	Digital Input	Board10	7	工件装夹完成按钮信号
di09ResetError	Digital Input	Board11	0	错误报警复位信号
di10StartAt_Main	Digital Input	Board11	1	从主程序开始信号
di11MotorOn	Digital Input	Board11	2	电动机上电输入信号
soRobotInHome	Digital Output	simBoard1	0	工业机器人在Home点信号
soRotToA	Digital Output	simBoard1	1	转台旋转到A工位虚拟控制信号
soRotToB	Digital Output	simBoard1	2	转台旋转到B工位虚拟控制信号

4-4-3 配置系统 I/O 信号

在虚拟示教器中，根据表 4-12 所示的参数配置系统 I/O 信号。

表　4-12

Type	Signal name	Action/Status	Argument	说明
System Input	di04Start	Start	Continuous	程序启动
System Input	di05Stop	Stop	无	程序停止
System Input	di10StartAt_Main	Start at Main	Continuous	从主程序启动
System Input	di09ResetError	Reset Execution Error	无	报警状态恢复
System Input	di11MotorOn	Motors On	无	电动机上电
System Output	do06CycleOn	Cycle On	无	程序运行状态输出
System Output	do07Error	Execution Error	无	报警状态输出
System Output	do08E_Stop	Emergency Stop	无	急停状态输出

4-4-4 配置 Cross Connection

本工作站中配置了两个 Cross Connection 的信号关联，用来在手动状态下控制工作台转盘的旋转，设定的参数见表 4-13，具体操作步骤如图 4-24～图 4-31 所示。

表　4-13

参　数　项	Cross Connection 1	Cross Connection 2
Resultant	do04pos1	do05pos2
Actor1	soRobotInHome	soRobotInHome
Invent Actor1	NO	NO
Operator1	AND	AND
Actor2	soRotToA	soRotToB
Invent Actor2	NO	NO

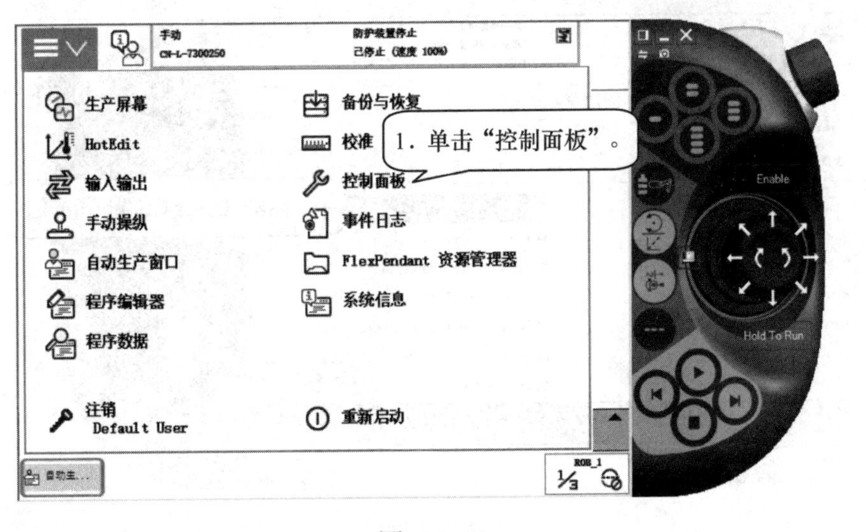

图　4-24

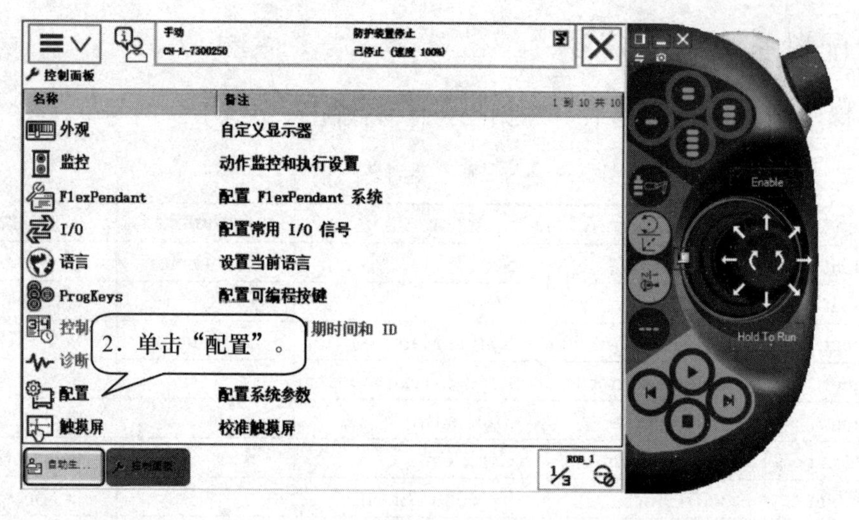

图　4-25

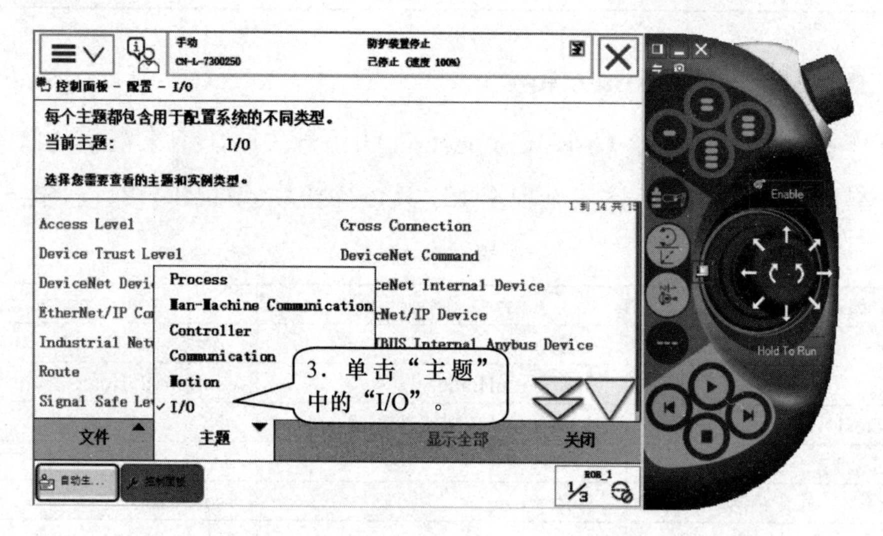

图　4-26

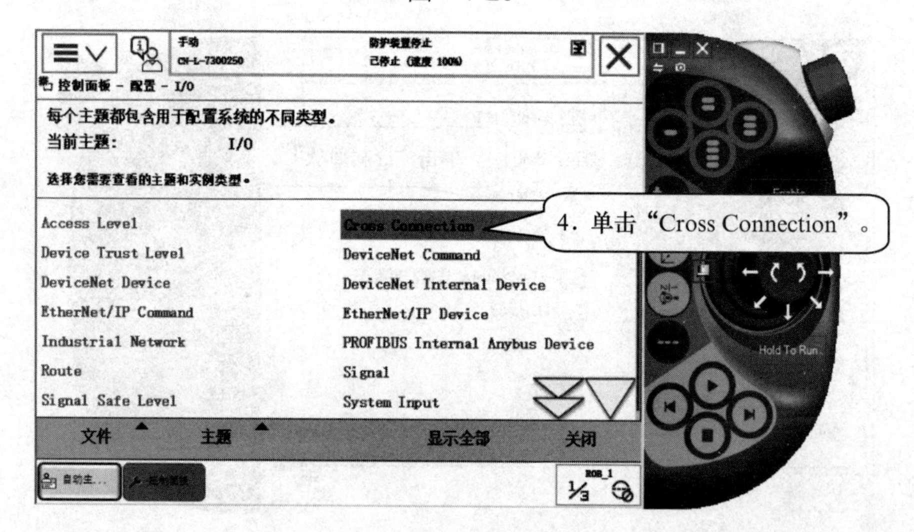

图　4-27

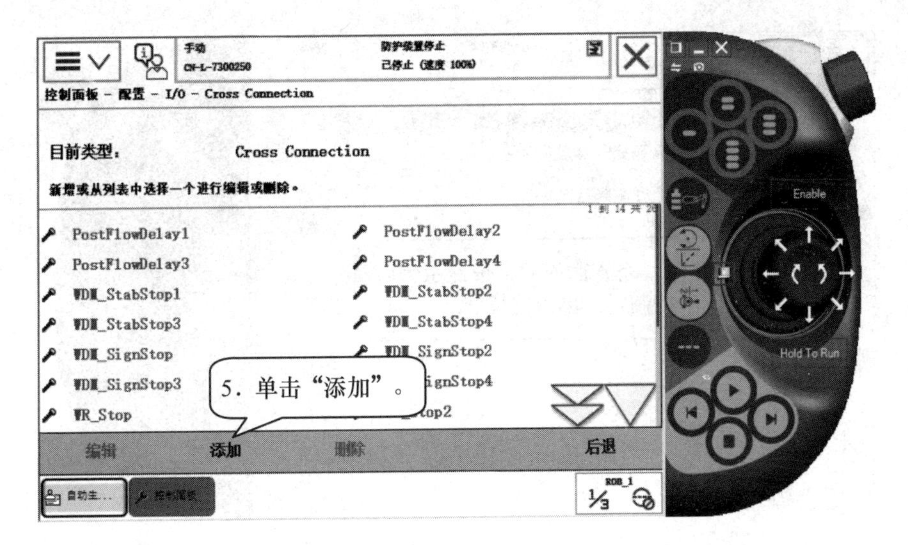

图　4-28

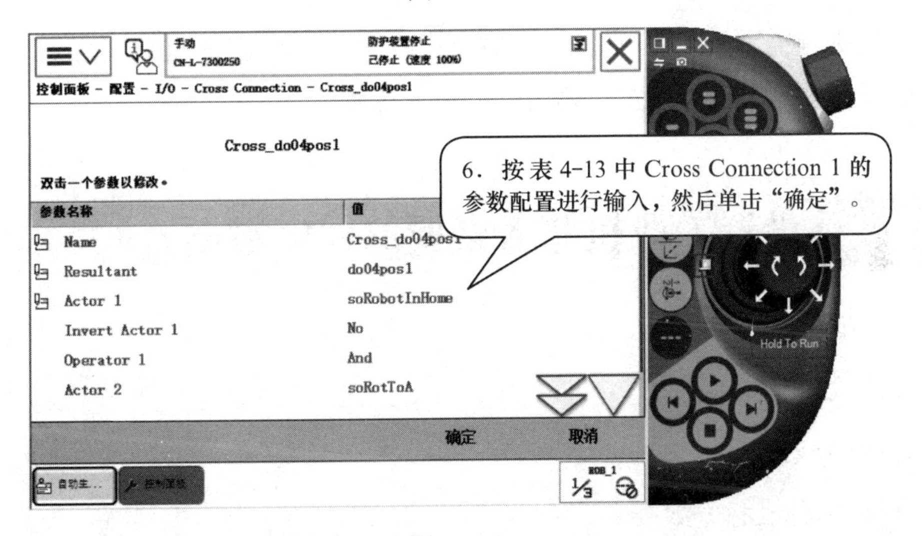

图　4-29

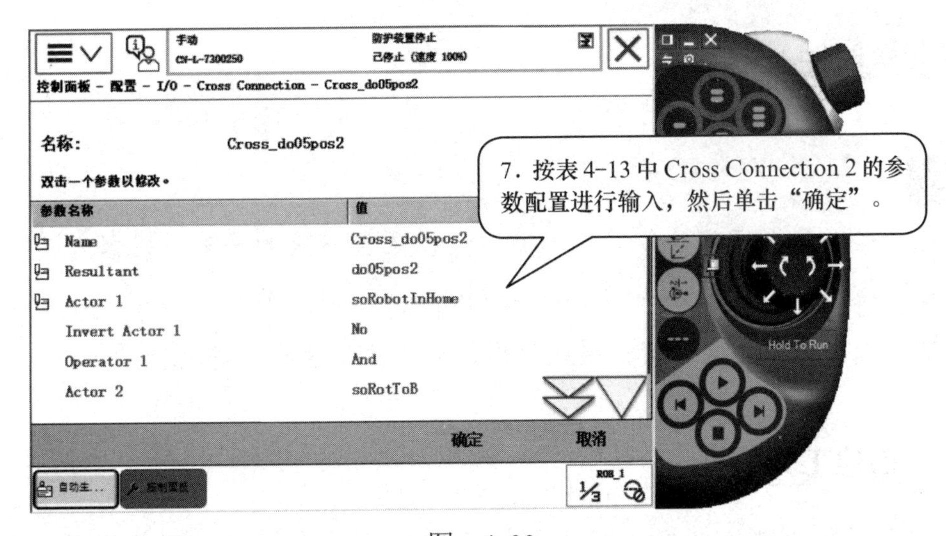

图　4-30

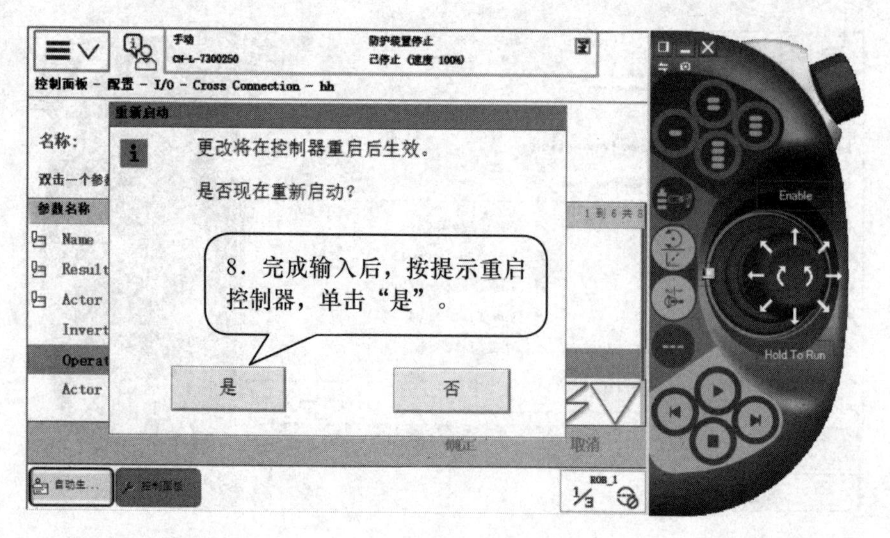

图　4-31

可以把所有需要配置的I/O参数都配置好以后再一次性重启，可避免多次反复重启系统。至此，已经完成了对I/O的所有配置。

任务4-5　设置工业机器人必要的程序数据

工作任务

1．创建工具数据。

2．创建工件坐标系数据。

实践操作

注意

关于程序数据声明可参考由机械工业出版社出版的《工业机器人实操与应用技巧　第2版》（ISBN 978-7-111-57493-4）中对应的相关内容。并且在加载程序模板之前仍需要执行删除这些数据，以防止发生数据冲突。

4-5-1　创建工具数据

创建工具数据详细内容可参考机械工业出版社出版的《工业机器人实操与

应用技巧　第 2 版》（ISBN 978-7-111-57493-4）书中或登录腾讯课堂 https://jqr.ke.qq.com 网上教学视频中关于创建工具数据的说明。

在虚拟示教器中，使用四点加 X、Z 方法设定工具数据 tWeldGun，根据表 4-14 所示的参数设定工具数据 tWeldGun。示例如图 4-32 所示。

表　4-14

参数名称	参数数值
robothold	TRUE
trans	
X	125.8
Y	0
Z	381.3
rot	
q1	0.898794046
q2	0
q3	0.438371147
q4	0
mass	2
cog	
X	0
Y	0
Z	100
其余参数均为默认值	

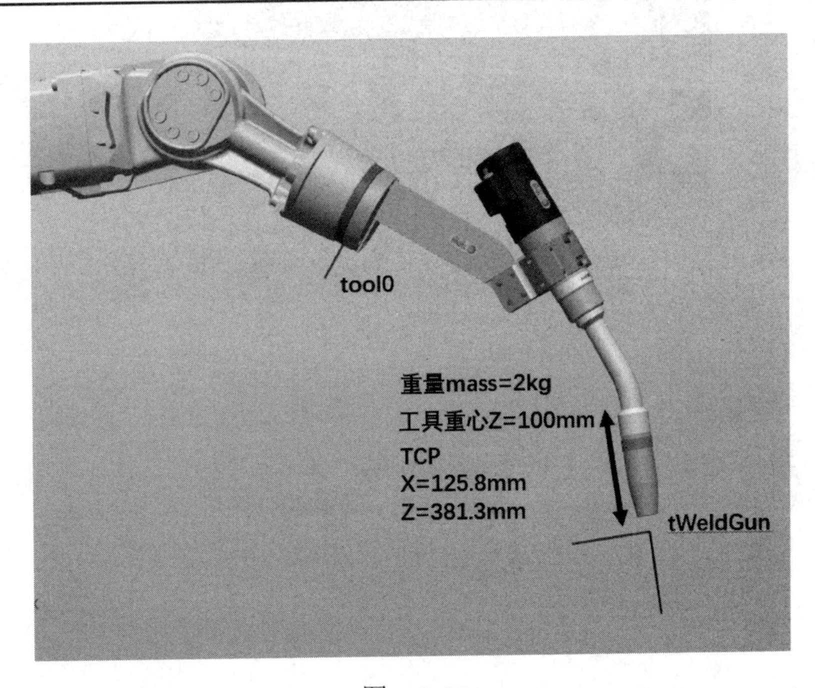

图　4-32

4-5-2 创建工件坐标系数据

在此工作站中，需要定义两个工件坐标系，分别为 A 工位坐标系 wobjStationA，以及 B 工位坐标系 wobjStationB。

在虚拟示教器中，使用三点法进行工件坐标系数据的设定。根据图 4-33、图 4-34 所示的位置设定工件坐标系。

A 工位坐标系 wobjStationA 如图 4-33 所示。

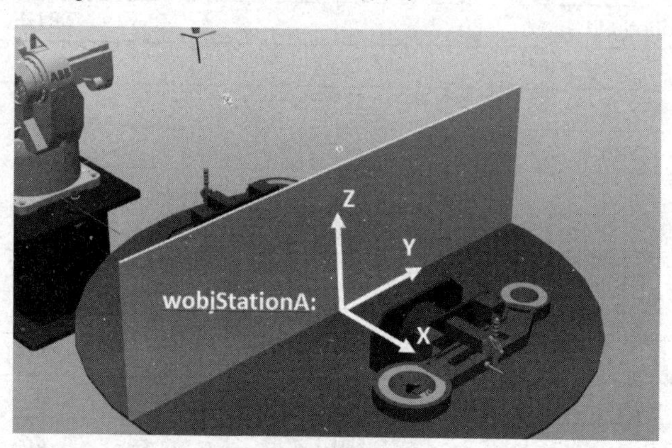

图 4-33

B 工位坐标系 wobjStationB 如图 4-34 所示。

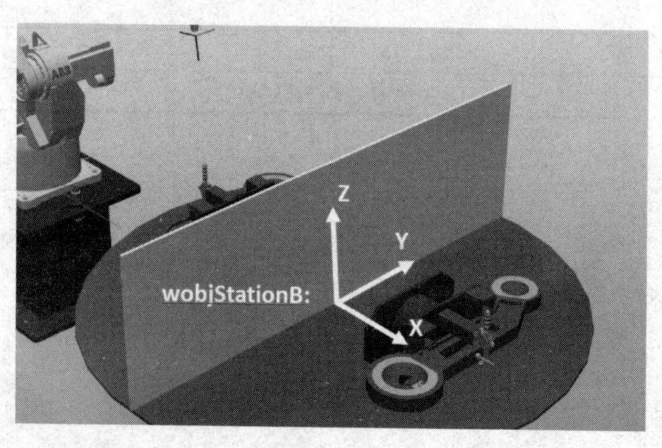

图 4-34

任务 4-6 导入程序模板的模块

工作任务

1．通过虚拟示教器导入程序模板的模块。

2．通过 RobotStudio 导入程序模板的模块。

实践操作

在之前创建的备份文件中包含了本工作站的 RAPID 程序模板。此程序模板已能够实现本工作站工业机器人的完整逻辑及动作控制，只需对程序模块里的几个位置点进行适当的修改，便可正常运行。

注意

若在示教器导入程序模板时，出现报警提示工具数据、工件坐标系数据和有效载荷数据命名不明确（图 4-35），这是因为在上一个任务中，已在示教器中生成了相同名字的程序数据。要解决这个问题，建议在手动操纵画面将之前设定的程序数据删除后再进行导入程序模板的操作。

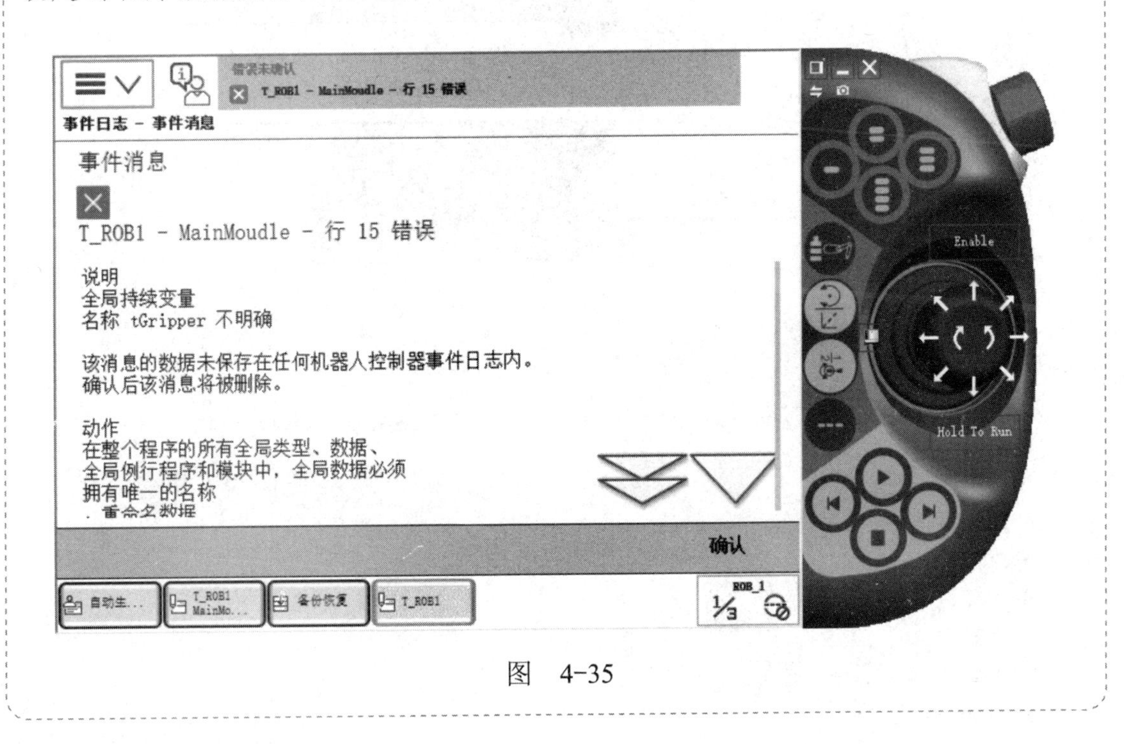

图　4-35

可以通过虚拟示教器导入程序模板的模块，也可以在 RobotStudio 中导入。导入程序模板的模块的操作步骤如图 4-36 ～图 4-38 所示。

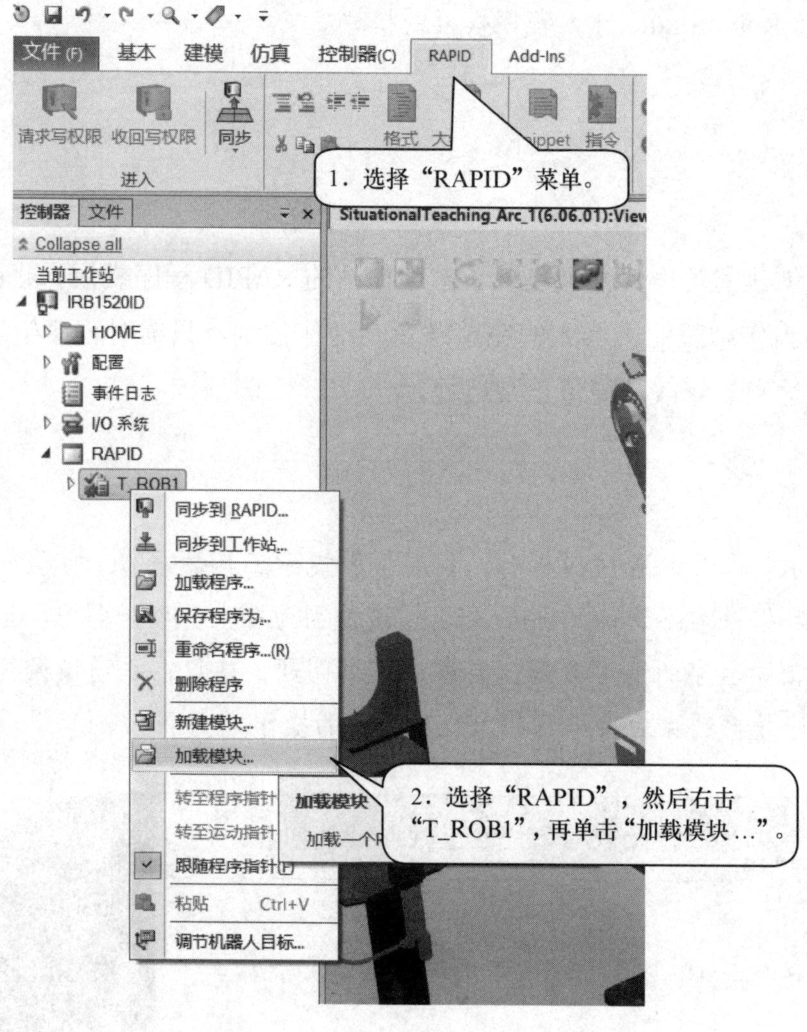
文件 (F)
基本
建模
仿真
控制器(C)
RAPID
Add-Ins
请求写权限
收回写权限
同步
进入
1．选择“RAPID”菜单。
控制器
文件
Collapse all
当前工作站
IRB1520ID
HOME
配置
事件日志
I/O 系统
RAPID
同步到 RAPID...
同步到工作站...
加载程序...
保存程序为...
重命名程序...(R)
删除程序
新建模块...
加载模块...
转至程序指针
转至运动指针
跟随程序指针
粘贴
Ctrl+V
调节机器人目标...
加载模块
2．选择“RAPID”，然后右击“T_ROB1”，再单击“加载模块…”。

图　4-36

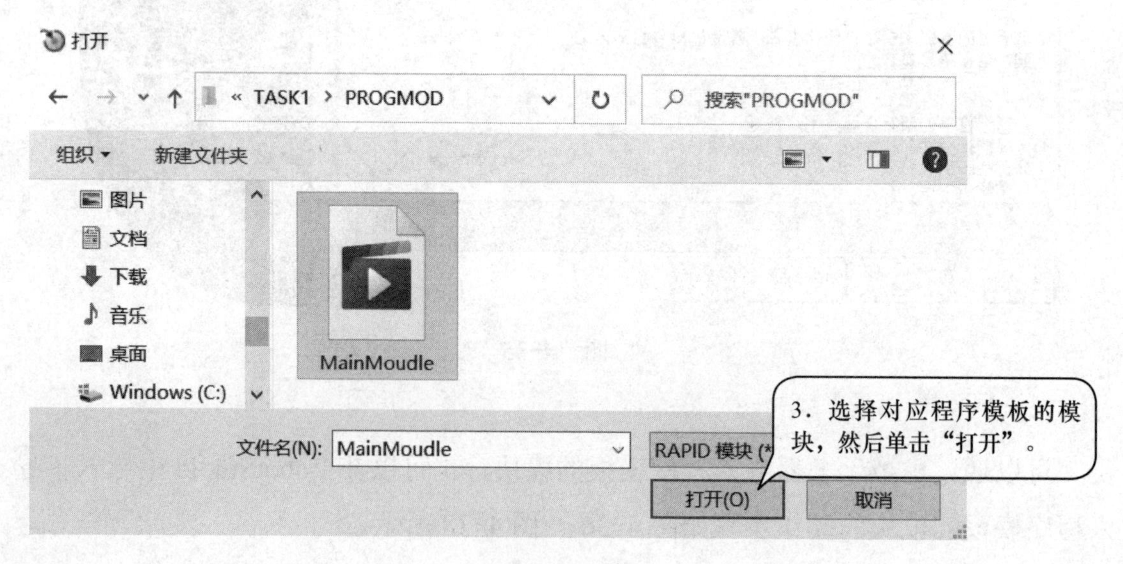
打开
« TASK1 › PROGMOD
搜索"PROGMOD"
组织
新建文件夹
图片
文档
下载
音乐
桌面
Windows (C:)
MainMoudle
文件名(N):
MainMoudle
RAPID 模块
打开(O)
取消
3．选择对应程序模板的模块，然后单击“打开”。

图　4-37

图　4-38

任务 4-7　工作站 RAPID 程序的注解

工作任务

1. 理解程序架构。
2. 读懂程序代码的含义。

实践操作

本工作站要实现的动作是汽车配件工业机器人焊接。使用 IRB 1520ID 工业机器人双工位工作站实现产品的焊接工作。在熟悉了此 RAPID 程序后，可以根据实际的需要在此程序的基础上做适用性的修改，以满足实际逻辑与动作的控制。

以下是实现工业机器人逻辑和动作控制的 RAPID 程序：

```
MOUDLE MainMoudle
CONST robtarget pHome:=[[*,*,*],[1,0,0,0],[0,0,0,0],[9E9,9E9,9E9,9E9,9E9,9E9]];
CONST robtarget pWait:=[[*,*,*],[1,0,0,0],[0,0,0,0],[-1,0,-1,0],[9E9,9E9,9E9,9E9,9E9,9E9]];
CONST robtarget pWeld_A10:=[[*,*,*],[1,0,0,0],[0,0,0,0],[-1,1,-2,0],[9E9,9E9,9E9,9E9,9E9,
9E9]];
CONST robtarget pWeld_A 20:=[[*,*,*],[1,0,0,0],[0,0,0,0],[-1,1,-2,0],[9E9,9E9,9E9,9E9,9E9,
9E9]];
CONST robtarget pWeld_A 30:=[[*,*,*],[1,0,0,0],[0,0,0,0],[-1,1,-2,0],[9E9,9E9,9E9,9E9,9E9,
9E9]];
CONST robtarget pWeld_A 40:=[[*,*,*],[1,0,0,0],[0,0,0,0],[-1,1,-2,0],[9E9,9E9,9E9,9E9,9E9,
9E9]];
CONST robtarget pWeld_A 50:=[[*,*,*],[1,0,0,0],[0,0,0,0],[-1,1,-2,0],[9E9,9E9,9E9,9E9,9E9,
9E9]];
CONST robtarget pWeld_A 60:=[[*,*,*],[1,0,0,0],[0,0,0,0],[-1,1,-2,0],[9E9,9E9,9E9,9E9,9E9,
9E9]];
CONST robtarget pWeld_A 70:=[[*,*,*],[1,0,0,0],[0,0,0,0],[-1,1,-2,0],[9E9,9E9,9E9,9E9,9E9,
9E9]];
CONST robtarget pWeld_A 80:=[[*,*,*],[1,0,0,0],[0,0,0,0],[-1,1,-2,0],[9E9,9E9,9E9,9E9,9E9,
9E9]];
CONST robtarget pWeld_A 90:=[[*,*,*],[1,0,0,0],[0,0,0,0],[-1,1,-2,0],[9E9,9E9,9E9,9E9,9E9,
9E9]];
CONST robtarget pWeld_A 100:=[[*,*,*],[1,0,0,0],[0,0,0,0],[-1,1,-2,0],[9E9,9E9,9E9,9E9,9E9
,9E9]];
 ！定义工业机器人 A 工位路径目标点
CONST robtarget pWeld_B10:=[[*,*,*],[1,0,0,0],[0,0,0,0],[-1,1,-2,0],[9E9,9E9,9E9,9E9,9E9,
9E9]];
CONST robtarget pWeld_ B 20:=[[*,*,*],[1,0,0,0],[0,0,0,0],[-1,1,-2,0],[9E9,9E9,9E9,9E9,9E9,
9E9]];
CONST robtarget pWeld_ B 30:= [[*,*,*],[1,0,0,0],[0,0,0,0],[-1,1,-2,0],[9E9,9E9,9E9,9E9,9E9,
9E9]];
CONST robtarget pWeld_ B 40:=[[*,*,*],[1,0,0,0],[0,0,0,0],[-1,1,-2,0],[9E9,9E9,9E9,9E9,9E9,
9E9]];
CONST robtarget pWeld_ B 50:=[[*,*,*],[1,0,0,0],[0,0,0,0],[-1,1,-2,0],[9E9,9E9,9E9,9E9,9E9,
9E9]];
CONST robtarget pWeld_ B 60:=[[*,*,*],[1,0,0,0],[0,0,0,0],[-1,1,-2,0],[9E9,9E9,9E9,9E9,9E9,
9E9]];
CONST robtarget pWeld_ B 70:=[[*,*,*],[1,0,0,0],[0,0,0,0],[-1,1,-2,0],[9E9,9E9,9E9,9E9,9E9,
9E9]];
```

```
CONST robtarget pWeld_ B 80:=[[*,*,*],[1,0,0,0],[0,0,0,0],[-1,1,-2,0],[9E9,9E9,9E9,9E9,9E9,
9E9]];
CONST robtarget pWeld_ B 90:=[[*,*,*],[1,0,0,0],[0,0,0,0],[-1,1,-2,0],[9E9,9E9,9E9,9E9,9E9,
9E9]];
CONST robtarget pWeld_ B 100:= [[*,*,*],[1,0,0,0],[0,0,0,0],[-1,1,-2,0],[9E9,9E9,9E9,9E9,9E9,
9E9]];
 ！定义工业机器人 B 工位路径目标点
CONST robtarget pGunWash:=[[*,*,*],[1,0,0,0],[0,0,0,0],[-1,1,-2,0],[9E9,9E9,9E9,9E9,9E9,
9E9]];
CONST robtarget pGunSpary:=[[*,*,*],[1,0,0,0],[0,0,0,0],[-1,1,-2,0],[9E9,9E9,9E9,9E9,9E9,
9E9]];
CONST robtarget pFeedCut:= [[*,*,*],[1,0,0,0],[0,0,0,0],[-1,1,-2,0],[9E9,9E9,9E9,9E9,9E9,9E9]];
 ！定义工业机器人焊枪维护目标点
PERS tooldata
tWeldGun:=[TRUE,[[125.800591275,0,381.268213238],[0.898794046,0,0.438371147,0]],
[2,[0,0,100],[0,1,0,0],0,0,0]];
 ！定义焊枪工具坐标系
PERS wobjdata
wobjStationA:=[FALSE,TRUE,"",[[-457,-2058.49,-233.373], [1,0,0,0]],[[0,0,0],[1,0,0,0]]];
 !A 工位工件坐标系数据 wobjStationA
PERS wobjdata
wobjStationB:=[FALSE,TRUE,"",[[-421.764,-2058.49,-233.373], [1,0,0,0]],[[0,0,0],[1,0,0,0]]];
 !B 工位工件坐标系数据 wobjStationB
PERS seamdata sm1:=[0.2,0.05,[0,0,0,0,0,0,0,0,0],0,0,0,0,0,[0,0,0,0,0,0,0,0,0],0,00.1,0,[0,0,0,0,
0,0,0,0,0],0.05];
 ！起弧收弧参数，用来控制焊接开始前和焊接结束后的吹保护气时间
PERS welddata wd1:=[40,10,[0,0,10,0,0,10,0,0,0],[0,0,0,0,0,0,0,0,0]];
 ！焊接参数，用来控制焊接过程中工业机器人的焊接速度及焊机输出电流和电压的变化
PERS bool bCell_A:=TRUE;
PERS bool bCell_B:=TRUE;
 ！逻辑量，判断 A 工位和 B 工位是否到位
PERS bool bLoadingOK:=FALSE;
 ！逻辑量，判断工件是否装夹完成
VAR intnum intno1:=0;
 ！中断数据
PERS  num  nCount:=0;
！数字型变量 nCount，此数据用于产品计数，并可根据计数产品数量决定是否进行焊枪
的维护动作
```

```
PROC Main()
  ！主程序
 rInitAll;
  ！调用初始化程序
 While TRUE DO
        ! 利用 WHILE 循环将初始化程序隔开
        rCheckGunState;
        ! 调用焊枪状态检查程序，确定是否进行焊枪维护动作
        IF di06WorkStation1=1 THEN
        ！判断转台是否转到 A 工位的位置
        rCellA_Welding;
        ！调用 A 工位焊接程序
        ELSEIF di07WorkStation2=1 THEN
        ！判断转台是否转到 B 工位的位置
        rCellB_Welding;
        ！调用 B 工位焊接程序
        ENDIF
        WaitTime 0.3;
        ! 等待时间，防止 CPU 过负荷的设定
  ENDWHILE
ENDPROC

PROC rInitAll()
        ! 初始化程序
        AccSet 100,100;
        ! 加速度控制指令
         VelSet 100,3000;
        ! 速度控制指令，执行此指令后整个程序运行最大限速为 3000mm/s
         rHome;
        ! 调用回 Home 点程序
         nCount:=0;
        ! 初始化计数变量
          rCheckHomePos;
        ! 调用检查 Home 点程序
         Reset do05pos2;
         Reset do04pos1;
        ! 复位转台旋转信号
         Reset soRobotInHome
```

```
        ! 复位工业机器人 Home 点信号
        Reset do01WeldOn;
        Reset do03FeedOn;
        Reset do02GasOn;
        ! 初始化焊接相关信号，包括焊接启动、送丝、吹气信号
        IDelete intno1;
        ! 删除中断数据，在初始化时先删除之前的中断数据，然后重新链接，防止中断程
        序误触发
        CONNECT intno1 WITH tLoadingOK;
        ! 将中断数据 intno1 重新连接到中断程序 tLoadingOK
        ISignalDI di08LoadingOK, 1, intno1;
        ! 将中断数据intno1关联到数字输入信号di08LoadingOK,在整个工作过程当中监控
        数字输入信号，当数字输入信号从 0 变到 1 时，中断数据被触发，与之相链接的
        中断程序被触发执行
ENDPROC

PROC rRotToCellA()
        Set do04pos1;
        WaitTime 3;
        ! 控制转台旋转到 A 工位，到位后将旋转信号复位为 0
        WaitDi di06WorkStation1,1\MaxTime:=10;
        ! 等待转台 A 工位到位信号，最长等待时间为 10s,超过最长等待时间后如果还未得
        到该信号，工业机器人将停机报警
        Reset do04pos1;
        ! 将旋转信号复位为 0
        bCell_A:=TRUE;
        ! 将转台 A 工位到位逻辑量赋值为 TRUE，即得到信号后将逻辑量置位为 TRUE，
        后续程序可以根据逻辑变量的值来判断是否得到该信号
        bLoadingOK:=FALSE;
        ! 将装夹完成的逻辑量置位 FALSE，此时转台旋转到位，开始对产品进行更换，完
        成后按“装夹完成”按钮，中断程序将逻辑量 bLoadingOK 置为 TRUE
ENDPROC

PROC rRotToCellB()
        Set do05pos2;
        WaitTime 3;
        ! 控制转台旋转到 B 工位
        WaitDi di07WorkStation2, 1\MaxTime:=10;
```

```
        ! 等待转台 B 工位到位信号，最长等待时间为 10s, 超过最长等待时间后如果还未得
        到该信号，工业机器人将停机报警
        Reset do05pos2;
        ! 旋转信号复位为 0
        bCell_B:=TRUE;
        ! 将转台 B 工位到位逻辑量赋值为 TRUE，即得到信号后将逻辑量置位为 TRUE，后
        续程序可以根据逻辑变量的值来判断是否得到该信号
        bLoadingOK:=FALSE;
        ! 将装夹完成的逻辑量置位 FALSE，此时转台旋转到位，开始对产品进行更换，完
        成后按“装夹完成”按钮，中断程序将逻辑量 bLoadingOK 置为 TRUE
ENDPROC

PROC rCheckGunState()
        IF nCount=6 Then
          rWeldGunSet;
          nCount:=0;
        ENDIF
 ! 检查焊枪是否需要维护的判断程序，根据焊接产品的数量来确定是否需要对焊枪进行
 清焊渣、喷雾及剪焊丝的动作，具体不同产品在焊接了多少个以后需要维护，则根据产
 品实际情况设定
ENDPROC

PROC rCellAWelding()
        rWeldingPathA;
        WaitUntil bLoadingOK=TRUE;
        rRotToCellB;
        nCount:=nCount+1;
 !A 工位焊接程序，调用了焊接路径程序，焊接完成后先根据逻辑量 bLoadingOK 的值判
 断另一个方向的工件是否装夹好，直到装夹好后才调用转台旋转到 B 工位程序，此时
 转台旋转，A 工位转出，进行产品的更换，B 工位转入进行焊接，同时计数器对产品数
 量加 1，为后续的焊枪维护提供数据支持
ENDPROC

PROC rCellB_Welding()
        rWeldingPathB;
        WaitUntil bLoadingOK=TRUE;
        rRotToCellA;
        nCount:=nCount+1;
```

```
!B 工位焊接程序，调用了焊接路径程序，焊接完成后先根据逻辑量 bLoadingOK 的值判断另一个方向的工件是否装夹好，直到装夹好后才调用转台旋转到 A 工位程序，此时转台旋转，B 工位转出，进行产品的更换，A 工位转入进行焊接，同时计数器对产品数量加 1，为后续的焊枪维护提供数据支持
ENDPROC

PROC rHome()
! 回 pHome 点程序 , 回到 Home 点后输出到位信号
        MoveJDO pHome, vmax, fine, tWeldGun, soRobotInHome,1;
ENDPROC

PROC rWeldingPathA()
! 焊接路径程序 A
        MoveJ pHome,vmax,z10,tWeldGun\WObj:=wobj0;
        Reset soRobotInHome;
        ! 复位工业机器人在 Home 点的数字输出
        MoveJ Offs(pWeld_A10,0,0,350),v1000,z10,tWeldGun\WObj:=wobjStationA;
        ! 从 Home 点运行到起弧目标点上方 350mm 处
        ArcLStart pWeld_A10, v1000, sm1, wd1, fine, tWeldGun\WObj:=wobjStationA;
        ! 使用线性起弧指令 ArcLStart 起弧，直线焊接使用指令 ArcL，圆弧焊接使用指令
        ArcC，焊接过程使用 wd1 和 sm1 控制
        ArcL pWeld_A20,v100,sm1,wd1,z1,tWeldGun\WObj:=wobjStationA;
        ArcC pWeld_A30,pWeld_A40,v100,sm1,wd1,z1,tWeldGun\WObj:=wobjStationA;
        ArcCEnd pWeld_A50,pWeld_A10,v100,sm1,wd1,fine,tWeldGun\WObj:=wobjStationA;
        MoveL Offs(pWeld_A10,0,0,150),v1000,z10,tWeldGun\WObj:=wobjStationA;
        MoveJ offs(pWeld_A60,0,0,150),vmax,z10,tWeldGun\WObj:=wobjStationA;
        ArcLStart pWeld_A60,v1000,sm1,wd1,fine,tWeldGun\WObj:=wobjStationA;
        ArcL pWeld_A70,v100,sm1,wd1,z1,tWeldGun\WObj:=wobjStationA;
        ArcC pWeld_A80,pWeld_A90,v100,sm1,wd1,z1,tWeldGun\WObj:=wobjStationA;
        ArcC End pWeld A100,pWeld_A60,v100,sm1,wd1,fine,tWeldGun
        \WObj:=wobjStationA;
        MoveL offs(pWeld_A60,0,0,50),vmax,z10,tWeldGun\WObj:=wobjStationA;
        MoveJ pHome,vmax,z10,tWeldGun\WObj:=wobj0;
ENDPROC

PROC rWeldingPathB()
! 焊接路径程序 B
        MoveJ pHome,vmax,z10,tWeldGun\WObj:=wobj0;
```

```
        Reset soRobotInHome;
        !复位工业机器人在 Home 点的数字输出
        MoveJ Offs(pWeld_B10,0,0,350),v1000,z10,tWeldGun\WObj:=wobjStationB;
        !从 Home 点运行到起弧目标点上方 350mm 处
        ArcLStart pWeld_B10, v1000, sm1, wd1, fine, tWeldGun\WObj:=wobjStationB;
        !使用线性起弧指令 ArcLStart 起弧，直线焊接使用指令 ArcL，圆弧焊接使用指令
        ArcC，焊接过程使用 wd1 和 sm1 控制
        ArcL pWeld_B20,v100,sm1,wd1,z1,tWeldGun\WObj:=wobjStationB;
        ArcC pWeld_B30,pWeld_B40,v100,sm1,wd1,z1,tWeldGun\WObj:=wobjStationB;
        ArcCEnd pWeld_B50,pWeld_B10,v100,sm1,wd1,fine,tWeldGun\WObj:=wobjStationB;
        MoveL Offs(pWeld_B10,0,0,150),v1000,z10,tWeldGun\WObj:=wobjStationB;
        MoveJ offs(pWeld_B60,0,0,150),vmax,z10,tWeldGun\WObj:=wobjStationB;
        ArcLStart pWeld_B60,v1000,sm1,wd1,fine,tWeldGun\WObj:=wobjStationB;
        ArcL pWeld_B70,v100,sm1,wd1,z1,tWeldGun\WObj:=wobjStationB;
        ArcC pWeld_B80,pWeld_B90,v100,sm1,wd1,z1,tWeldGun\WObj:=wobjStationB;
        ArcCEnd pWeld_B100,pWeld_B60,v100,sm1,wd1,fine,tWeldGun
        \WObj:=wobjStationB;
        MoveL offs(pWeld_B60,0,0,50),vmax,z10,tWeldGun\WObj:=wobjStationB;
        MoveJ pHome,vmax,z10,tWeldGun\WObj:=wobj0;
    ENDPROC

    PROC rTeachPath()
    !示教目标点例行程序
        MoveJ pHome,vmax,z10,tWeldGun\WObj:=wobj0;
        !示教 pHome 点
        MoveJ pWeld_A10,v100,fine,tWeldGun\WObj:=wobjStationA;
        MoveJ pWeld_A 20,v100,z1,tWeldGun\WObj:=wobjStationA;
        MoveJ pWeld_A 30,v100,z1,tWeldGun\WObj:=wobjStationA;
        MoveJ pWeld_A 40,v100,fine,tWeldGun\WObj:=wobjStationA;
        MoveJ pWeld_A 50,v100,fine,tWeldGun\WObj:=wobjStationA;
        MoveJ pWeld_A 60,v100,fine,tWeldGun\WObj:=wobjStationA;
        MoveJ pWeld_A 70,v100,fine,tWeldGun\WObj:=wobjStationA;
        MoveJ pWeld_A 80,v100,fine,tWeldGun\WObj:=wobjStationA;
        MoveJ pWeld_A 90,v100,fine,tWeldGun\WObj:=wobjStationA;
        MoveJ pWeld_A 100,v100,fine,tWeldGun\WObj:=wobjStationA;
        MoveJ pWeld_B10,v100,fine,tWeldGun\WObj:=wobjStationB;
        MoveJ pWeld_B20,v100,z1,tWeldGun\WObj:=wobjStationB;
        MoveJ pWeld_B30,v100,z1,tWeldGun\WObj:=wobjStationB;
```

```
MoveJ pWeld_B40,v100,fine,tWeldGun\WObj:=wobjStationB;
MoveJ pWeld_B50,v100,fine,tWeldGun\WObj:=wobjStationB;
MoveJ pWeld_B60,v100,fine,tWeldGun\WObj:=wobjStationB;
MoveJ pWeld_B70,v100,fine,tWeldGun\WObj:=wobjStationB;
MoveJ pWeld_B80,v100,fine,tWeldGun\WObj:=wobjStationB;
MoveJ pWeld_B90,v100,fine,tWeldGun\WObj:=wobjStationB;
MoveJ pWeld_B100,v100,fine,tWeldGun\WObj:=wobjStationB;
!以上为焊接路径目标点（图 4-39），根据焊缝的实际情况进行增减
MoveJ pGunWash,v100,fine,tWeldGun\WObj:=wobj0;
MoveJ pGunSpary,v100,fine,tWeldGun\WObj:=wobj0;
MoveJ pFeedCut,v100,fine,tWeldGun\WObj:=wobj0;
!以上三个目标点是清枪装置上的三个位置，如图 4-40 所示
!此示教目标点程序不放入主程序 main 的逻辑中，仅仅用作调试时使用
```

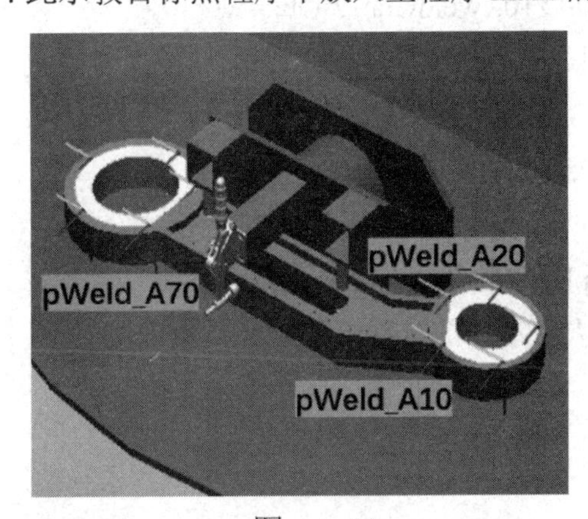

图　4-39

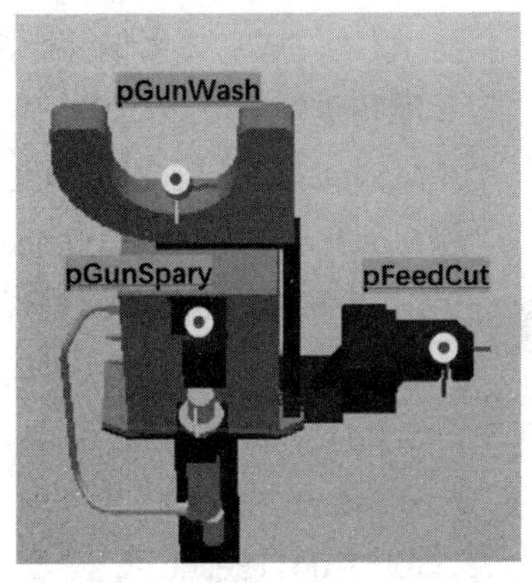

图　4-40

```
ENDPROC

PROC rWeldGunSet()
!清枪系统例行程序
    MoveJ Offs(pGunWash,0,0,150),v1000,z10,tWeldGun\WObj:=wobj0;
    MoveL pGunWash,v200,fine,tWeldGun\WObj:=wobj0;
    !工业机器人先运行到清焊渣目标点 pGunWash 点上方 150mm 处，然后线性下降，运行到目标点，这样可以保证工业机器人在动作的过程中不会和其他设备干涉
    Set do09GunWash;
    Waittime 2;
    Reset do09GunWash;
    !将清焊渣信号置位，此时清焊渣装置开始运行，清除焊渣，等待一个设定的时间后将信号复位，清焊渣动作完成，等待的时间就是清焊渣装置的运行时间，可以根据实际的效果来延长或缩短时间
    MoveL Offs(pGunWash,0,0,150),v1000,z10,tWeldGun\WObj:=wobj0;
```

```
        ! 清除完成后使用偏移函数将工业机器人线性运行到 pGunWash 点上方位置，然后准备
        进行下一步动作
        MoveL Offs(pGunSpary,0,0,150),v1000,z10,tWeldGun\WObj:=wobj0;
        MoveL pGunSpary,v200,fine,tWeldGun\WObj:=wobj0;
        ! 工业机器人先运行到喷雾目标点 pGunSpary 点上方 150mm 处，然后线性下降，运行到
        目标点，这样可以保证工业机器人在动作的过程中不会和其他设备干涉
        Set do10GunSpary;
        Waittime 2;
        Reset do10GunSpary;
        ! 将喷雾信号置位，此时喷雾装置开始运行，对焊枪进行喷雾，等待一个设定的时
        间后将信号复位，喷雾动作完成，等待的时间就是喷雾装置的运行时间，可以根
        据实际的效果来延长或缩短时间
        MoveL Offs(pGunSpary,0,0,150),v1000,z10,tWeldGun\WObj:=wobj0;
        ! 喷雾完成后使用偏移函数将工业机器人线性运行到 pGunSpary 点上方位置，然后
        准备进行下一步动作
        MoveL Offs(pFeedCut,0,0,150),v1000,z10,tWeldGun\WObj:=wobj0;
        MoveL pFeedCut,v200,fine,tWeldGun\WObj:=wobj0;
        ! 工业机器人先运行到剪焊丝目标点 pFeedCut 点上方 150mm 处，然后线性下降，运行
        到目标点，这样可以保证工业机器人在动作的过程中不会和其他设备干涉
        Set do11FeedCut;
        Waittime 2;
        Reset do11FeedCut;
        ! 将剪焊丝信号置位，此时剪焊丝装置开始运行，将焊丝剪切到最佳的长度，等待
        一个设定的时间后将信号复位，剪焊丝动作完成，等待的时间就是剪焊丝装置的
        运行时间，可以根据实际的效果来延长或缩短时间
        MoveL Offs(pFeedCut,0,0,150),v1000,z10,tWeldGun\WObj:=wobj0;
        ! 剪切完成后工业机器人线性偏移到 pFeedCut 点上方，至此整个焊枪维护完成，工
        业机器人将继续进行焊接工作
    ENDPROC

    TRAP tLoadingOK
        bLoadingOK := TRUE;
        ! 中断程序 tLoading 用来判断工件装夹是否完成，在初始化程序中有相应的关联说
        明，当作业员完成产品的装夹后，按下确认按钮（该按钮接线到数字输入信号
        di08LodadingOK），当数字输入信号变为 1 时即触发该中断程序，该中断程序被
        执行一次，将逻辑量 bLoadingOK 置位为 TRUE，表示工件装夹完成
    ENDTRAP
```

```
PROC rCheckHomePos()
! 检测是否在 Home 点程序
    VAR robtarget pActualPos;
    ! 定义一个目标点数据 pActualPos
    IF NOT CurrentPos(pHome,tGripper) THEN
    ! 调用功能程序 CurrentPos，此为一个布尔量型的功能程序，括号里面的参数分别指的是所要比较的目标点以及使用的工具数据，这里写入的是 pHome 点，将当前工业机器人位置与 pHome 点进行比较，若在 Home 点则此布尔量为TRUE，若不在 Home 点则为 FALSE。在此功能程序的前面加上一个 NOT，表示当工业机器人不在 Home 点时才会执行 IF 判断中工业机器人返回 Home 点的动作指令
        pActualpos:=CRobT(\Tool:=tGripper\WObj:=wobj0);
          ! 利用 CRobT 功能读取当前工业机器人目标位置并赋值给目标点数据
    pActualpos
        pActualpos.trans.z:=pHome.trans.z;
          ! 将 pHome 点的 Z 值赋给 pActualpos 点的 Z 值
        MoveL pActualpos,v100,z10,tGripper;
          ! 移至已被赋值后的 pActualpos 点
        MoveL pHome,v100,fine,tGripper;
          ! 移至 pHome 点，上述指令的目的是需要先将工业机器人提升至与 pHome 点一样的高度，之后再平移至 pHome 点，这样可以简单地规划一条安全回 Home 的轨迹
    ENDIF
ENDPROC

FUNC bool CurrentPos(robtarget ComparePos,INOUT tooldata TCP)
! 检测目标点功能程序，带有两个参数，比较目标点和所使用的工具数据
    VAR num Counter:=0;
    ! 定义数字型数据 Counter
    VAR robtarget ActualPos;
    ! 定义目标点数据 ActualPos
    ActualPos:=CRobT(\Tool:=tGripper\WObj:=wobj0);
    ! 利用 CRobT 功能读取当前工业机器人目标位置并赋值给 ActualPos
    IF ActualPos.trans.x>ComparePos.trans.x-25 AND
    ActualPos.trans.x<ComparePos.trans.x+25 Counter:=Counter+1;
    IF ActualPos.trans.y>ComparePos.trans.y-25 AND
    ActualPos.trans.y<ComparePos.trans.y+25 Counter:=Counter+1;
```

```
    IF ActualPos.trans.z>ComparePos.trans.z-25 AND
    ActualPos.trans.z<ComparePos.trans.z+25 Counter:=Counter+1;
    IF ActualPos.rot.q1>ComparePos.rot.q1-0.1 AND
    ActualPos.rot.q1<ComparePos.rot.q1+0.1 Counter:=Counter+1;
    IF ActualPos.rot.q2>ComparePos.rot.q2-0.1 AND
    ActualPos.rot.q2<ComparePos.rot.q2+0.1 Counter:=Counter+1;
    IF ActualPos.rot.q3>ComparePos.rot.q3-0.1 AND
    ActualPos.rot.q3<ComparePos.rot.q3+0.1 Counter:=Counter+1;
    IF ActualPos.rot.q4>ComparePos.rot.q4-0.1 AND
    ActualPos.rot.q4<ComparePos.rot.q4+0.1 Counter:=Counter+1;
    !将当前工业机器人所在目标位置数据与给定目标点位置数据进行比较，共 7 项数值，分别是 X、Y、Z 坐标值以及工具姿态数据 q1、q2、q3、q4. 里面的偏差值，如 X、Y、Z 坐标偏差值“25”可根据实际情况进行调整。每项比较结果成立，则计数 Counter 加 1，七项全部满足的话则 Counter 数值为 7
    RETURN Counter=7;
    !返回判断式结果，若 Counter 为 7，则返回 TRUE；若不为 7，则返回 FALSE
ENDFUNC

ENDMOUDLE
```

任务 4-8　示教目标点和仿真运行

工作任务

1. 掌握手动操作转盘的方法。
2. 掌握示教目标点的操作。
3. 掌握仿真运行的操作。

实践操作

4-8-1　操作转盘的方法

在本工作站中，转盘工作台是由工业机器人控制的，为保证安全，转盘只有当工业机器人在Home点时才可以手动旋转。

需要手动旋转工作台时，首先手动运行例行程序rHome让工业机器人回到Home点，然后按下示教器上的可编程按键1或可编程按键2，工业机器人就会控制工作台旋转，按下按键1转盘旋转到A工位，按下按键2则转盘旋转到B工位。具体设定步骤如图4-41～图4-49所示。

可编程按键1与信号关联，如图4-41～图4-43所示。

同理，再将按键2与信号进行关联，如图4-44所示。

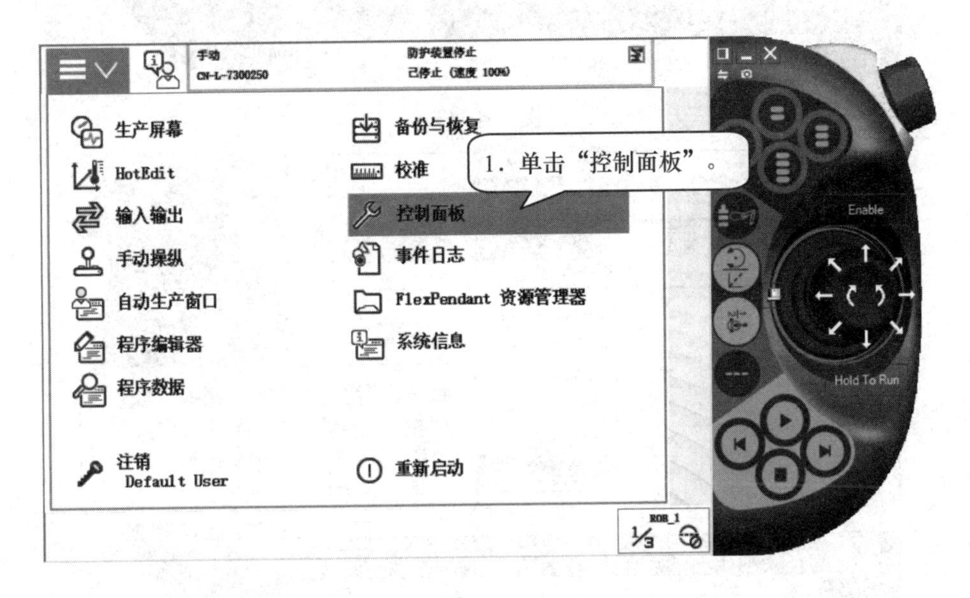

图 4-41

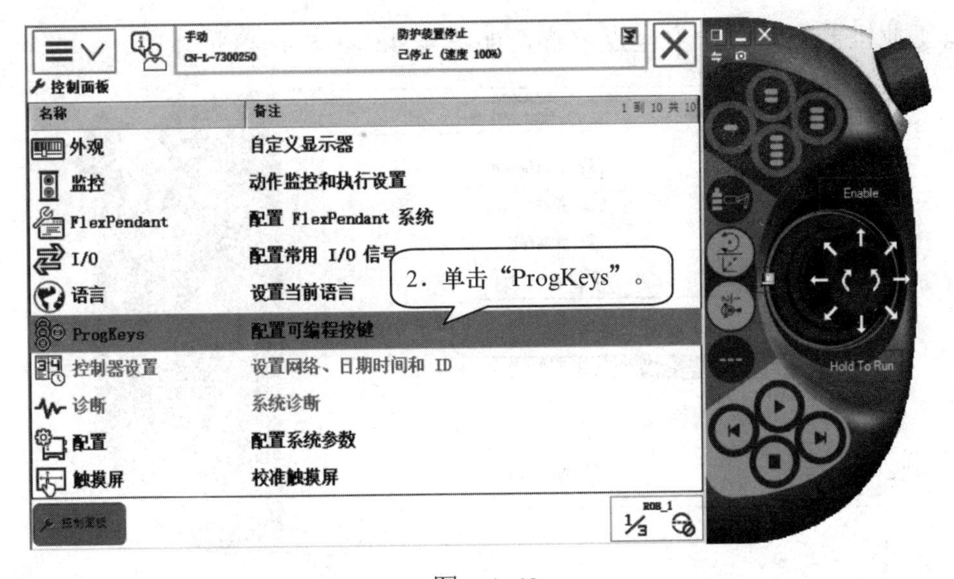

图 4-42

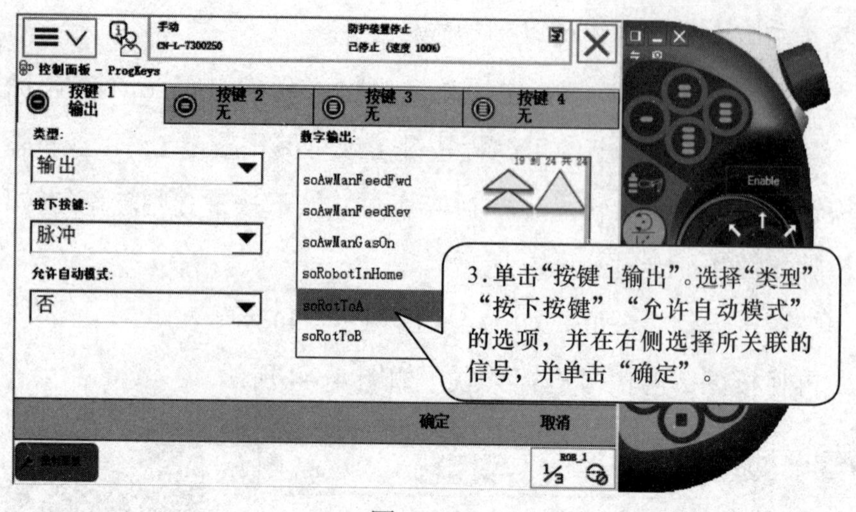

图 4-43

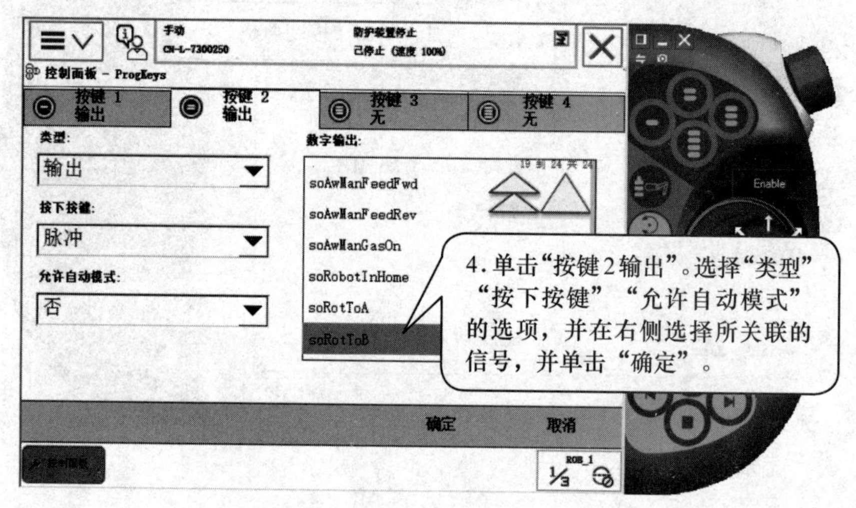

图 4-44

将工业机器人运行回安全点位置，如图 4-45～图 4-48 所示。

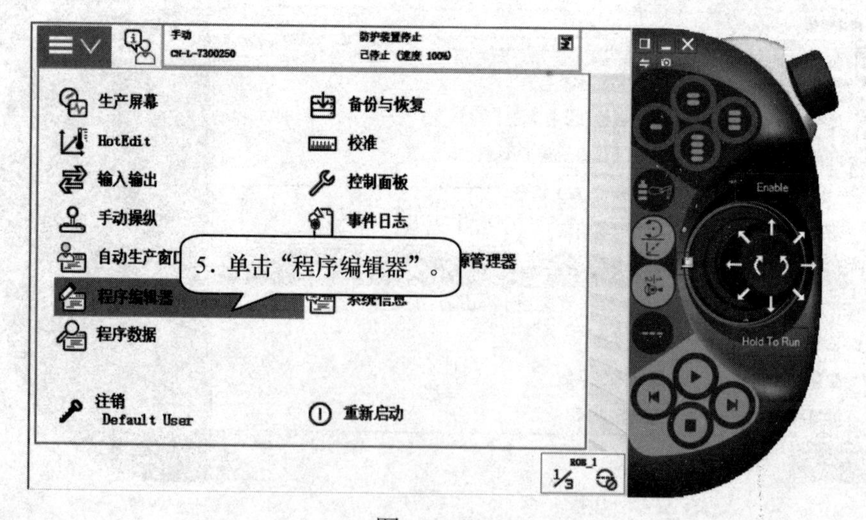

图 4-45

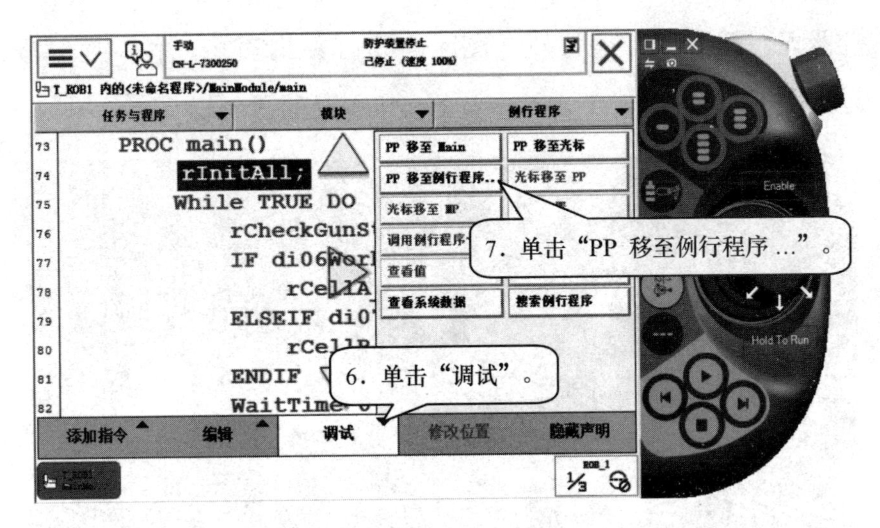

图 4-46

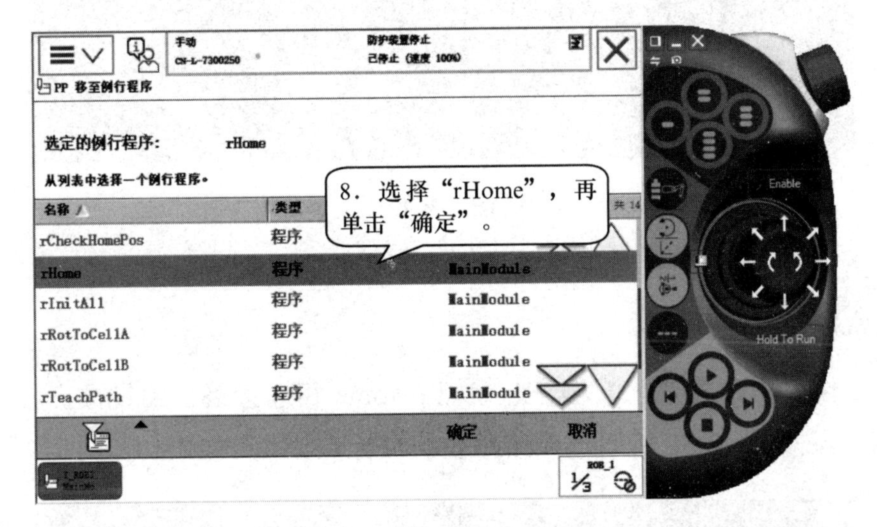

图 4-47

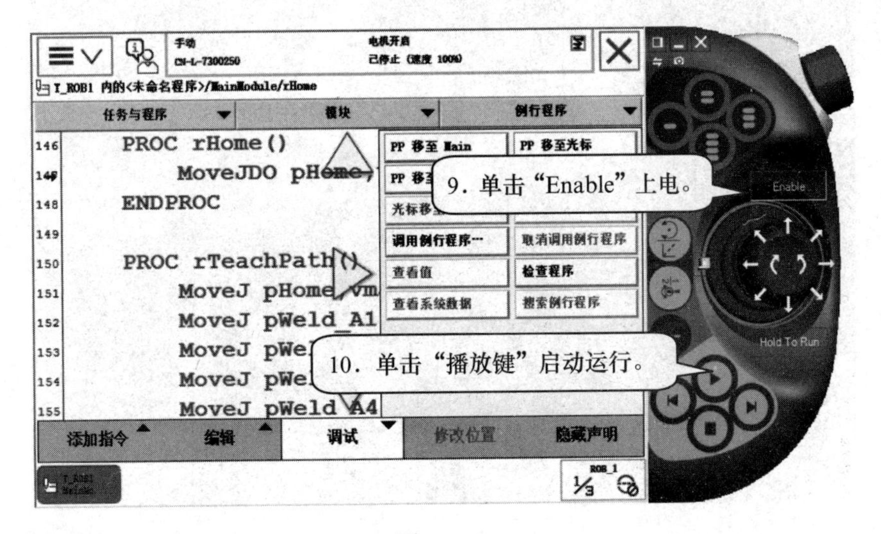

图 4-48

工业机器人已运行回安全位置（图4-49），这时就可以使用可编程按钮进行旋转转台的操作了。

图　4-49

4-8-2 示教目标点

在本工作站中，需要示教程序起始点pHome和焊接路径的目标点，其中程序起始点pHome如图4-50所示，焊接路径的目标点如图4-51所示。

图　4-50

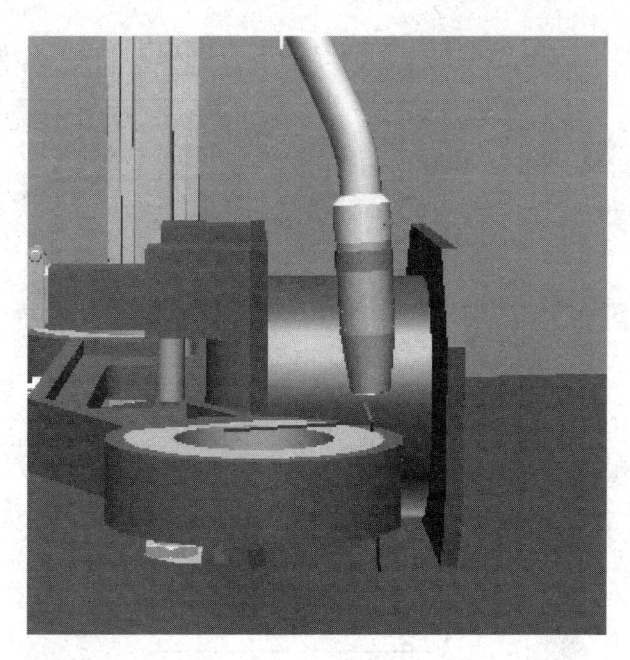

图　4-51

示教焊接路径点时，需要注意：

1）焊枪枪头尽量与焊缝垂直。

2）工业机器人行走的路径中尽量避免奇异点。

4-8-3 仿真运行

在 RAPID 程序模板中包含一个专门用于手动示教目标点的子程序 rTeachPath，如图 4-52 所示。仿真运行的具体操作如图 4-52 ～图 4-56 所示。

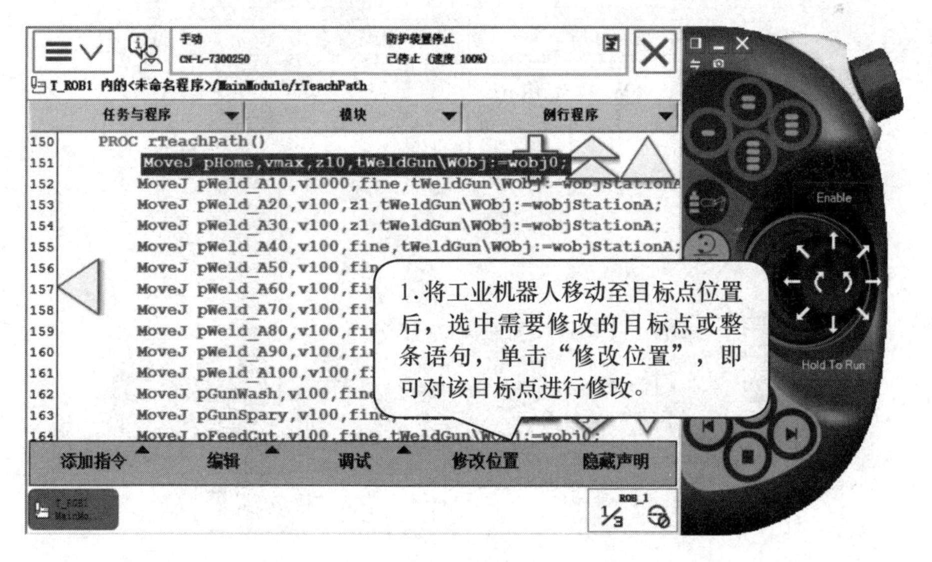

图　4-52

示教目标点完成之后，在仿真菜单中单击“I/O 仿真器”，如图 4-53 所示。

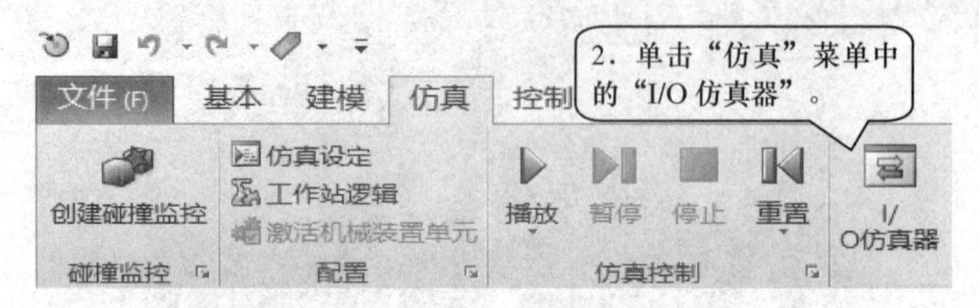

图　4-53

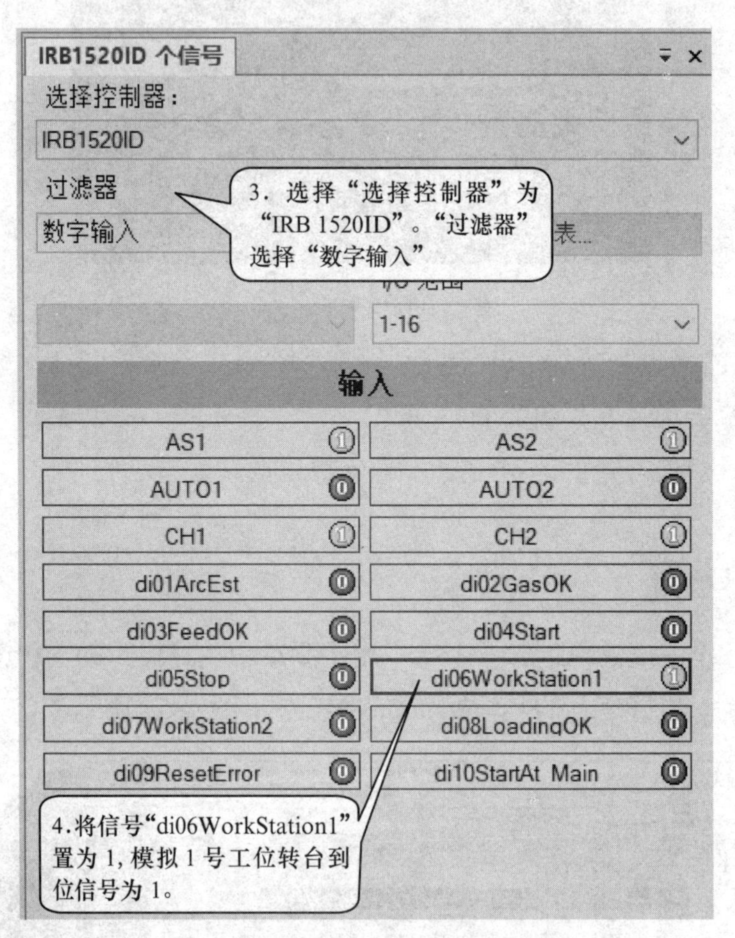

图　4-54

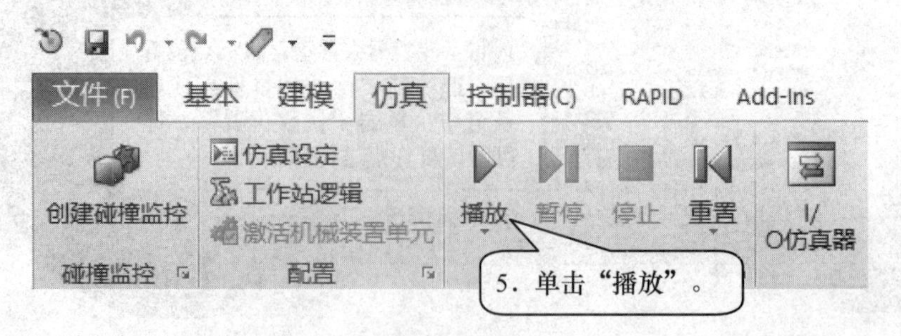

图　4-55

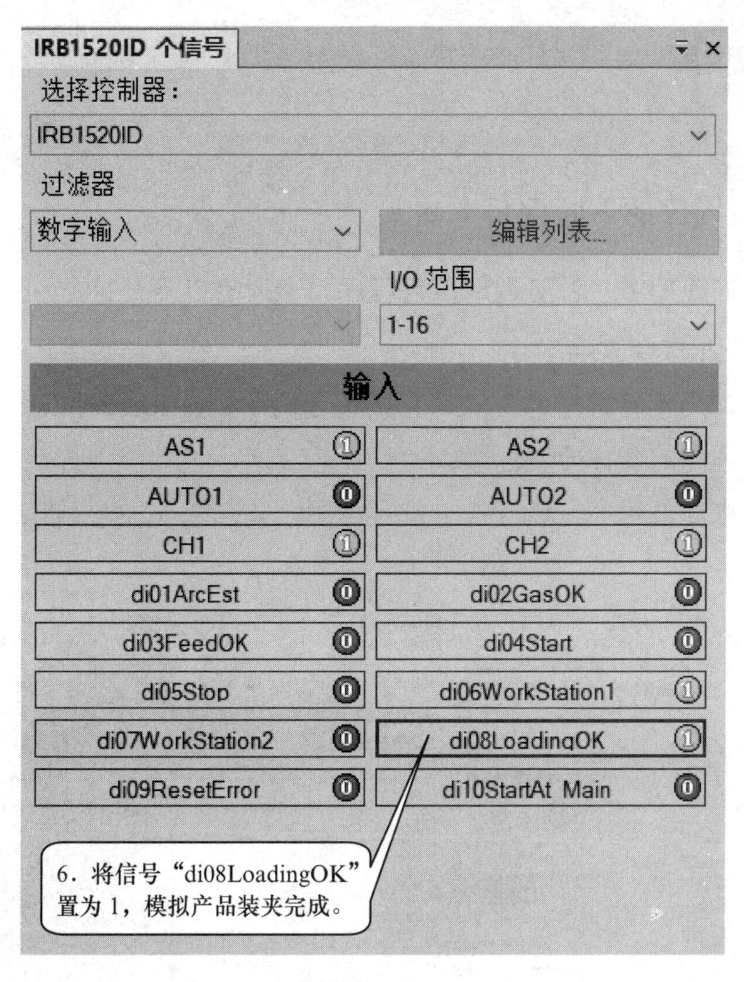

图 4-56

在实际的弧焊应用过程中，若遇到类似的弧焊工作站，可以在此程序模板的基础上做相应的修改，导入到真实工业机器人系统中后执行目标点示教即可快速完成程序编写工作。

任务 4-9 知识拓展

工作任务

1．学会例行程序的不同调用方法。

2．学会路径恢复功能 Path Recovery。

4-9-1 例行程序的不同调用方法

在实际生产应用中，针对调用例行程序，一般有以下几种方法。

1. ProcCall 指令调用

最常用的调用例行程序的方法是直接进行调用。在 RobotStudio 软件编程中，直接输入例行程序的名称即可。

在示教器中，使用 ProcCall 指令进行调用，如图 4-57 所示调用 Routine1 例行程序。

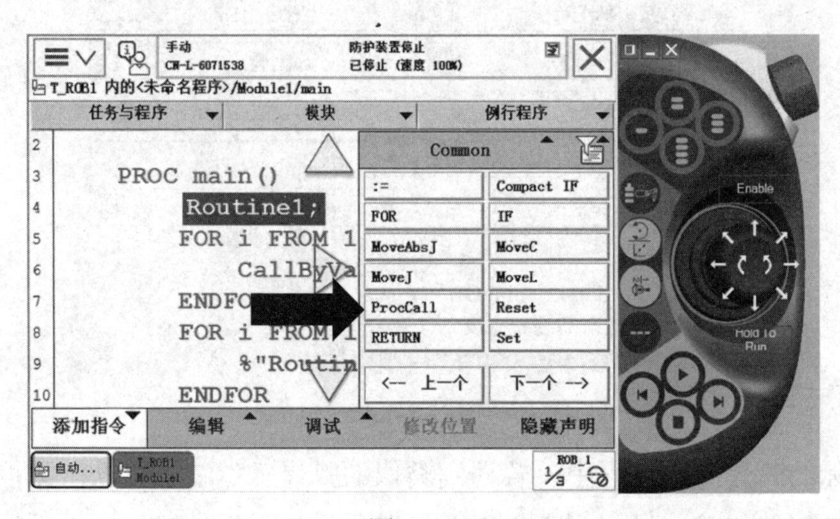

图　4-57

2. CallByVar 指令调用

指令 CallByVar（Call By Variable）是通过不同的变量调用不同的例行程序，指令格式如下：

CallByVar Name, Number

Name：例行程序名称的第一部分，数据类型 string。

Number：例行程序名称的第二部分，数据类型 num。

```
Reg2:=2;
CallByVar proc,reg2;
```

上述指令执行完后工业机器人调用了名为 proc2 的例行程序，如图 4-58 所示。

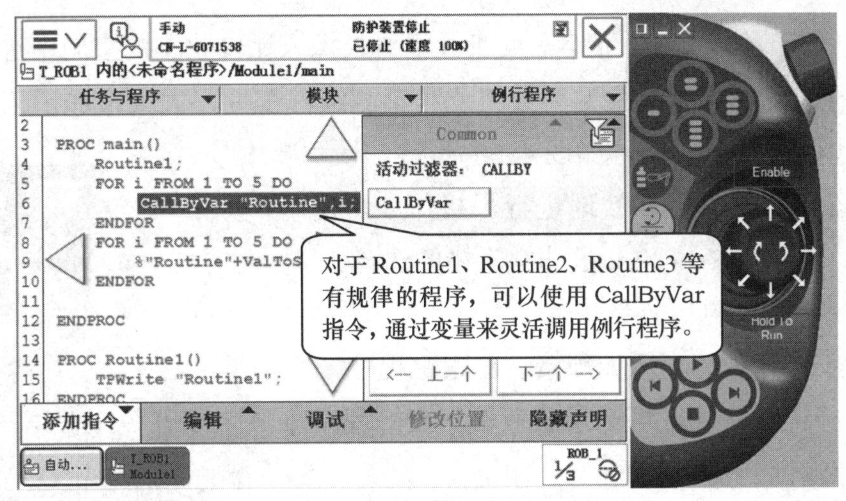

图 4-58

该指令是通过指令中的相应数据调用相应的例行程序，使用时有以下限制：

1）不能直接调用带参数的例行程序。

2）所有被调用的例行程序名称的第一部分必须相同，如 proc1、proc2、proc3 等。

3）使用 CallByVar 指令调用例行程序所需的时间比用指令 ProcCall 调用例行程序的时间更长。

在焊接应用过程中，通过使用 CallByVar 指令，就可以通过 PLC 输入数字编号来调用对应不同焊接轨迹例行程序，这样给程序扩展带来了极大的方便。

3. 百分号（%%）方法调用

使用 %% 来调用程序，%% 当中为字符串格式数据，也可以使用“+”号把字符串连接起来使用，以调用例行程序，示例如图 4-59 所示。

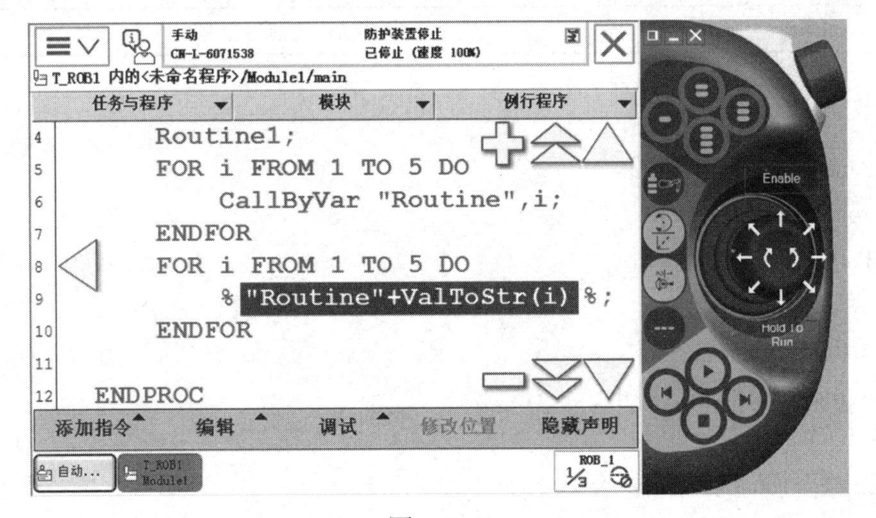

图 4-59

4-9-2 路径恢复功能 Path Recovery

在一些焊接的场景中，经常需要工业机器人探入比较狭小的空间中进行作业，并且焊接的过程中需频繁往返焊接工位和检测维修工位，大大增加了工业机器人的碰撞风险以及作业时间，如图 4-60 所示。为了能让工业机器人更安全且高效地进行焊接作业，使用路径恢复功能 Path Recovery 是非常不错的选择。

Path Recovery 的功能有：

1）用于错误处理，例如焊接自动跟踪程序。

2）路径记录功能，可记录工业机器人的程序路径，并原路返回到安全位置。

3）在进行异常处理操作后，可回到出错的位置。

4）在安全位置重新启动工业机器人，重新执行恢复的路径。

图　4-60

常用的指令见表 4-15。

表　4-15

指　　令	说　　明
StorePath	中断发生的时候存储路径
RestoPath	中断完成后恢复路径
PathRecStart	开始记录路径
PathRecStop	停止记录路径
PathRecMoveBwd	根据记录向后运行路径
PathRecMoveFwd	根据记录向前运行路径

举例 1：

```
TRAP machine_ready
VAR robtarget p1;
StorePath;
    ！存储当前路径
p1 := CRobT();
MoveL p100, v100, fine, tool1;
！ ...
MoveL p1, v100, fine, tool1;
RestoPath;
```

```
    ！恢复当前路径
StartMove;
ENDTRAP
```

解析：当中断发生时，先保存路径，待执行完其余动作后，再恢复之前所存储的路径。

举例 2：

```
PROC main()
    rinitAll;
    WHILE TRUE DO
      Path_10;
      WaitTime 0.3;
    ENDWHILE
ENDPROC

PROC rinitAll()
    AccSet 100,100;
    VelSet 100,5000;
    IDelete intno1;
    CONNECT intno1 WITH tMoveRoutine;
    ISignalDI di1,1,intno1;
ENDPROC

PROC Path_10()
    MoveL p10, v300, fine, tool1;
    PathRecStart pathrecid1;
      ！记录回退的起点
    MoveL p20, v300, fine, tool1;
    MoveL p30, v300, fine, tool1;
    MoveL p40, v300, fine, tool1;
    MoveL p10, v300, fine, tool1;
    PathRecStop\Clear;
      ！停止记录回退
ENDPROC

TRAP tMoveRoutine
    StopMove;
```

```
storePath;
    PathRecMoveBwd\ID:= pathrecid1;
      ! 工业机器人沿着原路径退回，直到 pathrecid1 起点处
    !……
    PathRecMoveFwd;
      ! 处理完成后，回到刚才发生问题的地方
ENDTRAP
```

解析：在工业机器人运行过程中，通过中断触发，模拟发生故障，工业机器人回退到标记位置起点，即 pathrecid1 位置，处理完成后运行回故障发生位置，继续运行。

学习检测

技能自我学习检测评分表见表 4-16。

表　4-16

项　目	技术要求	分　值	评分细则	评分记录	备　注
练习弧焊常用 I/O 配置	能够正确配置常用的 I/O 信号、系统输入输出、配置 Cross Connection	20	1．理解流程 2．操作流程		
熟悉常用的弧焊参数和指令	能够正确设定弧焊参数，灵活使用弧焊指令进行编程	20	1．理解流程 2．操作流程		
了解 Torch Services 应用	能够正确使用 Torch Services 清枪系统	20	1．理解流程 2．操作流程		
练习弧焊代码编写	能够学会对弧焊程序的理解并编写	20	1．理解流程 2．操作流程		
学会三种不同的程序调用方法和工业机器人 Path Recovery 功能	能够根据实际需要使用调用程序的方法以及了解工业机器人的路径恢复功能及使用	20	1．理解流程 2．熟练操作		

项目 5　工业机器人典型应用——压铸取件

教学目标

1．了解工业机器人压铸取件工作站的任务。

2．学会压铸取件 I/O 配置。

3．学会压铸取件常用指令。

4．学会 World Zones 功能。

5．学会 SoftAct 功能。

6．学会压铸取件程序编写与调试。

任务 5-1　了解工业机器人压铸取件工作站工作任务

本工作站（图 5-1）以工业机器人压铸取件为例，工业机器人从压铸机将压铸完成的工件取出进行工件完好性的检查，然后放置在冷却台上进行冷却，冷却后放到输出传送带上或放置到废件箱里。

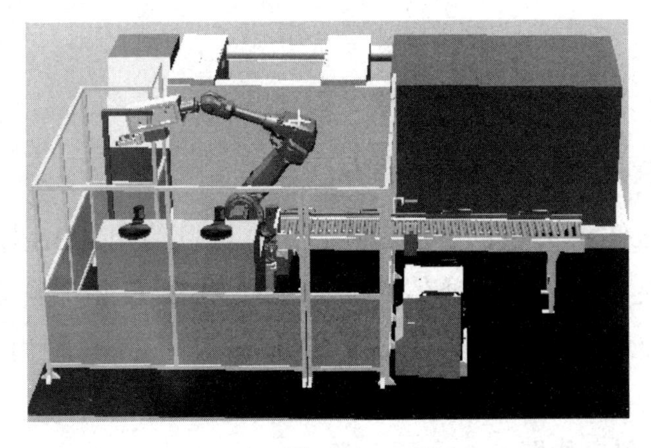

图　5-1

和其他众多行业一样，铸造厂也在不断探寻新的途径来提高生产效率、削减成本和提高质量。而另一方面，伴随着由于生态和经济原因而引发的铝和其他轻合金材料对钢铁材料的大规模替代，车辆中铝的含量正在以每年5.5%的速度递增。为了消化这些工作量，每年约需新建70座铸造厂，ABB正把握这一趋势，不断为新企业提供可靠的工业机器人解决方案。

ABB拥有超过40年致力于铸造的丰富经验，所以，一旦选择了ABB领先的高性能工业机器人技术，则不必再有任何担忧。更低的生产成本和废品率，更长的生产时间和稳定优异的生产质量，这些都是ABB工业机器人的独特优势。

任务5-2 学习压铸取件工作站的技术准备

工作任务

1. 了解配置PROFINET的通信方法。
2. 了解配置PROFINET中I/O的方法。
3. 了解区域检测（World Zones）的I/O信号设定。
4. 了解与World Zones有关的程序数据。
5. 了解压铸取件应用常用程序指令。
6. 了解Event Routine的常用功能。

实践操作

5-2-1 配置PROFINET的通信方法

为了满足与压铸机大量的I/O信号通信，可以使用ABB标准的PROFINET适配器。如果需要PROFINET通信，推荐选配ABB工业机器人作为从站的选项888-3PROFINET Device，其最多可支持256B输入和256B输出（即2048个数字输入和2048个数字输出），在使用之前要先配置好使用的端口，IP地址可在主站端配置时被自动配置，如图5-2所示。

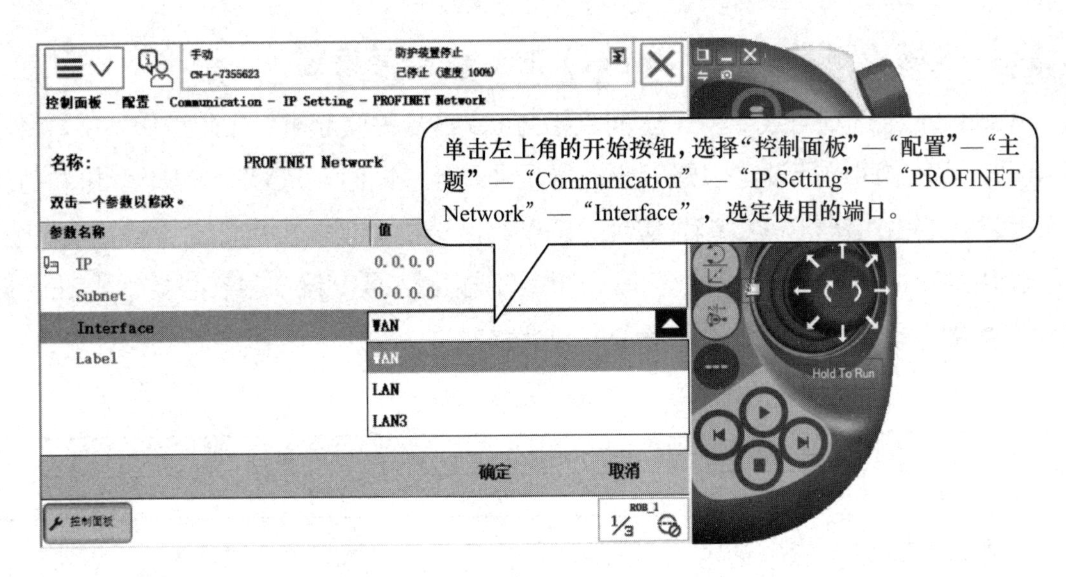

图　5-2

5-2-2 配置 PROFINET 中 I/O 的信号

在 PROFINET 通信中配置 I/O 跟 ABB 标准 I/O 板基本一样，也至少需要设置表 5-1 所示的四项参数。参数如图 5-3 所示。

表　5-1

参 数 名 称	参 数 说 明
Name	I/O 信号名称
Type of Signal	I/O 信号类型
Assigned to Device	I/O 信号所在 I/O 单元
Device Mapping	I/O 信号所占用单元地址

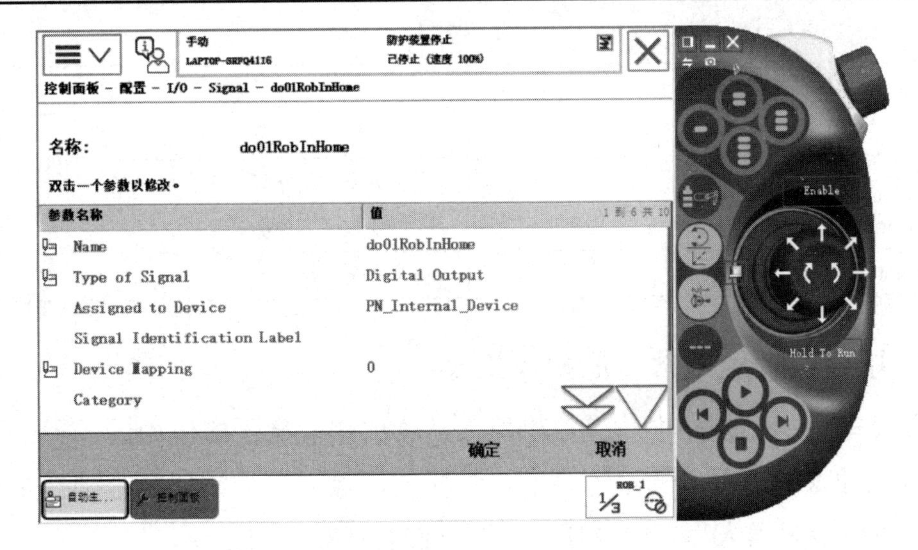

图　5-3

5-2-3 区域检测（World Zones）的 I/O 信号设定

World Zones 选项可设定一个空间直接与 I/O 信号关联起来。在此工作站中，将压铸机开模后对空间进行设定，则工业机器人进入此空间时，I/O 信号马上变化并与压铸机互锁（这由压铸机 PLC 编程实现），禁止压铸机合模，可保证工业机器人安全。

使用 World Zones 选项时，关联一个数字输出信号，该信号在设定时，在一般的设定基础上需要增加表 5-2 所示的一项设定。

表　5-2

参 数 名 称	参 数 说 明
Access Level	I/O 信号的存储级别

该参数共有以下三个选项：

1）All：最高存储级别，自动状态下可修改。

2）Default：系统默认级别，一般情况下使用。

3）ReadOnly：只读，在某些特定的情况下使用。

在 World Zones 功能选项中，当工业机器人进入到区域时输出的这个 I/O 信号为自动设置，不允许人为干预，需要将此数字输出信号的存储级别设定为 ReadOnly。

5-2-4 与 World Zones 有关的程序数据

在使用 World Zones 选项时，除了常用的程序数据外，还会用到几种其他的程序数据，具体见表 5-3。

表　5-3

程序数据名称	程序数据说明
Pos	位置数据，不包含姿态
ShapeData	形状数据，用来表示安全区域的形状
wzstationary	固定安全区域参数
wztemporary	临时安全区域参数

5-2-5 压铸取件应用常用的程序指令

在压铸取件的工作站中，工业机器人从事的作业属于搬运中的一种，但在取件有着和其他搬运所不同的地方。所以相应的，除了一些常用的基础指令外，在压铸取件的工业机器人程序中，还会用到一些有针对性的指令。

1. SoftAct：软伺服激活指令

SoftAct 软伺服激活指令用于激活任意一个工业机器人或附加轴的“软”伺服，让轴具有一定的柔性。

SoftAct 指令只能应用在系统的主任务 T_ROB1 中，即使是在 MutiMove 系统中。

指令示例：

SoftAct 3,90\Ramp:=150;

SoftAct \MechUnit:=orbit1,1,50\Ramp:=120;

指令变量名称及说明见表 5-4。

表 5-4

指令变量名称	说　明
[\MechUnit]	机械单元名称
Axis	轴名称
Softness	软化值（0% ～ 100%）
Ramp	软化坡度，≥ 100%

2. SoftDeact：软伺服失效指令

SoftDeact 指令是用来使机械单元软伺服失效的指令，一旦执行该指令，程序中所有机械单元的软伺服将失效。

指令示例：

SoftDeact \Ramp:=150;

指令变量名称及说明见表 5-5。

表 5-5

指令变量名称	说　明
Ramp	软化坡度，≥ 100%

3. WZBoxDef：矩形体区域检测设定指令

WZBoxDef 是与 World Zones 相关的应用指令，用以在大地坐标系下设定矩形体的区域检测，设定时需要定义该虚拟矩形体的两个对角点，如图 5-4 所示。

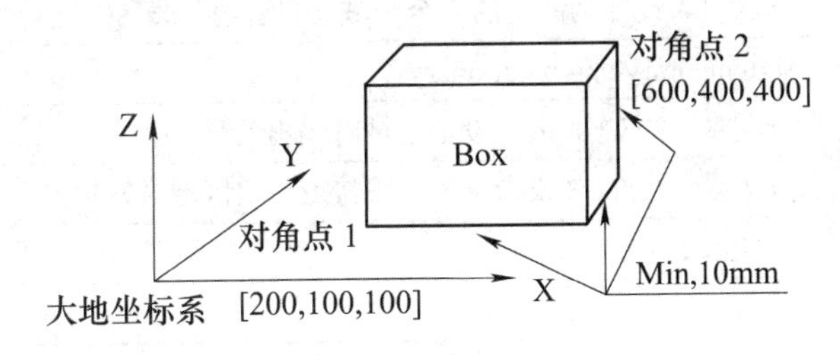

图　5-4

指令示例：

```
VAR shapedata volume;
CONST pos corner1:=[200,100,100];
CONST pos corner2:=[600,400,400];
⋮
WZBoxDef \Inside, volume, corner1, corner2;
```

指令变量名称及说明见表 5-6。

表 5-6

指令变量名称	说　明
[\Inside]	矩形体内部值有效
[\Outside]	矩形体外部值有效，二者必选其一
Shape	形状参数
LowPoint	对角点之一
HighPoint	对角点之一

注意

两个对角点必须有不同的 X、Y、Z 坐标值。

4. WZDOSet：区域检测激活输出信号指令

WZDOSet 是 World Zones 相关的指令，用以在区域检测被激活时输出设定的数字输出信号，当该指令被执行一次后，工业机器人的工具中心点（TCP）接触到设定区域检测的边界时，设定好的输出信号将输出一个特定的值。

指令示例：

```
WZDOSet\Temp,service\Inside,volume, do_service,1;
```

指令变量名称及说明见表 5-7。

表 5-7

指令变量名称	说　明
[\Temp]	开关量，设定为临时的安全区域
[\Stat]	开关量，设定为固定的安全区域，二者选其一
World Zones	wztemporary 或 wzstationary
[\Inside]	开关量，当 TCP 进入设定区域时输出信号
[\Before]	开关量，当 TCP 或指定轴无限接近设定区域时输出信号，二者选其一
Shape	形状参数
Signal	输出信号名称
SetValue	输出信号设定值

注意

1）一个区域检测不能被重复设定。

2）临时的区域检测可以多次激活和失效或删除，但固定的区域检测则不可以。

5-2-6 Event Routine

当工业机器人进入某一事件时触发一个或多个设定的例行程序，这样的程序称为 Event Routine，例如可以设定当工业机器人打开主电源开关时触发一个设定的例行程序。

系统有表 5-8 所示的事件可以作为触发条件。

表　5-8

事件名称	事件说明
PowerOn	打开主电源
Start	程序启动
Stop	程序停止
Restart	系统重启

Event Routine 设定注意事项：

1）可以被一个或多个任务触发，且任务之间无须互相等待，只要满足条件即可触发该程序。

2）如果是关联到 Stop 的 Event Routine，将会在重新按下示教器的启动按钮或调用启动 I/O 时被停止。

3）当关联到 Stop 的 Event Routine 在执行时发生问题时，再次按下停止按钮，系统将在 10s 后离开该 Event Routine。

Event Routine 设定参数名称及说明见表 5-9。

表　5-9

参数名称	参数说明
Routine	需要关联的例行程序名称
Event	工业机器人系统运行的系统事件，如启动停止等
Task	事件程序所在的任务
All Tasks	该事件程序是否在所有任务中执行，YES 或 NO
All Motion Tasks	该事件程序是否在所有单元的所有任务中执行，YES 或 NO
Sequence Number	程序执行的顺序号，0 ～ 100，0 最先执行，默认值为 0

Event Routine 设定步骤如图 5-5 ～图 5-8 所示。

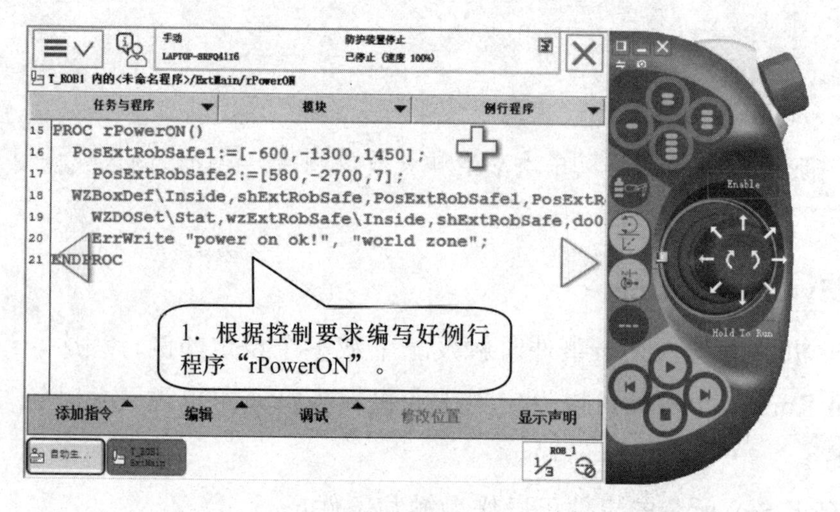
手动
LAPTOP-SRFQ4116
防护装置停止
已停止 (速度 100%)
T_ROB1 内的<未命名程序>/ExtMain/rPowerON
任务与程序
模块
例行程序
15 PROC rPowerON()
16 PosExtRobSafe1:=[-600,-1300,1450];
17 PosExtRobSafe2:=[580,-2700,7];
18 WZBoxDef\Inside,shExtRobSafe,PosExtRobSafe1,PosExtR
19 WZDOSet\Stat,wzExtRobSafe\Inside,shExtRobSafe,do0
20 ErrWrite "power on ok!", "world zone";
21 ENDPROC
1. 根据控制要求编写好例行程序“rPowerON”。
添加指令
编辑
调试
修改位置
显示声明
Enable
Hold To Run
ROB_1
1/3

图 5-5

手动
LAPTOP-SRFQ4116
防护装置停止
已停止 (速度 100%)
控制面板 - 配置 - Controller
每个主题都包含用于配置系统的不同类型。
当前主题: Controller
选择您需要查看的主题和实例类型。
3. 选择“Event Routine”。
Auto Condition Reset
Cyclic Bool Settings
General Rapid
Operator Safety
Path Return Re
Safety Runchain
Automatic
of Modules
Event Routine
ModPos Settings
Mode Settings
Man-Machine Communication
Controller
Communication
Motion
I/O
2. 在“主题”中选“Controller”。
文件
主题
关闭
Enable
Hold To Run
ROB_1
1/3

图 5-6

手动
LAPTOP-SRFQ4116
防护装置停止
已停止 (速度 100%)
控制面板 - 配置 - Controller - Event Routine
目前类型: Event Routine
新增或从列表中选择一个进行编辑或删除。
4. 添加一个“Event Routine”。
编辑
添加
删除
后退
Enable
Hold To Run
ROB_1
1/3

图 5-7

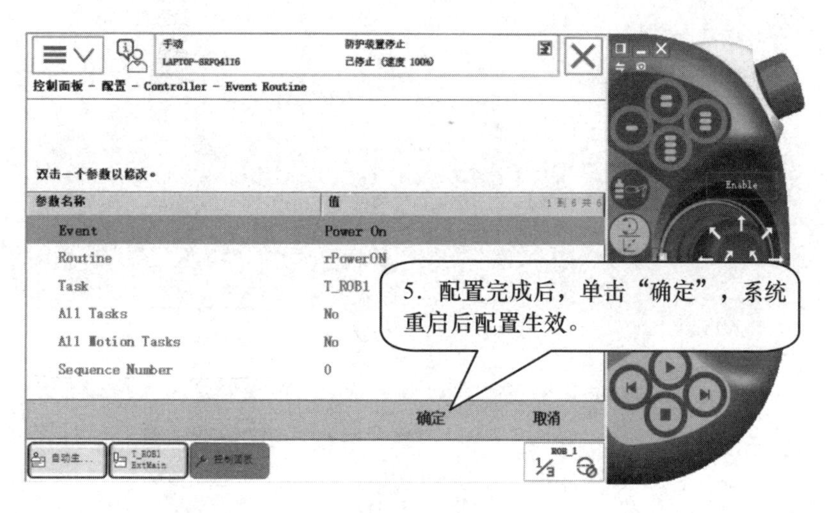

图　5-8

任务 5-3　压铸取件工作站解包和工业机器人重置系统

工作任务

1. 对压铸取件工作站进行解包。
2. 对工业机器人进行重置系统。

实践操作

5-3-1　工作站解包

工作站解包的操作步骤如图 5-9 ～图 5-16 所示。

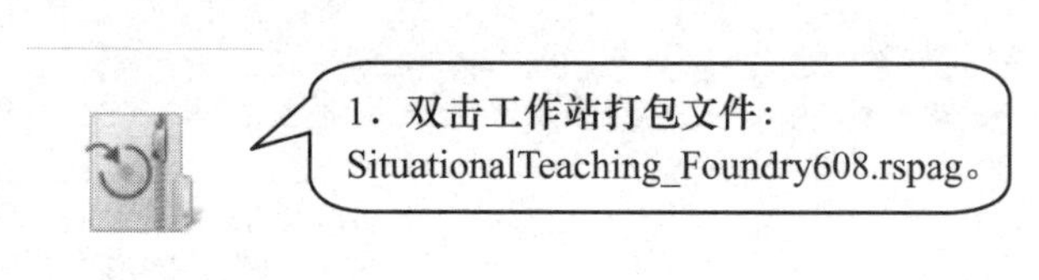

图　5-9

解包

欢迎使用解包向导

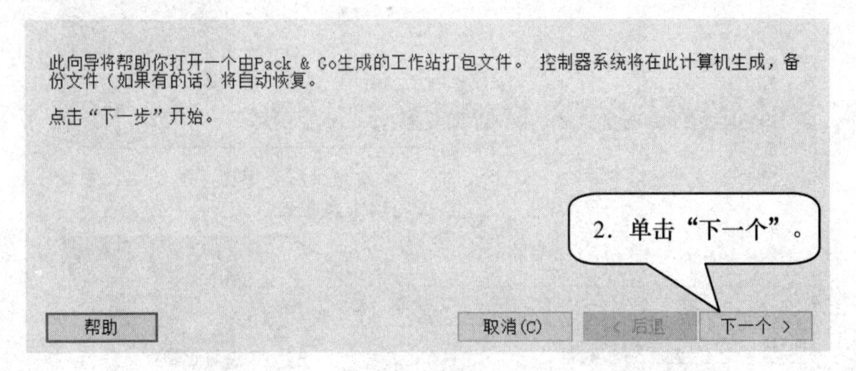

图　5-10

解包

选择打包文件

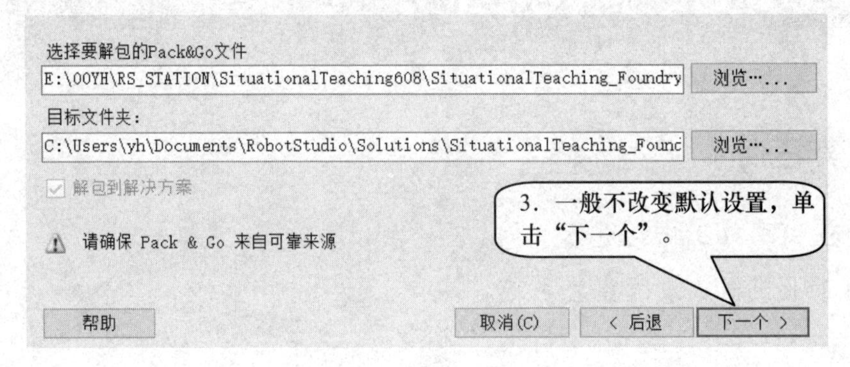

图　5-11

解包

库处理

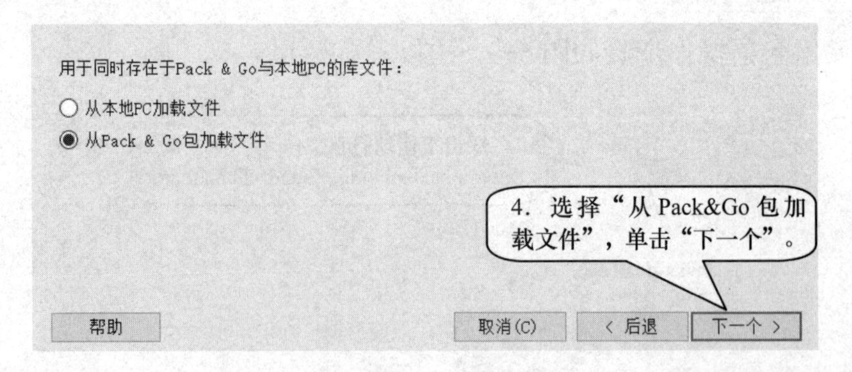

图　5-12

解包

控制器系统

设定系统 System4

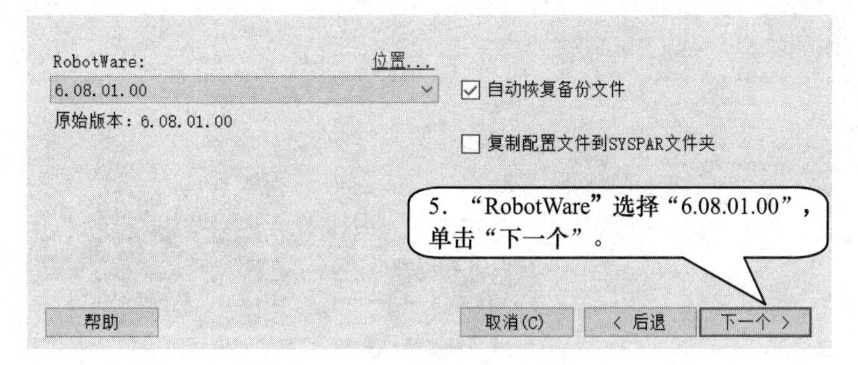

图 5-13

解包

解包已准备就绪

确认以下的设置，然后点击"完成"解包和打开工作站

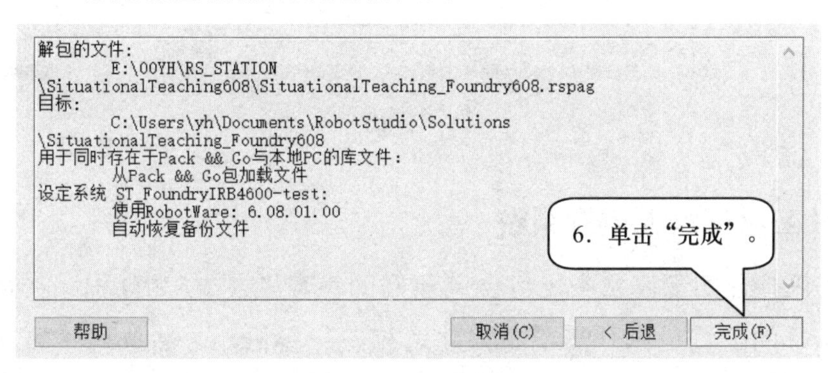

图 5-14

解包

解包完成

确认以下内容，然后点击"关闭"退出向导。

图 5-15

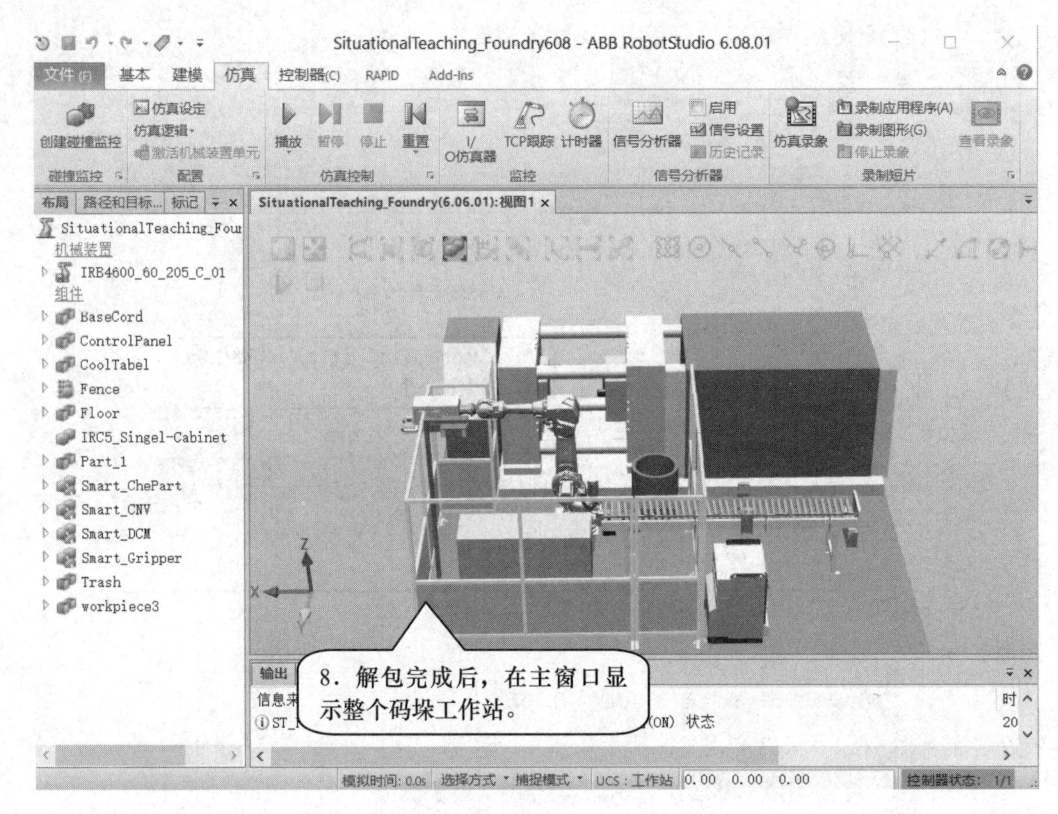

图　5-16

5-3-2 对工业机器人重置系统

现有解包打开的工作站中已包含创建好的参数以及 RAPID 程序。从零开始练习建立工作站的配置工作，需要先将此系统做一备份，之后执行“重置系统”的操作将工业机器人系统恢复到出厂初始状态。具体操作步骤如图 5-17 ～图 5-20 所示。

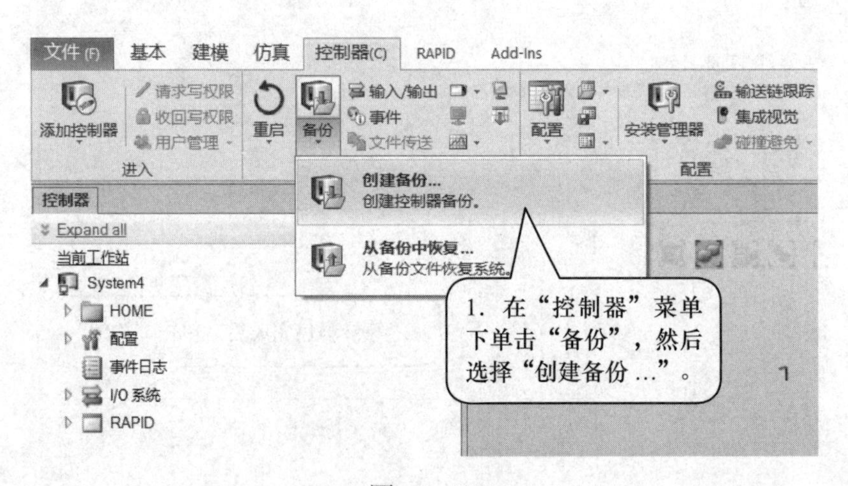

图　5-17

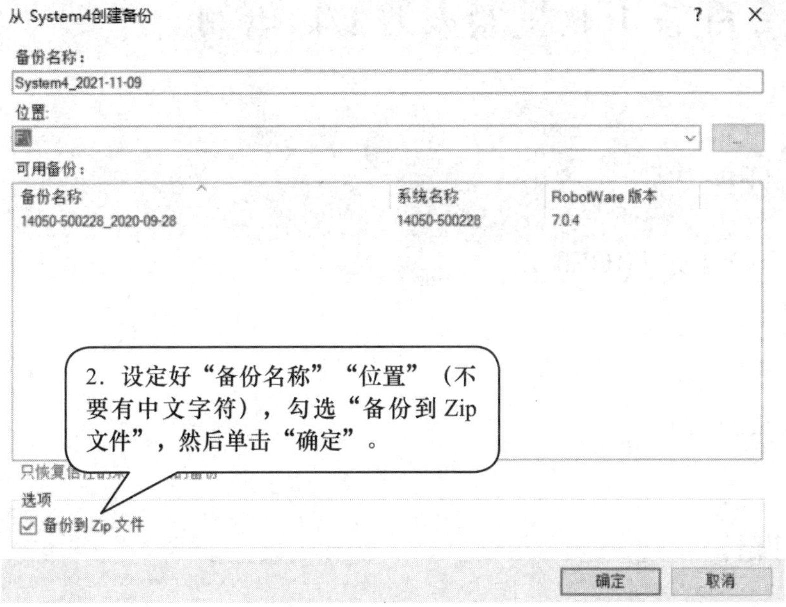

从 System4创建备份
备份名称：
System4_2021-11-09
位置:
可用备份：
备份名称
系统名称
RobotWare 版本
14050-500228_2020-09-28
14050-500228
7.0.4
选项
备份到 Zip 文件
确定
取消
2. 设定好“备份名称”“位置”（不要有中文字符），勾选“备份到 Zip 文件”，然后单击“确定”。

图　5-18

文件
基本
建模
仿真
控制器(C)
RAPID
Add-Ins
添加控制器
请求写权限
收回写权限
用户管理
进入
重启
备份
输入/输出
事件
文件传送
配置
重启动（热启动）(R)
重置系统（I启动）(S)
控制器
Expand all
当前工作站
System4
HOME
配置
事件日志
I/O 系统
RAPID
3. 在“控制器”菜单下单击“重启”，然后选择“重置系统（I 启动）”。

图　5-19

RobotStudio
重置系统（I启动）(S)
控制器将重启。当前配置参数设置和RAPID程序将弃用，但原系统安装设置将继续使用。
确定
取消
4. 单击“确定”。

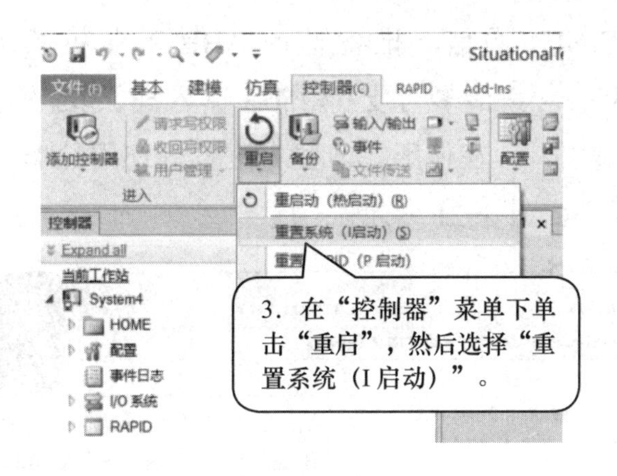

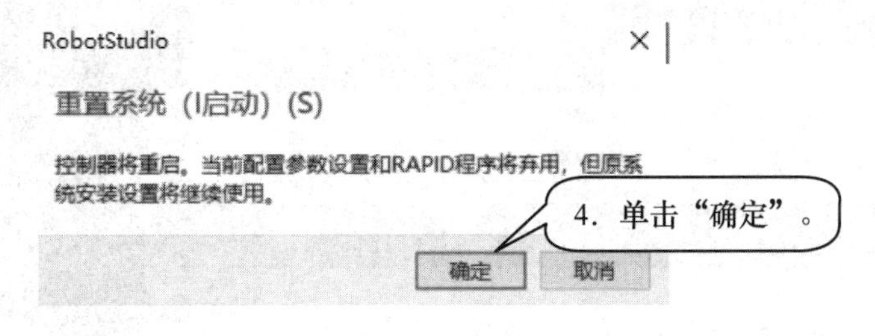

图　5-20

任务 5-4 配置工业机器人的 I/O 单元

工作任务

1. 配置 I/O 单元 PROFINET。
2. 配置 I/O 信号。
3. 配置系统输入输出信号。
4. 区域检测设置。

实践操作

5-4-1 配置 I/O 单元 PROFINET

如果需要 PROFINET 通信，推荐选配 ABB 工业机器人作为从站的选项 888-3PROFINET Device，其最多可支持 256B 输入和 256B 输出（即 2048 个数字输入和 2048 个数字输出），在使用之前要先配置好使用的端口，IP 地址可在主站端配置时被自动配置，如图 5-21 所示。

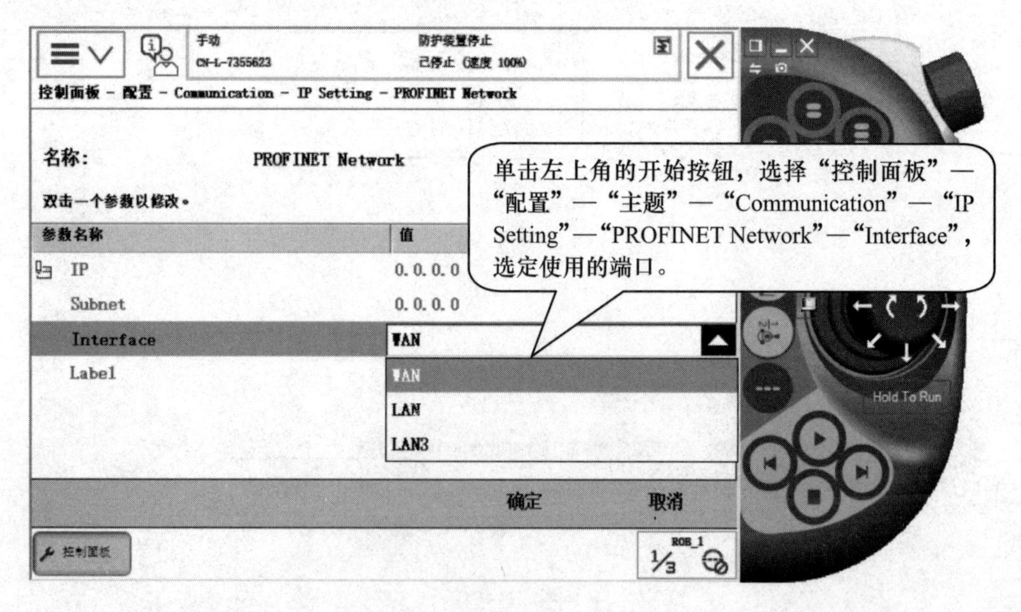

图 5-21

5-4-2 配置用于工作站的 I/O 信号

在虚拟示教器中，根据表 5-10 所示的参数配置 I/O 信号。

表　5-10

Name	Type of Signal	Assigned to Device	Device Mapping	I/O 信号说明
do01RobInHome	Digital Output	pBoard11	0	工业机器人在 Home 点
do02GripperON	Digital Output	pBoard11	1	夹爪打开
do03GripperOFF	Digital Output	pBoard11	2	夹爪关闭
do04StartDCM	Digital Output	pBoard11	3	允许合模信号
do05RobInDCM	Digital Output	pBoard11	4	工业机器人在压铸机工作区域中
do06AtPartCheck	Digital Output	pBoard11	5	工业机器人在检测位置
do07EjectFWD	Digital Output	pBoard11	6	模具顶针顶出
do08EjectBWD	Digital Output	pBoard11	7	模具顶针收回
do09E_Stop	Digital Output	pBoard11	8	工业机器人急停输出信号
do10CycleOn	Digital Output	pBoard11	9	工业机器人运行状态信号
do11RobManual	Digital Output	pBoard11	10	工业机器人处于手动模式信号
do12Error	Digital Output	pBoard11	11	工业机器人错误信号
di01DCMAuto	Digital Input	pBoard11	0	压铸机自动状态
di02DoorOpen	Digital Input	pBoard11	1	安全门打开状态
di03DieOpen	Digital Input	pBoard11	2	模具处于开模状态
di04PartOK	Digital Input	pBoard11	3	产品检测完成信号
di05CnvEmpty	Digital Input	pBoard11	4	输送链产品检测信号
di06LsEjectFWD	Digital Input	pBoard11	5	顶针顶出到位信号
di07LsEjectBWD	Digital Input	pBoard11	6	顶针收回到位信号
di08ResetE_Stop	Digital Input	pBoard11	7	紧急停止复位信号
di09ResetError	Digital Input	pBoard11	8	错误报警复位信号
di10StartAt_Main	Digital Input	pBoard11	9	从主程序开始信号
di11MotorOn	Digital Input	pBoard11	10	电动机上电输入信号
di12Start	Digital Input	pBoard11	11	启动信号
di13Stop	Digital Input	pBoard11	12	停止信号

注意

为了提高 do05RobInDCM 信号的可靠性，将其设定为常闭信号，当工业机器人在压铸机外的安全空间时，输出为“1”；当工业机器人在压铸机开模空间内时，输出为“0”。如果发生 I/O 通信中断，输出也为“0”，从而提高信号的可靠程度。在设定 I/O 信号时，要将对应的参数设定为表 5-11 对应的值。

表　5-11

Name	Access Level	Default Value
do05RobInDCM	ReadOnly	1

5-4-3 配置系统 I/O 信号

在虚拟示教器中，根据表 5-12 所示的参数配置系统 I/O 信号。

表　5-12

Type	Signal name	Action/Status	Argument	说　明
System Input	di04Start	Start	Continuous	程序启动
System Input	di05Stop	Stop	无	程序停止
System Input	di10StartAt_Main	Start at Main	Continuous	从主程序启动
System Input	di09ResetError	Reset Execution Error	无	报警状态恢复
System Input	di11MotorOn	Motors On	无	电动机上电
System Output	do06CycleOn	Cycle On	无	程序运行状态输出
System Output	do07Error	Execution Error	无	报警状态输出
System Output	do08E_Stop	Emergency Stop	无	急停状态输出

5-4-4 区域检测设置

将压铸机开模的区域设定为与工业机器人的互锁区域，当工业机器人获得压铸机的请求，进入开模区进行取件时，输出信号 do05RobInDCM 会从“1”变为“0”，这时压铸机与工业机器人互锁，不能进行开 / 合模的操作。具体操作步骤如图 5-22 ～图 5-25 所示。

图　5-22

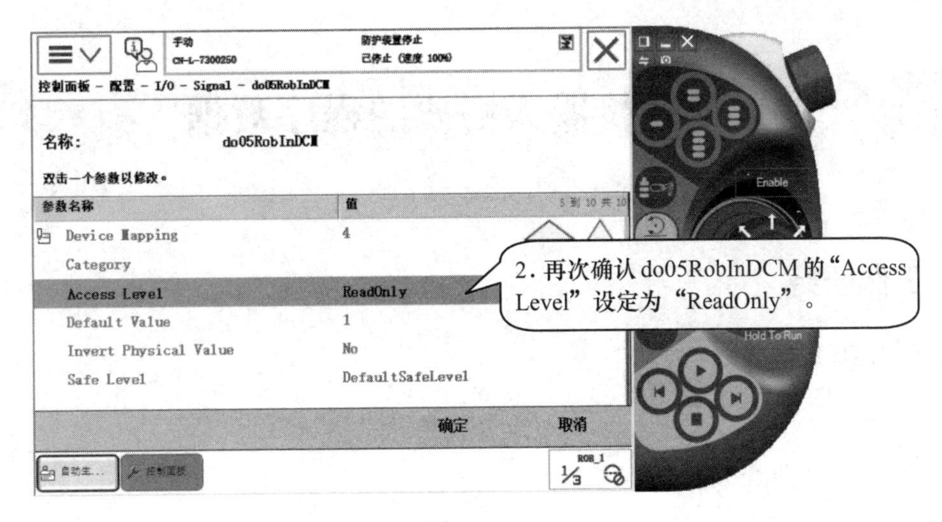

图　5-23

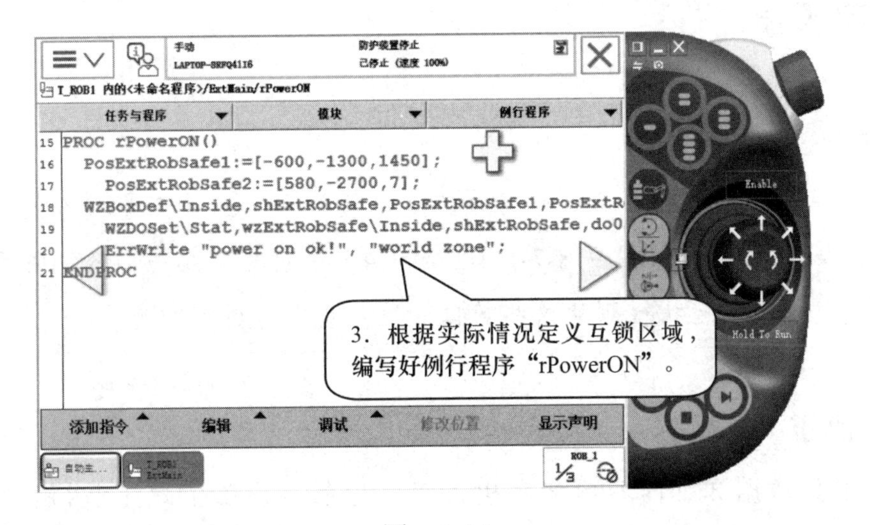

图　5-24

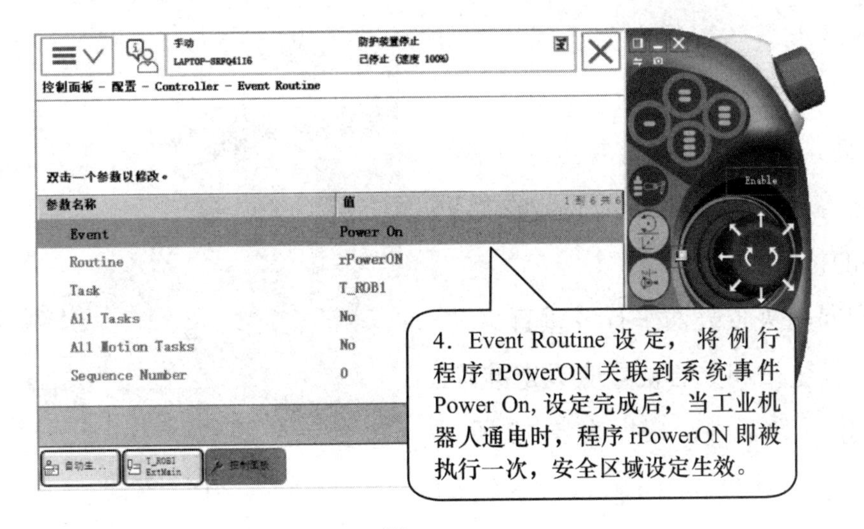

图　5-25

任务 5-5　设置工业机器人必要的程序数据

工作任务

1. 创建工具数据。
2. 创建工件坐标系数据。
3. 创建载荷数据。

实践操作

注意

关于程序数据声明可参考由机械工业出版社出版的《工业机器人实操与应用技巧　第 2 版》（ISBN 978-7-111-57493-4）中对应的相关内容。并且在加载程序模板之前仍需要执行删除这些数据，以防止发生数据冲突。

5-5-1　创建工具数据

创建工具数据详细内容可参考机械工业出版社出版的《工业机器人实操与应用技巧　第 2 版》（ISBN 978-7-111-57493-4）书中或登录腾讯课堂 https://jqr.ke.qq.com 网上教学视频中关于创建工具数据的说明。

压铸夹具工具数据设定要点：

1）压铸取件的 TCP 一般设定在靠近夹爪中心的位置。

2）方向与夹爪表面平行或垂直。

3）工具重量和重心位置应设定准确。

在虚拟示教器中，根据表 5-13 所示的参数设定工具数据 tGripper。示例如图 5-26 所示。

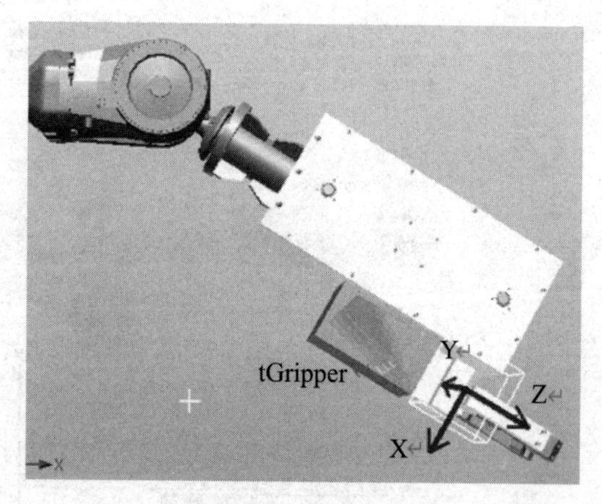

图　5-26

表　5-13

参数名称	参数数值
robothold	TRUE
trans	
X	179.2
Y	–62.8
Z	676
rot	
q1	1
q2	0
q3	0
q4	0
mass	15
cog	
X	0
Y	0
Z	400
其余参数均为默认值	

5-5-2 创建工件坐标系数据

在本工作站中，工件坐标系有两个，一个是压铸机的工件坐标系 wobjDCM，另一个是冷却台的工件坐标系 wobjCool。

在本工作站中，工件坐标系均采用用户三点法创建。在虚拟示教器中，根据图 5-27、图 5-28 所示的位置设定工件坐标。

wobjDCM 方向参考设定如图 5-27 所示。

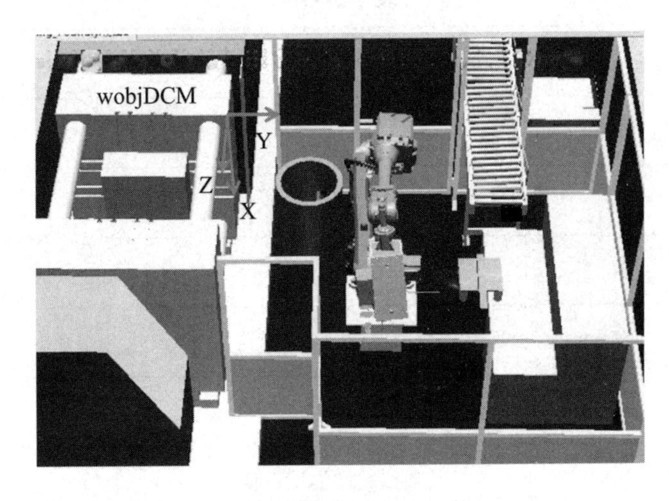

图　5-27

wobjCool 方向参考设定如图 5-28 所示。

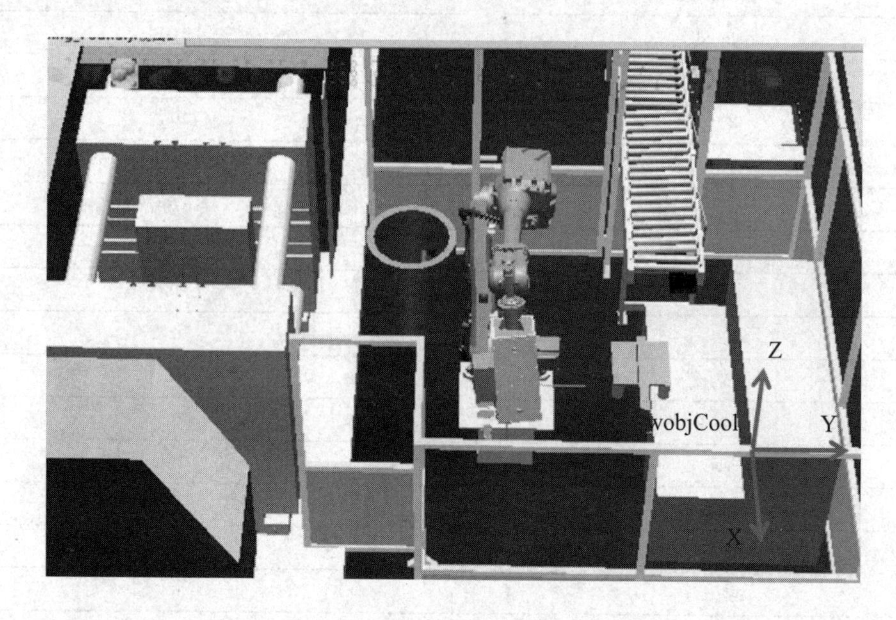

图　5-28

5-5-3 创建载荷数据

工件的重心是相对于当前使用的工具坐标数据，Z 方向相对于工具 TCP 正方向偏移 150mm。

在虚拟示教器中，根据表 5-14 所示的参数设定载荷数据 LoadFull。示例如图 5-29 所示。

表　5-14

参数名称	参数数值
mass	20
cog	
X	0
Y	0
Z	150
其余参数均为默认值	

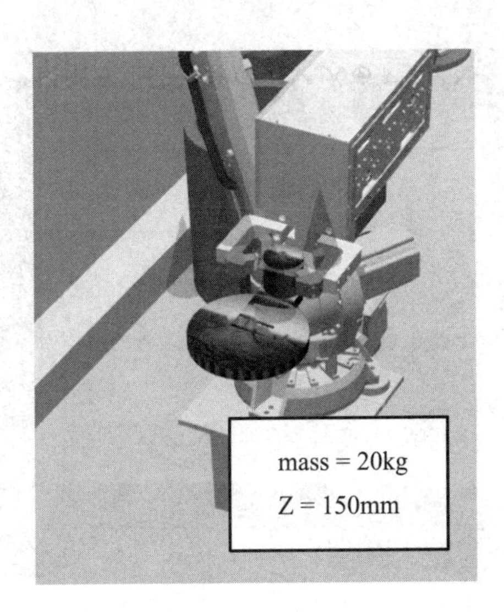

图　5-29

任务 5-6　导入程序模板的模块

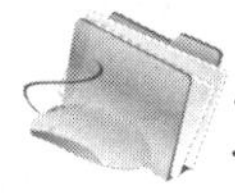

工作任务

1．通过虚拟示教器导入程序模板的模块。
2．通过 RobotStudio 导入程序模板的模块。

实践操作

在之前创建的备份文件中包含了本工作站的 RAPID 程序模板。此程序模板已能够实现本工作站工业机器人的完整逻辑及动作控制，只需对程序模块里的几个位置点进行适当的修改，便可正常运行。

注意

若在示教器导入程序模板时，出现报警提示工具数据、工件坐标系数据和有效载荷数据命名不明确（图 5-30），这是因为在上一个任务中，已在示教器中生成了相同名字的程序数据。要解决这个问题，建议在手动操纵画面将之前设定的程序数据删除后再进行导入程序模板的操作。

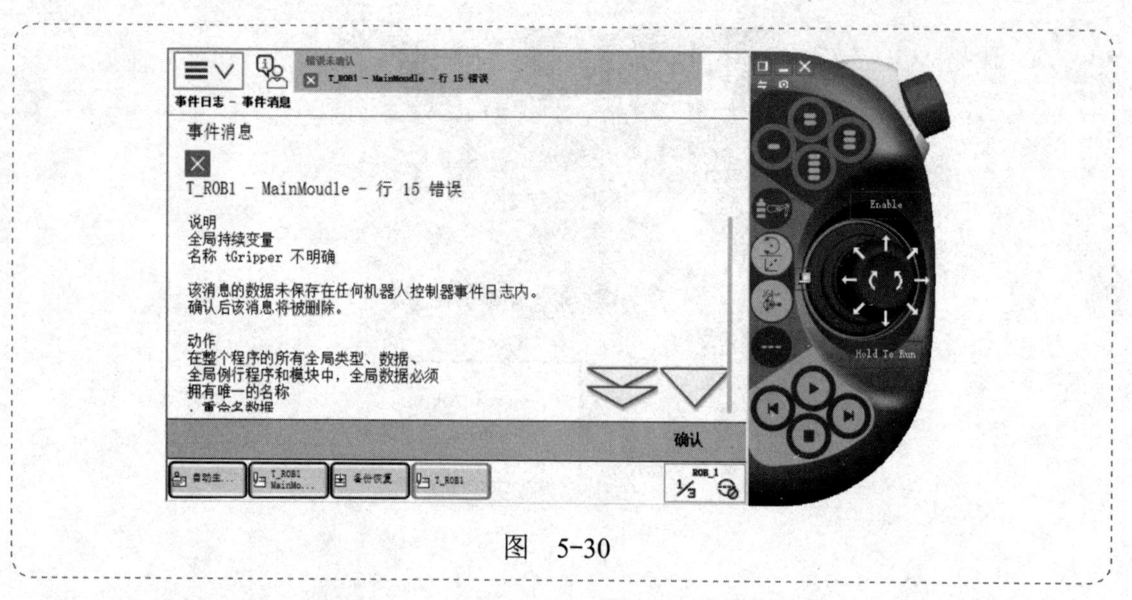

图　5-30

可以通过虚拟示教器导入程序模板的模块，也可以在 RobotStudio 中导入。导入程序模板的模块的步骤如图 5-31 ～图 5-33 所示。

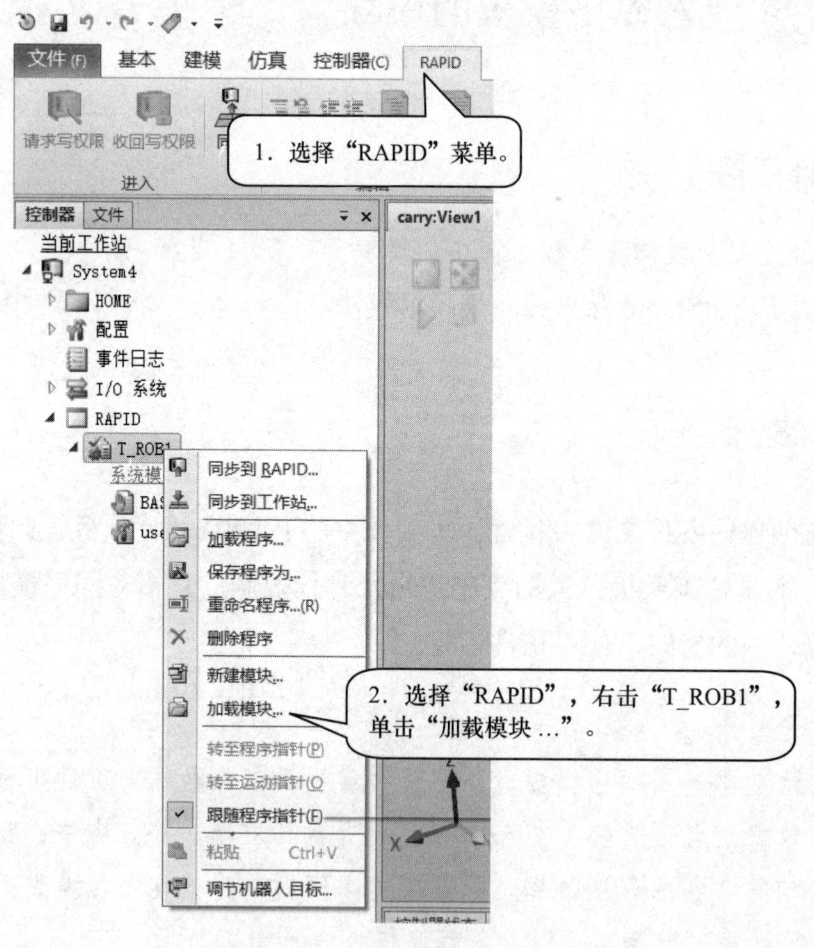

图　5-31

打开
TASK1 > PROGMOD
搜索"PROGMOD"
组织
新建文件夹
图片
文档
下载
音乐
桌面
Windows (C:)
MainMoudle
文件名(N):
MainMoudle
打开(O)
取消
3. 选择对应程序模板的模块，然后单击“打开”。

图　5-32

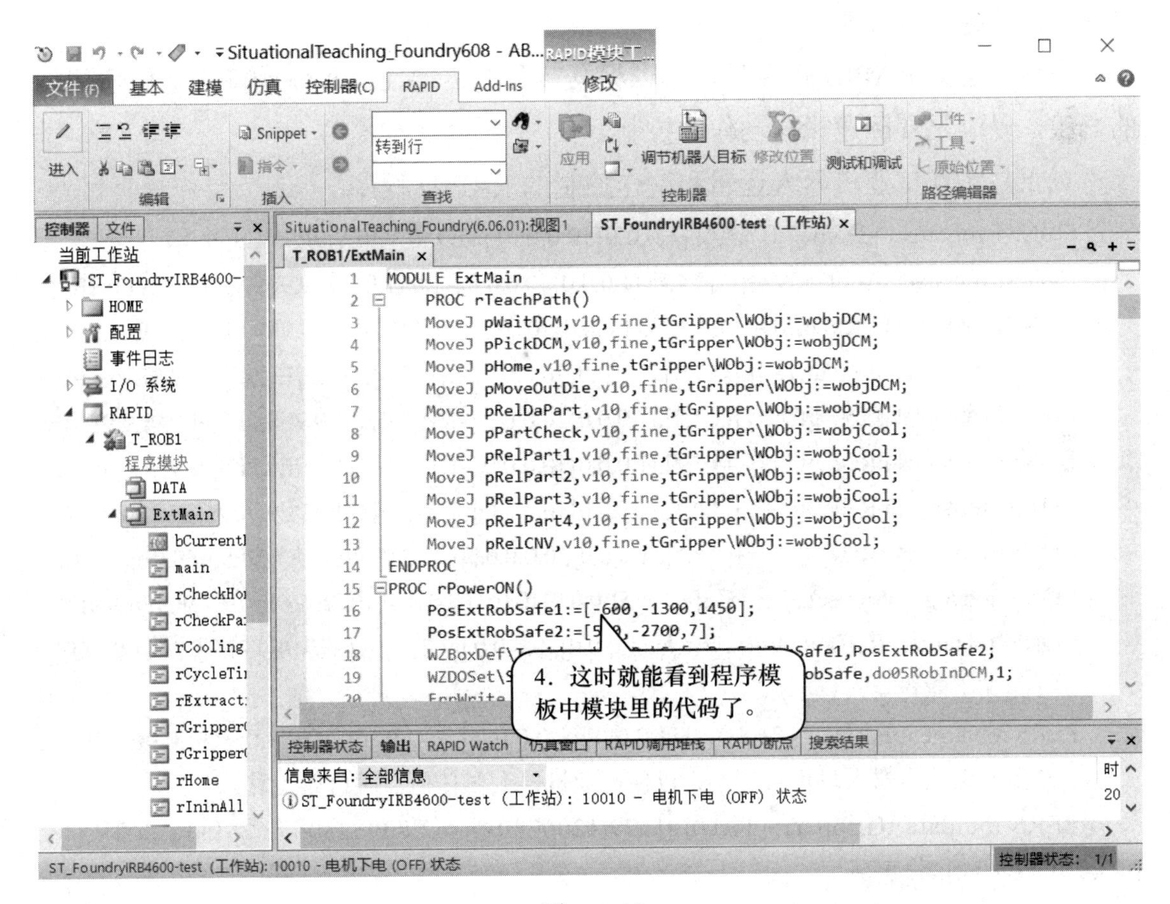
SituationalTeaching_Foundry608 - AB...
T_ROB1/ExtMain
MODULE ExtMain
PROC rTeachPath()
MoveJ pWaitDCM,v10,fine,tGripper\WObj:=wobjDCM;
MoveJ pPickDCM,v10,fine,tGripper\WObj:=wobjDCM;
MoveJ pHome,v10,fine,tGripper\WObj:=wobjDCM;
MoveJ pMoveOutDie,v10,fine,tGripper\WObj:=wobjDCM;
MoveJ pRelDaPart,v10,fine,tGripper\WObj:=wobjDCM;
MoveJ pPartCheck,v10,fine,tGripper\WObj:=wobjCool;
MoveJ pRelPart1,v10,fine,tGripper\WObj:=wobjCool;
MoveJ pRelPart2,v10,fine,tGripper\WObj:=wobjCool;
MoveJ pRelPart3,v10,fine,tGripper\WObj:=wobjCool;
MoveJ pRelPart4,v10,fine,tGripper\WObj:=wobjCool;
MoveJ pRelCNV,v10,fine,tGripper\WObj:=wobjCool;
ENDPROC
PROC rPowerON()
4. 这时就能看到程序模板中模块里的代码了。
ST_FoundryIRB4600-test（工作站）: 10010 - 电机下电（OFF）状态

图　5-33

任务 5-7　工作站 RAPID 程序的注解

工作任务

1．理解程序架构。

2．读懂程序代码的含义。

实践操作

本工作站以工业机器人压铸取件为例，工业机器人从压铸机将压铸完成的工件取出进行工件完好性检查，然后放置在冷却台上进行冷却，冷却后放到输出传送带上或放置到废件箱里。

在熟悉了此 RAPID 程序后，可以根据实际的需要在此程序的基础上做适用性的修改，以满足实际逻辑与动作的控制。

以下是实现工业机器人逻辑和动作控制的 RAPID 程序：

```
CONST robtarget pHome:=[[*,*,*],[1,0,0,0],[0,0,0,0],[9E9,9E9,9E9,9E9,9E9,9E9]];
CONST robtarget pWaitDCM:=[[ [[*,*,*],[1,0,0,0],[0,0,0,0,[-1,0,-1,0],[9E9,9E9,9E9,9E9,9E9,9E9]];
CONST robtarget pPickDCM:=[[ [[*,*,*],[1,0,0,0],[0,0,0,0,[-1,1,-2,0],[9E9,9E9,9E9,9E9,9E9,9E9]];
CONST robtarget pRelPart1:=[[ [[*,*,*],[1,0,0,0],[0,0,0,0,[-1,1,-2,0],[9E9,9E9,9E9,9E9,9E9,9E9]];
CONST robtarget pRelPart2:=[[ [[*,*,*],[1,0,0,0],[0,0,0,0,[-1,1,-2,0],[9E9,9E9,9E9,9E9,9E9,9E9]];
CONST robtarget pRelPart3:=[[ [[*,*,*],[1,0,0,0],[0,0,0,0,[-1,1,-2,0],[9E9,9E9,9E9,9E9,9E9,9E9]];
CONST robtarget pRelPart4:=[[ [[*,*,*],[1,0,0,0],[0,0,0,0,[-1,1,-2,0],[9E9,9E9,9E9,9E9,9E9,9E9]];
CONST robtarget pRelCNV:=[[ [[*,*,*],[1,0,0,0],[0,0,0,0,[-1,1,-2,0],[9E9,9E9,9E9,9E9,9E9,9E9]];
CONSTrobtarget pMoveOutDie:=[[ [[*,*,*],[1,0,0,0],[0,0,0,0,[-1,1,-2,0],[9E9,9E9,9E9,9E9,9E9,9E9]];
CONSTrobtarget pRelDaPart:=[[ [[*,*,*],[1,0,0,0],[0,0,0,0,[-1,1,-2,0],[9E9,9E9,9E9,9E9,9E9,9E9]];
  ！定义工业机器人目标点
PERS robtarget pPosOK:=[[ [[*,*,*],[1,0,0,0],[0,0,0,0,[-1,1,-2,0],[9E9,9E9,9E9,9E9,9E9,9E9]];
  ！定义工业机器人目标点变量，以便工业机器人在任何点时可做运算
PERS tooldata tGripper:=[TRUE,[[179.120678011,-62.809528063,676],[1,0,0,0]],[15,
[0,0,400],[1,0,0,0],0,0,0]];
  ！定义夹具工具坐标系
PERSwobjdata wobjDCM:=[FALSE,TRUE," ",[[0,0,0],[1,0,0,0]],[[-308.662234013,
```

```
-1631.501618476,1017.285148616],[0.707106781,0,0.707106781,0]]];
  ！定义压铸机工件坐标系
 PERS wobjdata
 wobjCool:=[FALSE,TRUE," ",[[1352.299998099,1342.748724261,1000],[1,0,0,0]],[[0,0,0],[1,0,0,0]]];
  ！定义冷却台工件坐标系
 PERS pos PosExtRobSafe1:=[-600,-1300,1450];
 PERS pos PosExtRobSafe2:=[580,-2700,7];
  ！定义两个位置数据，作为设定互锁区域的两个对角点
 VAR shapedata shExtRobSafe;
  ！定义安全区域形状参数
 PERS wzstationary wzExtRobSafe:=[1];

 VAR bool bErrorPickPart:=FALSE;
  ！定义错误工件逻辑量
 PERS loaddata LoadPart:=[20,[0,0,150],[1,0,0,0],0,0,0];
  ！定义产品有效载荷参数
 CONST speeddata vFast:=[1800,200,5000,1000];
 CONST speeddata vLow:=[800,100,5000,1000];
  ！定义工业机器人运行速度参数，vFast 为空运行速度，vLow 为工业机器人夹着产品的
运行速度
 PERS num nPickOff_X:=0;
 PERS num nPickOff_Y:=0;
 PERS num nPickOff_Z:=200;
  ！定义夹具在抓取产品前的偏移值
 VAR bool bEjectKo:=FALSE;
  ！定义模具顶针是否顶出的逻辑量
 PERS num nErrPickPartNo:=0;
  ！定义产品抓取错误变量，值为 0 时表示抓取的产品是合格的，1 为抓取的产品是不合
格的或没抓取到产品
 VAR bool bDieOpenKO:=FALSE;
 VAR bool bPartOK:=FALSE;
  ！定义开模逻辑量和产品检测 OK 逻辑量
 PERS num nCTime:=0;
  ！定义数字变量，用来计时
 VAR num nRelPartNo:=1;
  ！定义数字变量，用来计算产品放到冷却台的数量
 PERS num nCoolOffs_Z:=200;
  ！定义冷却台 Z 方向偏移数字变量
```

```
VAR bool bFullOfCool:=FALSE;
PERS bool bCool1PosEmpty:=FALSE;
PERS bool bCool2PosEmpty:=FALSE;
PERS bool bCool3PosEmpty:=FALSE;
PERS bool bCool4PosEmpty:=FALSE;
 ！定义冷却台产品是否放满的逻辑量以及各冷却位置是否有产品的逻辑量

PROC main()
！主程序
    rIninAll;
    ！调用初始化例行程序
    WHILE TRUE DO
    ！调用 WHILE 循环指令，并且用绝对真实条件 TURE 形成死循环，将初始化程序隔离
        IF di01DCMAuto = 1 THEN
        !IF 条件判断指令，di01DCMAuto 为压铸机处于自动状态信号，即当压铸机处于自动联机状态才开始执行取件程序
            rExtracting;
            ！调用取件例行程序
            rCheckPart;
            ！调用产品检测例行程序
            IF bFullOfCool=TRUE THEN
            ！条件判断指令，判断冷却台上产品是否放满
                rRelGoodPart;
                ！调用放置合格产品程序
            ELSE
                rReturnDCM;
                ！调用返回压铸机位置程序
            ENDIF
        ENDIF
        rCycleTime;
        ！调用计时例行程序
        WaitTime 0.2;
        ！等待时间
    ENDWHILE
ENDPROC

PROC rIninAll()
```

```
        ！初始化例行程序
         AccSet 100, 100;
        ！加速度控制指令
         VelSet 100, 3000;
        ！速度控制指令
         ConfJ\Off;
         ConfL\Off;
        ！工业机器人运动控制指令
         rReset_Out;
        ！调用输出信号复位例行程序
         rHome;
        ！调用回 Home 点程序
         Set do04StartDCM;
        ！通知压铸机工业机器人可以开始取件
         rCheckHomePos;
        ！调用检查 Home 点例行程序
    ENDPROC

    PROC rExtracting()
            ！从压铸机取件程序
        MoveJ pWaitDCM, vFast, z20, tGripper\WObj:=wobjDCM;
            ！工业机器人运行到等待位置
        WaitDI di02DoorOpen,1;
            ！等待压铸机安全门打开
        WaitDI di03DieOpen, 1\MaxTime:=6\TimeFlag:=bDieOpenKO;
            ！等待开模信号，最长等待时间为6s，得到信号后将逻辑量置位为FALSE，如果没
得到信号则将逻辑量置为 TRUE
        IF bDieOpenKO = TRUE THEN
            ！当逻辑量为 TRUE 时，表示工业机器人没有在合理的时间内得到开模信号，此
时取件失败
                nErrPickPartNo := 1;
            ！将取件失败的数字量置为 1
                GOTO lErrPick;
            ！跳转到错误取件标签 lErrPick 处
        ELSE
                nErrPickPartNo := 0;
            ！如取件成功，则将取件失败的数字量置为 0
        ENDIF
```

```
Reset do04StartDCM;
  ！复位工业机器人开始取件信号
MoveJOffs(pPickDCM,nPickOff_X,nPickOff_Y,nPickOff_Z),vLow,z10,tGripper\WObj:=
wobjDCM;
MoveJ pPickDCM, vLow, fine, tGripper\WObj:=wobjDCM;
  ！工业机器人运行到取件目标点
rGripperClose;
  ！调用关闭夹爪例行程序
rSoftActive;
  ！调用软伺服激活例行程序
Set do07EjectFWD;
  ！置位模具顶针顶出信号
WaitDI di06LsEjectFWD, 1\MaxTime:=4\TimeFlag:=bEjectKo;
  ！等待模具顶针顶出到位信号，最大等待时间为 4s，在该时间内得到信号则将逻
辑量置为 FALSE
pPosOK := CRobT(\Tool:=tGripper\WObj:=wobjDCM);
  ！记录工业机器人被模具顶针顶出后的当前位置，并赋值给 pPosOK
IF bEjectKo = TRUE THEN
  ！当逻辑量为 TRUE 时，表示顶针顶出失败，则此次取件失败，工业机器人开始
取件失败处理
    rSoftDeactive;
  ！调用软伺服失效例行程序
    rGripperOpen;
  ！调用打开夹爪例行程序
    MoveL Offs(pPosOK,0,0,100), vLow, z10, tGripper\WObj:=wobjDCM;
  ！以上一次工业机器人记录的目标点偏移
ELSE
  ！当逻辑量为 FALSE 时，取件成功，工业机器人则开始取件成功处理
    WaitTime 0.5;
    rSoftDeactive;
  ！调用软伺服失效指令
    WaitTime 0.5;
  ！等待时间，让软伺服失效完成
    MoveL Offs(pPosOK,0,0,200), v300, z10, tGripper\WObj:=wobjDCM;
  ！工业机器人抓取产品后按照之前记录的目标点偏移
    GripLoad LoadPart;
  ！加载 Load 参数，表示工业机器人已抓取产品
ENDIF
```

```
lErrPick:
        ! 错误取件标签
    MoveJ pMoveOutDie, vLow, z10, tGripper\WObj:=wobjDCM;
        ! 工业机器人运动到离开压铸机模具的安全位置
    Reset do07EjectFWD;
        ! 复位顶针顶出信号
ENDPROC

PROC rCheckPart()
        ! 产品检测例行程序
    IF nErrPickPartNo = 1 THEN
        ! 条件判断，当取件失败时，工业机器人重新回到 Home 点并输出报警信号
            MoveJ pHome, vFast, fine, tGripper\WObj:=wobjDCM;
            PulseDO\PLength:=0.2, do12Error;
            RETURN;
    ENDIF
            MoveJ pHome, vLow, z200, tGripper\WObj:=wobjDCM;
            Set do04StartDCM;
            MoveJ pPartCheck, vLow, fine, tGripper\WObj:=wobjCool;
        ! 取件成功时，则抓取产品运行到检测位置
            Set do06AtPartCheck;
        ! 置位检测信号，开始产品检测
            WaitTime 3;
        ! 等待时间，保证检测完成
            WaitDI di04PartOK, 1\MaxTime:=5\TimeFlag:=bPartOK;
        ! 等待产品检测合格信号，时间为 5s，逻辑量为 bPartOK
            ReSet do06AtPartCheck;
        ! 复位检测信号
    IF bPartOK = TRUE THEN
        ! 条件判断，当产品检测为不合格时，则该产品为不良品，工业机器人进入不良品
处理程序
            rRelDamagePart;
        ! 调用不良品放置程序
    ELSE
            rCooling;
        ! 当产品检测合格时，调用冷却程序
    ENDIF
ENDPROC
```

```
PROC rCooling()
        ! 产品冷却程序，即工业机器人将检测合格的产品放置到冷却台上
    TEST nRelPartNo
        !TEST 指令，将产品逐个放置到冷却台，冷却台总共可以放置 4 个产品，放置时工业机器人先运行到冷却目标点上方偏移位置，然后运行到放料点，打开夹爪，放完成品后又运行到偏移位置
    CASE 1:
            MoveJ Offs(pRelPart1,0,0,nCoolOffs_Z), vLow, z50, tGripper\WObj:=wobjCool;
            MoveJ pRelPart1, vLow, fine, tGripper\WObj:=wobjCool;
            rGripperOpen;
            MoveJ Offs(pRelPart1,0,0,nCoolOffs_Z), vLow, z50, tGripper\WObj:=wobjCool;
    CASE 2:
            MoveJ Offs(pRelPart2,0,0,nCoolOffs_Z), vLow, z50, tGripper\WObj:=wobjCool;
            MoveJ pRelPart2, vLow, fine, tGripper\WObj:=wobjCool;
            rGripperOpen;
            Movej Offs(pRelPart2,0,0,nCoolOffs_Z), vLow, z50, tGripper\WObj:=wobjCool;
    CASE 3:
            MoveJ Offs(pRelPart3,0,0,nCoolOffs_Z), vLow, z50, tGripper\WObj:=wobjCool;
            MoveJ pRelPart3, vLow, fine, tGripper\WObj:=wobjCool;
            rGripperOpen;
            MoveJ Offs(pRelPart3,0,0,nCoolOffs_Z), vLow, z50, tGripper\WObj:=wobjCool;
    CASE 4:
            MoveJ Offs(pRelPart4,0,0,nCoolOffs_Z), vLow, z50, tGripper\WObj:=wobjCool;
            MoveJ pRelPart4, vLow, fine, tGripper\WObj:=wobjCool;
            rGripperOpen;
            MoveJ Offs(pRelPart4,0,0,nCoolOffs_Z), vLow, z50, tGripper\WObj:=wobjCool;
ENDTEST
    nRelPartNo := nRelPartNo + 1;
        ! 每次放完一个产品后，将产品数量加 1
    IF nRelPartNo > 4 THEN
        ! 当产品数量到 4 个后，即冷却台上已经放满时，将冷却台逻辑量置位为 TRUE，同时将产品数量置为 1，此时放完第四个产品后，需要将已经冷却完成的第一个产品从冷却台上取下，放置到输送链上
            bFullOfCool := TRUE;
            nRelPartNo := 1;
    ENDIF
ENDPROC
```

```
PROC rRelGoodPart()
    ！良品放置例行程序，即将已经冷却好的产品从冷却台上取下，放到输送链输出
  WaitDI di05CNVEmpty, 1;
    ！等待输送链上没有产品的信号
  IF bFullOfCool = TRUE THEN
    ！判断冷却台上产品是否放满
  IF nRelPartNo = 1 THEN
    ！判断从冷却台上取第几个产品
      MoveJ Offs(pRelPart1,0,0,nCoolOffs_Z), vLow, z20, tGripper\WObj:=wobjCool;
      MoveJ pRelPart1, vLow, fine, tGripper\WObj:=wobjCool;
      rGripperClose;
      MoveJ Offs(pRelPart1,0,0,nCoolOffs_Z), vLow, z20, tGripper\WObj:=wobjCool;
  ELSEIF nRelPartNo = 2 THEN
      MoveJ Offs(pRelPart2,0,0,nCoolOffs_Z), vLow, z20, tGripper\WObj:=wobjCool;
      MoveJ pRelPart2, vLow, fine, tGripper\WObj:=wobjCool;
      rGripperClose;
      MoveJ Offs(pRelPart2,0,0,nCoolOffs_Z), vLow, z20, tGripper\WObj:=wobjCool;
  ELSEIF nRelPartNo =3 THEN
      MoveJ Offs(pRelPart3,0,0,nCoolOffs_Z), vLow, z20, tGripper\WObj:=wobjCool;
      MoveJ pRelPart3, vLow, fine, tGripper\WObj:=wobjCool;
      rGripperClose;
      MoveJ Offs(pRelPart3,0,0,nCoolOffs_Z), vLow, z20, tGripper\WObj:=wobjCool;
  ELSEIF nRelPartNo = 4 THEN
      MoveJ Offs(pRelPart4,0,0,nCoolOffs_Z), vLow, z20, tGripper\WObj:=wobjCool;
      MoveJ pRelPart4, vLow, fine, tGripper\WObj:=wobjCool;
      rGripperClose;
      MoveJ Offs(pRelPart4,0,0,nCoolOffs_Z), vLow, z20, tGripper\WObj:=wobjCool;
  ENDIF
      WaitTime 0.2;
  ENDIF
  MoveJ Offs(pRelCNV,0,0,nCoolOffs_Z), vLow, z20, tGripper\WObj:=wobjCool;
  MoveL pRelCNV, vLow, fine, tGripper\WObj:=wobjCool;
  rGripperOpen;
  MoveL Offs(pRelCNV,0,0,nCoolOffs_Z), vLow, z20, tGripper\WObj:=wobjCool;
  ！从冷却台上取完产品后，运行到输送链上方，然后线性运行到放置点，松开夹爪
  MoveL Offs(pRelCNV,0,0,300), vLow, z50, tGripper\WObj:=wobjCool;
```

```
        MoveJ Offs(pRelPart2,0,0,nCoolOffs_Z), vFast, z50, tGripper\WObj:=wobjCool;
        MoveJ pPartCheck, vFast, z100, tGripper\WObj:=wobjCool;
        MoveJ pHome, vFast, z100, tGripper\WObj:=wobjDCM;
        ! 放完产品后返回到 Home 点，开始下一轮取放
    ENDPROC

    PROC rRelDamagePart()
        ! 不良品放置程序，当检测为不合格品时，直接从检测位置运行到不良品放置位
置，将产品放下
        ConfJ\off;
        MoveJ pHome, vLow, z20, tGripper\WObj:=wobjCool;
        MoveJ pMoveOutDie, vLow, z20, tGripper\WObj:=wobjCool;
        MoveL pRelDaPart, vLow, fine, tGripper\WObj:=wobjCool;
        rGripperOpen;
        MoveL pMoveOutDie, vLow, z20, tGripper\WObj:=wobjCool;
        ConfJ\on;
    ENDPROC

    PROC rReset_Out()
      ! 输出信号复位例行程序
        Reset do04StartDCM;
        Reset do06AtPartCheck;
        Reset do07EjectFWD;
        Reset do09E_Stop;
        Reset do12Error;
        Reset do03GripperOFF;
        Reset do01RobInHome;
    ENDPROC

    PROC rCycleTime()
        ! 计时例行程序
        ClkStop clock1;
        nCTime := ClkRead(clock1);
        TPWrite "the cycletime is "\Num:=nCTime;
        ClkReset clock1;
        ClkStart clock1;
    ENDPROC
```

```
PROC rSoftActive()
    ！软伺服激活例行程序，设定工业机器人 6 个轴的软化指数
    SoftAct 1, 99;
    SoftAct 2, 100;
    SoftAct 3, 100;
    SoftAct 4, 95;
    SoftAct 5, 95;
    SoftAct 6, 95;
    WaitTime 0.3;
ENDPROC

PROC rSoftDeactive()
    ！软伺服失效例行程序
    SoftDeact;
    ！软伺服失效指令，执行此指令后所有软伺服设定失效
    WaitTime 0.3;
ENDPROC

PROC rReturnDCM()
    ！返回到压铸机程序
    MoveJ pPartCheck, vFast, z100, tGripper\WObj:=wobjCool;
    MoveJ pHome, vFast, z100, tGripper\WObj:=wobjDCM;
ENDPROC

PROC rCheckHomePos()
    ！检测是否在 Home 点程序
  VAR robtarget pActualPos 1 ;
    ！定义一个目标点数据 pActualPos
  IF NOT CurrentPos(pHome,tGripper) THEN
      ！调用功能程序 CurrentPos ，此为一个布尔量型的功能程序，括号里面的参数
       分别指的是所要比较的目标点以及使用的工具数据，这里写入的是 pHome，
       则是将当前工业机器人位置与 pHome 点进行比较，若在 Home 点，则此布
       尔量为 TRUE；若不在 Home 点，则为 FALSE。在此功能程序的前面加上一
       个 NOT，表示当工业机器人不在 Home 点时才会执行 IF 判断中工业机器人
       返回 Home 点的动作指令。
  pActualposl:=CRobT(\Tool:=tGripper\WObj:=wobjDCM);
```

```
        ! 利用 CRobT 功能读取当前工业机器人目标位置并赋值给目标点数据 pActualpos1
    pActualpos1.trans.z:=pHome.trans.z;
        ! 将 pHome 点的 Z 值赋给 pActualpos1 点的 Z 值
    MoveL pActualpos1,v100,z10,tGripper;
        ! 移至已被赋值后的 pActualpos1 点
    MoveL pHome,v100,fine,tGripper;
        ! 移至 pHome 点，上述指令的目的是需要先将工业机器人提升至与 pHome 点
一样的高度，之后再平移至 pHome 点，这样可以简单地规划一条安全回 Home 的轨迹
  ENDIF
ENDPROC

FUNC bool CurrentPos(robtarget ComparePos,INOUT tooldata TCP)
        ! 检测目标点功能程序，带有两个参数，比较目标点和所使用的工具数据
  VAR num Counter:=0;
        ! 定义数字型数据 Counter
  VAR robtarget ActualPos;
        ! 定义目标点数据 ActualPos
  ActualPos:=CRobT(\Tool:=tGripper\WObj:=wobj0);
        ! 利用 CRobT 功能读取当前工业机器人目标位置并赋值给 ActualPos
  IF ActualPos.trans.x>ComparePos.trans.x–25 AND ActualPos.trans.x<ComparePos.trans.
x+25 Counter:=Counter+1;
  IF ActualPos.trans.y>ComparePos.trans.y–25 AND ActualPos.trans.y<ComparePos.trans.
y+25 Counter:=Counter+1;
  IF ActualPos.trans.z>ComparePos.trans.z–25 AND ActualPos.trans.z<ComparePos.trans.
z+25 Counter:=Counter+1;
  IF ActualPos.rot.q1>ComparePos.rot.q1–0.1 AND ActualPos.rot.q1<ComparePos.rot.q1+0.1
Counter:=Counter+1;
  IF ActualPos.rot.q2>ComparePos.rot.q2–0.1 AND ActualPos.rot.q2<ComparePos.rot.q2+0.1
Counter:=Counter+1;
  IF ActualPos.rot.q3>ComparePos.rot.q3–0.1 AND ActualPos.rot.q3<ComparePos.rot.q3+0.1
Counter:=Counter+1;
  IF ActualPos.rot.q4>ComparePos.rot.q4–0.1 AND ActualPos.rot.q4<ComparePos.rot.q4+0.1
Counter:=Counter+1;
        ! 将当前工业机器人所在目标位置数据与给定目标点位置数据进行比较，共 7 项
          数值，分别是 X、Y、Z 坐标值以及工具姿态数据 q1、q2、q3、q4 里面的偏差值，
          如 X、Y、Z 坐标偏差值“25”可根据实际情况进行调整。每项比较结果成立，
          则计数 Counter 加 1，7 项全部满足，则 Counter 数值为 7
```

```
    RETURN Counter=7;
        ! 返回判断式结果，若 Counter 为 7，则返回 TRUE；若不为 7，则返回 FALSE
ENDFUNC

PROC rTeachPath()
    ! 工业机器人手动示教目标点程序（图 5-34），该程序仅用于手动调试时使用
```

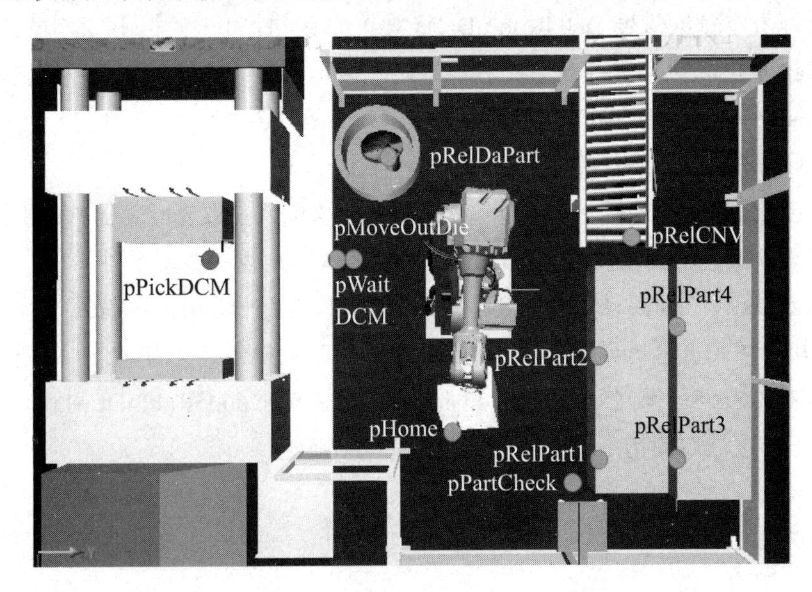

图 5-34

```
    MoveJ pWaitDCM,v10,fine,tGripper\WObj:=wobjDCM;
    ! 工业机器人在压铸机外的等待点
    MoveJ pPickDCM, v10,fine,tGripper\WObj:=wobjDCM;
    ! 工业机器人抓取产品点
    MoveJ pHome, v10,fine,tGripper\WObj:=wobjDCM;
    ! 工业机器人 Home 点
    MoveJ pPartCheck, v10,fine,tGripper\WObj:=wobjCool;
    ! 工业机器人产品检测目标点
    MoveJ pMoveOutDie, v10,fine,tGripper\WObj:=wobjDCM;
    ! 工业机器人退出压铸机目标点
    MoveJ pRelDaPart, v10,fine,tGripper\WObj:=wobjDCM;
    ! 工业机器人不良品放置
    MoveJ pRelPart1, v10,fine,tGripper\WObj:=wobjCool;
    MoveJ pRelPart2, v10,fine,tGripper\WObj:=wobjCool;
    MoveJ pRelPart3, v10,fine,tGripper\WObj:=wobjCool;
    MoveJ pRelPart4, v10,fine,tGripper\WObj:=wobjCool;
    ! 工业机器人冷却目标点，共 4 个，分布在冷却台上
```

```
        MoveJ pRelCNV, v10,fine,tGripper\WObj:=wobjCool;
        ! 工业机器人放料到输送链目标点
    ENDPROC

    PROC rPowerON()
        !EventRoutine，定义了工业机器人和压铸机工作的互锁区域，当工业机器人 TCP 进入到该区域时，数字输出信号 Do05RobInDCM 被置为 0，此时压铸机不能合模。将此程序关联到系统 PowerOn 的状态，当开启系统总电源时，该程序即被执行一次，互锁区域设定生效。
        PosExtRobSafe1:=[-600,-1300,1450];
        PosExtRobSafe2:=[580,-2700,7];
        ! 工业机器人干涉区域的两个对角点位置，该位置参数只能是在 Wobj0 下的数据（将工业机器人手动模式移动到压铸机互锁区域内进行获取对角点的数据）
        WZBoxDef\Inside,shExtRobSafe,PosExtRobSafe1,PosExtRobSafe2;
        ! 矩形体干涉区域设定指令，Inside 是定义工业机器人 TCP 在进入该区域时生效
        WZDOSet\Stat,wzExtRobSafe\Inside,shExtRobSafe,do05RobInDCM,0;
        ! 干涉区域启动指令，并关联到对应的输出信号
    ENDPROC

    PROC rHome()
         ! 工业机器人回 Home 点程序
        MoveJ pHome, vFast, fine, tGripper\WObj:=wobjDCM;
         ! 工业机器人运行到 Home 点，只有一条运动指令，转弯区选择 fine
    ENDPROC

    PROC rGripperOpen()
         ! 打开夹爪例行程序
        Reset do03GripperOFF;
        Set do02GripperON;
        WaitTime 0.3;
    ENDPROC

    PROC rGripperClose()
         ! 关闭夹爪例行程序
        Set do03GripperOFF;
        Reset do02GripperON;
        WaitTime 0.3;
    ENDPROC
```

任务5-8 示教目标点和仿真运行

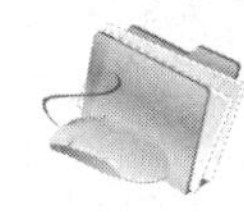

工作任务

1．掌握示教目标点的操作。

2．掌握仿真运行的操作。

实践操作

5-8-1 示教目标点

在本工作站中，需要示教11个目标点，如图5-35～图5-45所示。

1）工业机器人在压铸机外的等待点pWaitDCM如图5-35所示。

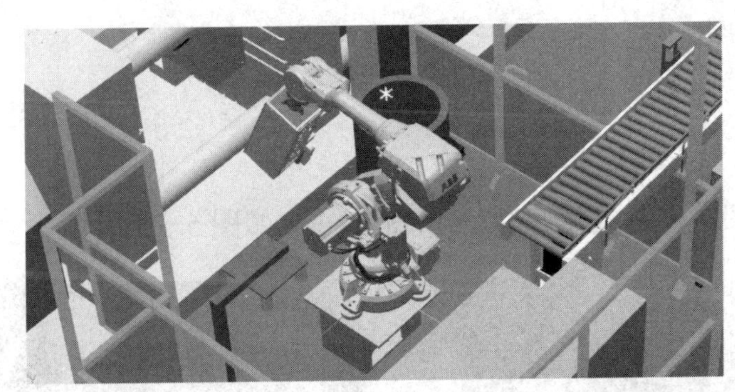

图 5-35

2）工业机器人抓取产品点pPickDCM如图5-36所示。

图 5-36

3）工业机器人 Home 点 pHome 如图 5-37 所示。

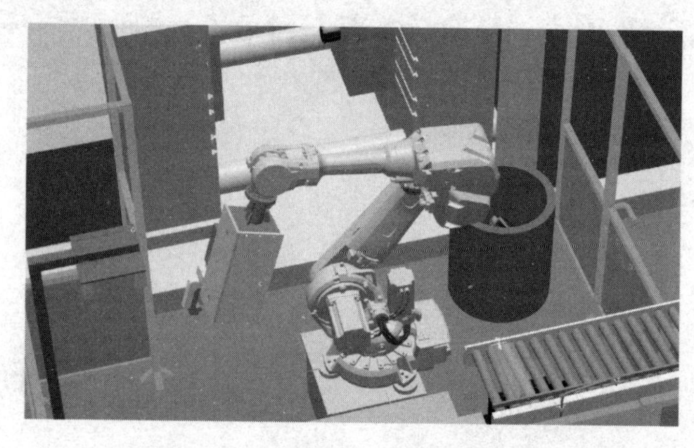

图 5-37

通常来说，Home 点设定在离工业机器人工作区域较远的地方，工业机器人的各轴角度大概为：

Axis1：-10° ～ 10° 。

Axis2：-30° ～ -40° 。

Aixs3：5° ～ 15° 。

Axis4：0。

Axis5：25° ～ 35° 。

Axis6：0。

4）工业机器人产品检测目标点 pPartCheck 如图 5-38 所示。

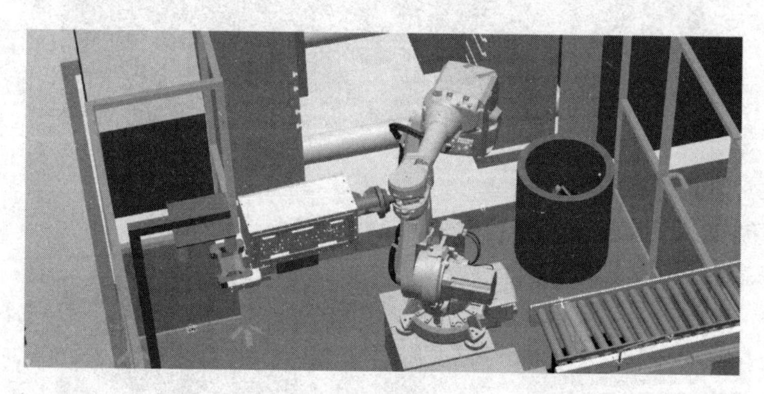

图 5-38

5）工业机器人退出压铸机目标点 pMoveOutDie 如图 5-39 所示。

6）工业机器人不良品放置点 pRelDaPart 如图 5-40 所示。

7）工业机器人冷却目标点 1 pRelPart1 如图 5-41 所示。

8）工业机器人冷却目标点 2 pRelPart2 如图 5-42 所示。

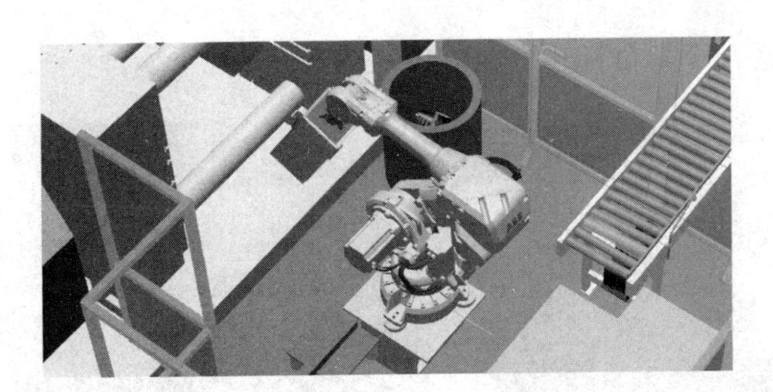

图　5-39

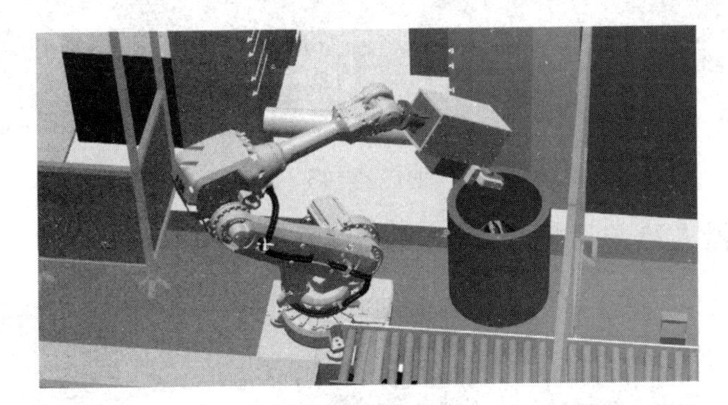

图　5-40

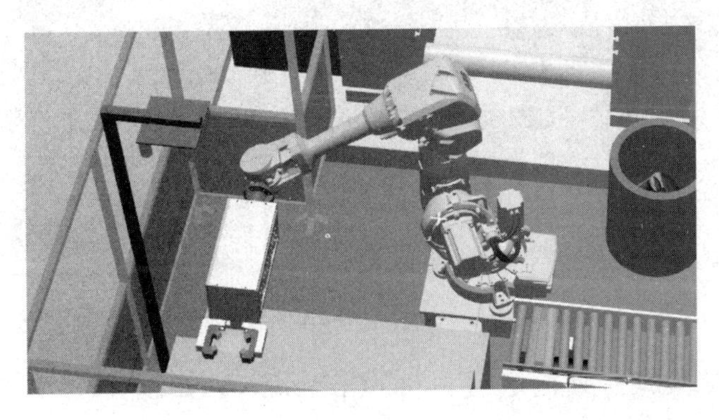

图　5-41

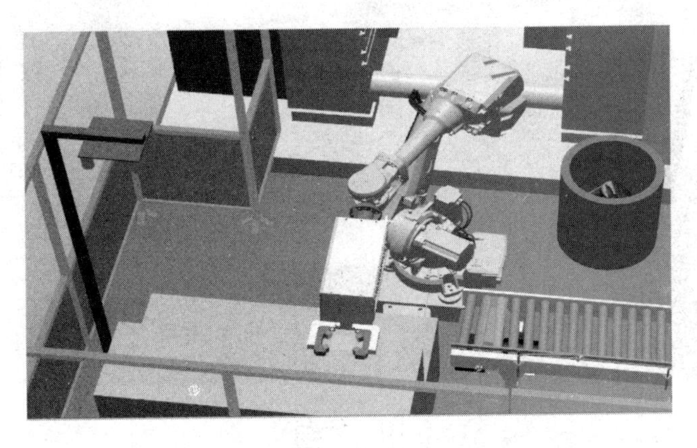

图　5-42

9）工业机器人冷却目标点 3 pRelPart3 如图 5-43 所示。

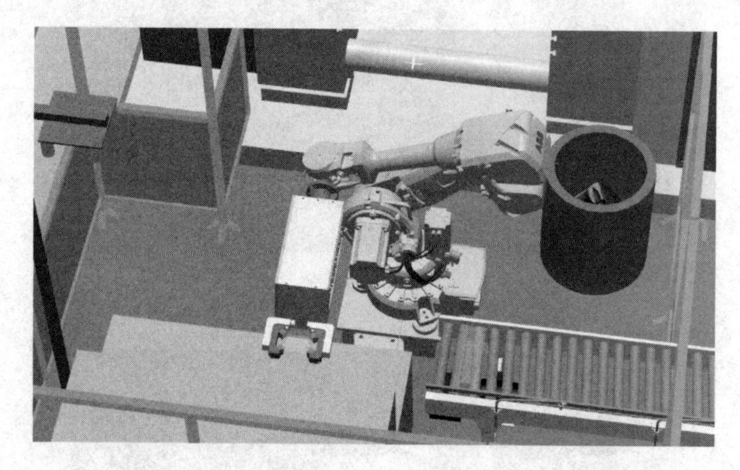

图　5-43

10）工业机器人冷却目标点 4 pRelPart4 如图 5-44 所示。

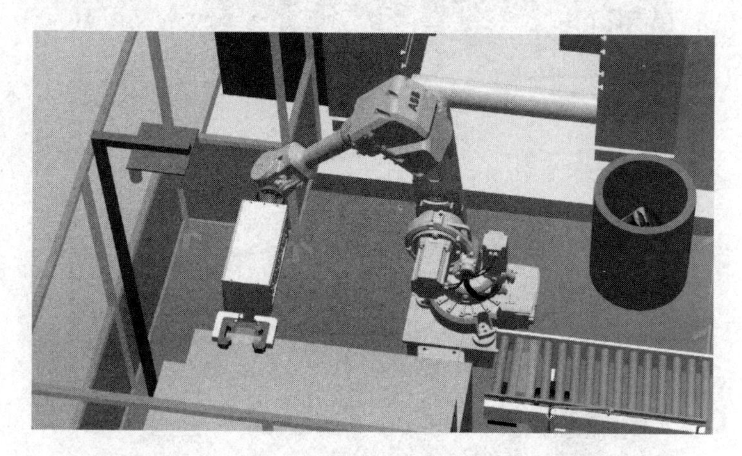

图　5-44

11）工业机器人放料到输送链目标点 pRelCNV 如图 5-45 所示。

图　5-45

5-8-2 仿真运行

在 RAPID 程序模板中包含一个专门用于手动示教目标点的子程序 rTeachPath。仿真运行具体操作步骤如图 5-46 ～图 5-50 所示。

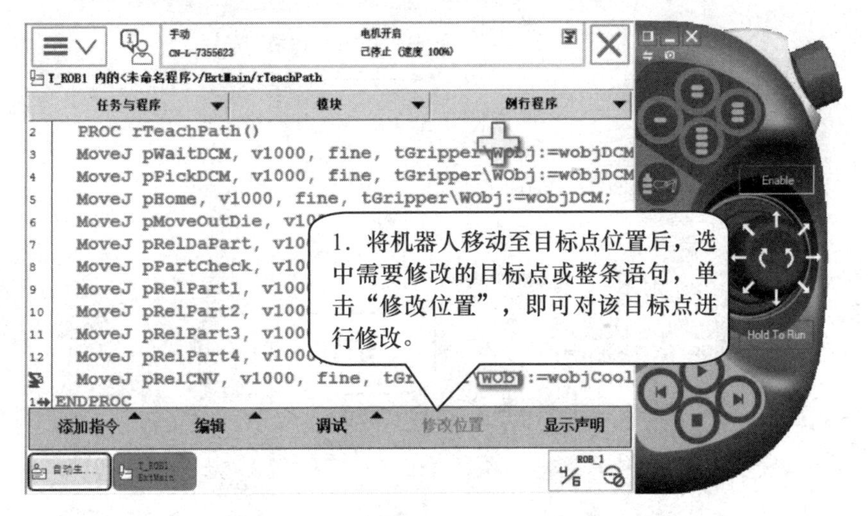

图　5-46

示教目标点完成之后，在“仿真”菜单中单击“I/O 仿真器”，如图 5-47 所示。

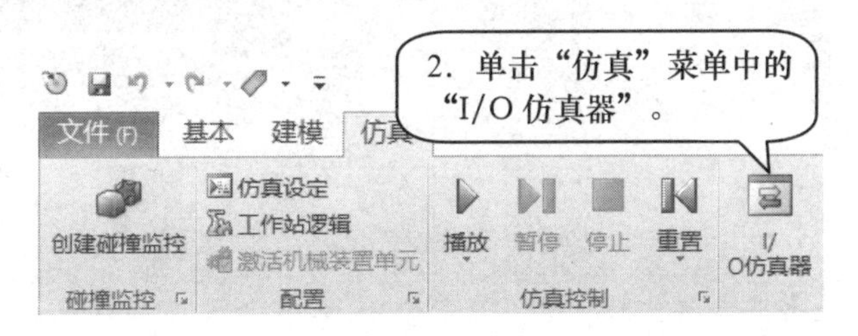

图　5-47

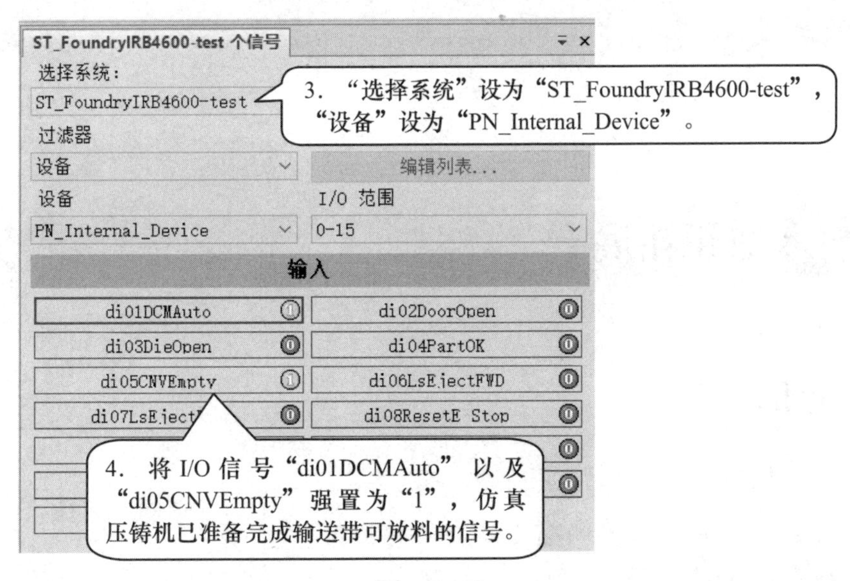

图　5-48

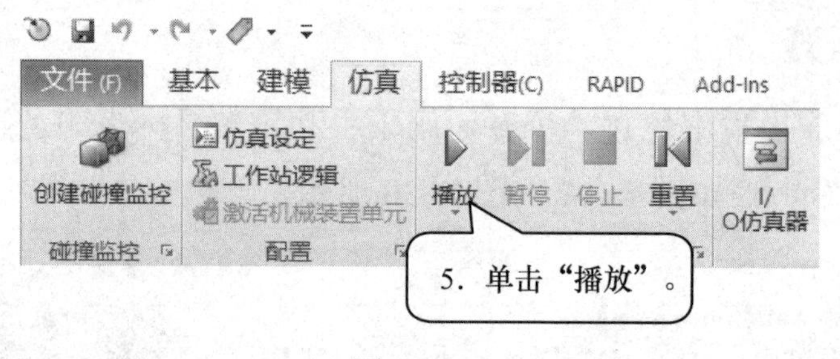

图　5-49

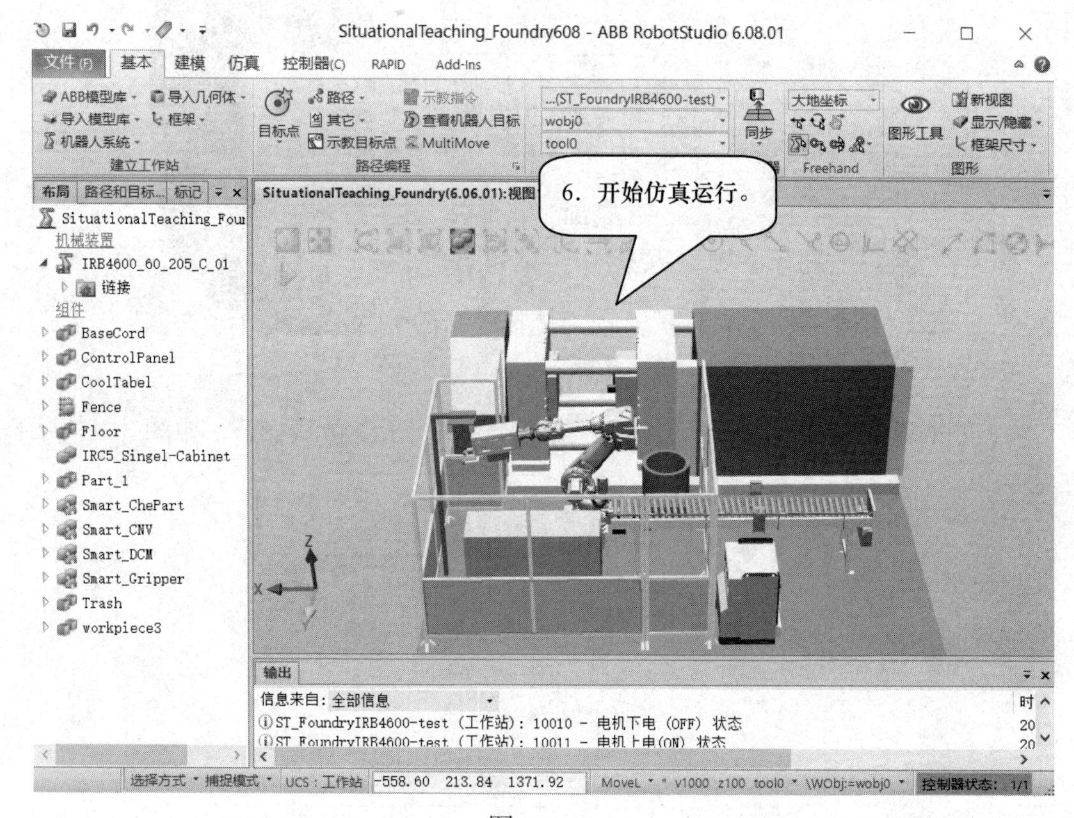

图　5-50

任务 5-9　知识拓展

工作任务

1．了解圆柱体区域检测设定指令。

2．了解激活临时区域检测指令。

3．了解失效指令。

5-9-1 WZCylDef：圆柱体区域检测设定指令

WZCylDef 是选项 World Zones 附带的应用指令，用以在大地坐标系下设定圆柱体的区域检测，设定时需要定义该虚拟矩形体的底面圆心、圆柱体高度、圆柱体半径三个参数，如图 5-51 所示。

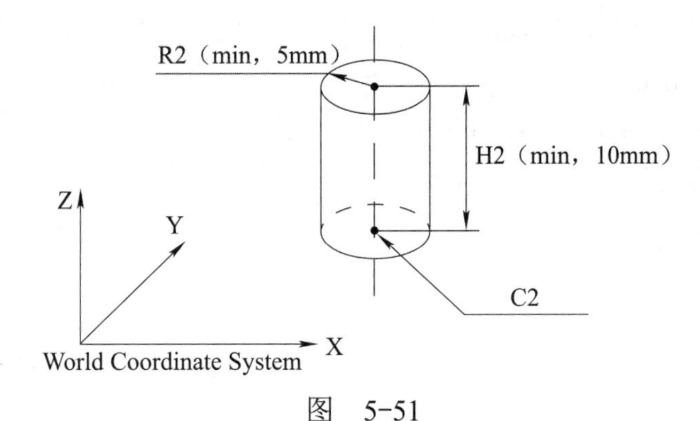

图 5-51

指令示例如下：

```
VAR shapedata volume;
CONST pos C2:=[300, 200, 200];
CONST num R2:=100;
CONST num H2:=200;
⋮
WZCylDef \Inside, volume, C2, R2, H2;
```

指令变量名称及说明见表 5-15。

表 5-15

指令变量名称	说　明
[\Inside]	矩形体内部值有效
[\Outside]	矩形体外部值有效，二者必选其一
Shape	形状参数
CenterPoint	底面圆心位置
Radius	圆柱体半径
Height	圆柱体高度

5-9-2 WZEnable：激活临时区域检测指令

WZEnable 指令是选项 World Zones 附带的应用指令，用以激活临时区域检测。

指令示例：

```
VAR wztemporary wzone;
⋮
PROC…
    WZLimSup \Temp, wzone, volume;
    MoveL p_pick, v500, z40, tool1;
    WZDisable wzone;
    MoveL p_place, v200, z30, tool1;
    WZEnable wzone;
    MoveL p_home, v200, z30, tool1;
ENDPROC
```

注意

只有临时区域检测才能使用 WZEnable 指令激活。

5-9-3 WZDisable：失效指令

WZDisable 指令是选项 World Zones 附带的应用指令，用以使临时安全区域失效。

指令示例：

```
VAR wztemporary wzone;
⋮
PROC…
    WZLimSup \Temp, wzone, volume;
    MoveL p_pick, v500, z40, tool1;
    WZDisable wzone;
    MoveL p_place, v200, z30, tool1;
ENDPROC
```

注意

只有临时安全区域才能使用 WZDisable 指令失效。

学习检测

技能自我学习检测评分表见表 5-16。

表　5-16

项　目	技术要求	分　值	评分细则	评分记录	备　注
练习压铸常用 I/O 配置	能够正确配置常用的 I/O 信号和系统输入输出	20	1. 理解流程 2. 操作流程		
练习并总结安全互锁程序的设定	能够正确设定安全互锁程序并进行总结	20	1. 理解流程 2. 操作流程		
练习准确示教目标点	能够正确示教规定的目标点	20	1. 理解流程 2. 操作流程		
尝试压铸程序编写	能够在程序模板的基础上实现功能的修改	20	1. 理解流程 2. 操作流程		
总结压铸程序的流程结构	能够用文字进行归纳总结	20	1. 理解流程 2. 熟练操作		

项目 6　工业机器人典型应用——视觉拾取

教学目标

1．了解工业机器人视觉拾取工作站的工作任务。

2．了解 SCARA 机器人 IRB 910SC 的特点。

3．了解视觉常用软件选项 PC_InterFace。

4．学会视觉套接字通信原理及相关指令应用。

5．学会视觉常用字符串处理功能函数。

6．学会配置常用 I/O 与程序数据创建。

7．学会目标点示教。

8．学会视觉拾取程序编写与调试。

任务 6-1　了解工业机器人视觉拾取工作站工作任务

本工作站（图 6-1）以视觉识别圆形小铸件由工业机器人进行拾料为例，通过视觉识别料盒中小铸件的位置，使用 IRB 910SC 工业机器人在工作台上的料盒中拾取小铸件，然后放置筒盒中。本工作站中已经设定虚拟拾取放料相关的动作效果，以调试助手模拟上位机触发相机拍照和接收数据，并发送给工业机器人的方式，读者只需在此工作站中依次完成 I/O 配置、程序数据创建、目标点示教、程序编写，并通过调试助手与工业机器人进行收发调试，即可完成整个视觉拾取工作站的任务。通过本任务的学习，读者可以熟悉工业机器人与视觉通信应用，学会工业机器人视觉通信代码的编写技巧。

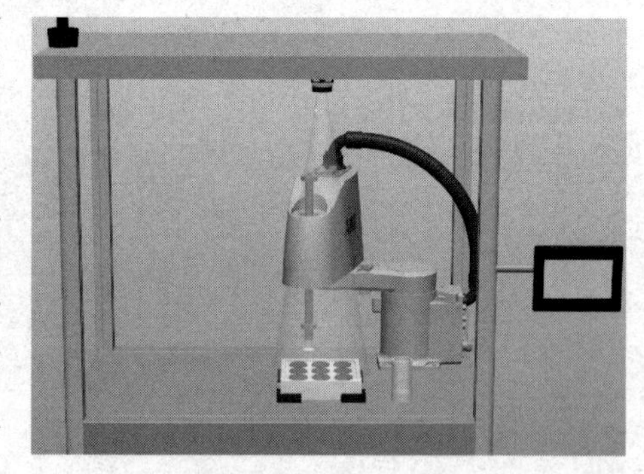

图　6-1

任务 6-2　学习视觉拾取工作站的技术准备

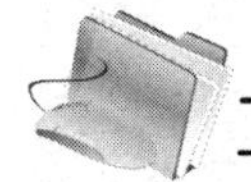

工作任务

1．了解 IRB 910SC 工业机器人。

2．了解软件选项 PC_InterFace 功能。

3．了解常用的 Socket Message 指令。

4．了解字符串处理的相关功能函数。

实践操作

6-2-1　IRB 910SC 工业机器人

IRB 910SC（图 6-2）是一款运行速度快、精准度高的四轴 SCARA 工业机器人，适用于各种通用应用。在小件装配、物料搬运和零件检测等需要快速、重复、精准连贯点位动作的场景中有着十分突出的优势。

ABB SCARA 系列产品采用台面安装，所有型号均为模块化设计，通过配置不同长度的连杆臂，有三种不同配置，工作范围分别为 450mm、550mm 和 650mm，最大负载能力可达 6kg，并有 0.01mm 的重复定位精度，如图 6-3 所示。

图　6-2

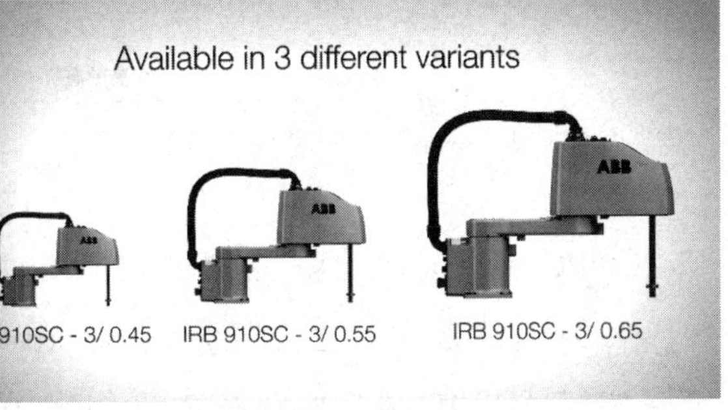

图　6-3

本工作站采用 IRB 910SC 对工件进行快速定位拾取，能满足对高节拍、高精度、高稳定性的要求。

6-2-2 PC_InterFace 选项功能

PC_InterFace 的作用是实现工业机器人控制器与 PC 之间的通信，有了 PC_Interface，用户可以在 PC 上使用 Socket Message（套接字通信）的方式向所连接的控制器发送和接收数据。

（1）硬件连接方式　使用网线连接。

具体连接方法：

1）连接网线：将网线的一端连接到控制柜主计算机单元上的 Service/LAN3/WAN 端口，另外一端连接计算机网口。

2）IP 设置：如果通过 Service 服务端口（IP 为 192.168.125.1）进行连接，那么可以不用 PC_InterFace 选项功能，直接进行数据通信，但 IP 地址固定，无法修改，而利用 LAN3 口或者 WAN 口，都可自行定义或修改 IP，方便接入局域网进行使用。控制器设置 IP 的具体步骤如下：

① 在“主菜单”—“控制面板”—“控制器设置”中设置网络 IP，如图 6-4 所示。

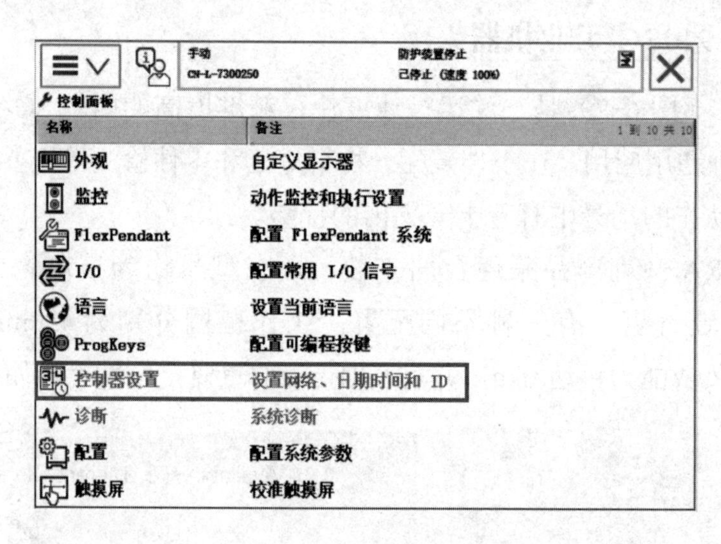

图　6-4

② PC 端只需自动获取 IP 或定义 IP 为与控制器同一网段即可。

（2）软件方面　通信时采用 Socket Message 方法。Socket Message 的作用是允许通过 TCP/IP 网络协议在各计算机或者控制器之间传输数据。图 6-5 显示了 Socket Message 通信过程中的流程：

1）在客户端和服务器上分别创建一个套接字。工业机器人控制器可以是客户端，也可以是服务器。

2）在相关服务器上使用 SocketBind 和 SocketListen，使其对连接请求做好准备。

3）命令相关服务器接受外来的套接字连接请求。

4）从相关客户端提出套接字连接请求。

5）在客户端与服务器之间发送和接收数据。

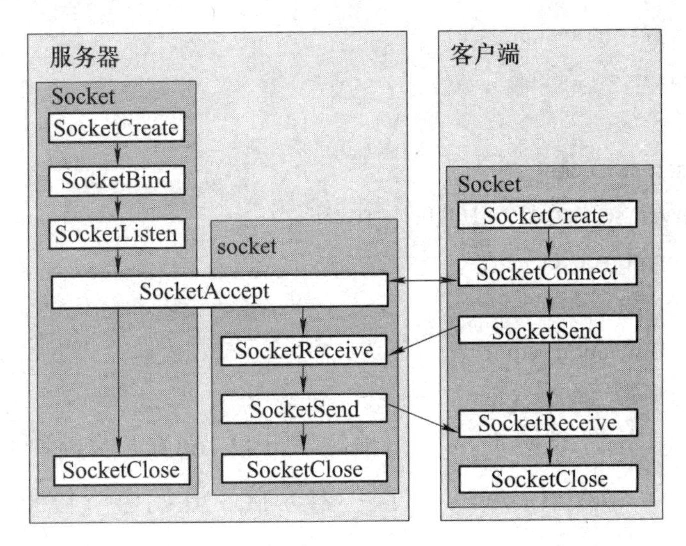

图　6-5

6-2-3 常用的 Socket Message 指令

指令 1：SocketCreate

作用：创建新的套接字

例子：

```
VAR socketdev socket1;
 ⋮
SocketCreate socket1;
```

解析：创建新的套接字，并分配到变量 socket1。

指令 2：SocketBind

作用：将套接字与指定服务器 IP 地址和端口号绑定。SocketBind 仅可用于服务器端。

例子：

```
VAR socketdev server_socket;
SocketCreate server_socket;
SocketBind server_socket, "192.168.0.1", 1025;
```

解析：创建服务器套接字，并与地址为 192.168.0.1 的控制器网络上的端口

1025 绑定。

指令 3：SocketListen

作用：用于开始监听输入连接。SocketListen 仅可用于服务器端。

例子：

```
VAR socketdev server_socket;
VAR socketdev client_socket;
 ⋮
SocketCreate server_socket;
SocketBind server_socket, "192.168.0.1", 1025;
SocketListen server_socket;
WHILE listening DO;
! Waiting for a connection request
SocketAccept server_socket, client_socket;
```

解析：创建服务器套接字，并与地址为 192.168.0.1 的控制器网络上的端口 1025 绑定。在执行 SocketListen 后，服务器套接字开始监听位于该端口和地址上的输入连接。

指令 4：SocketAccept

作用：用于接受输入连接请求。SocketAccept 仅可用于服务器端。

例子：

```
VAR socketdev server_socket;
VAR socketdev client_socket;
 ⋮
SocketCreate server_socket;
SocketBind server_socket,"192.168.0.1", 1025;
SocketListen server_socket;
SocketAccept server_socket, client_socket;
```

解析：创建服务器套接字，并绑定至地址为 192.168.0.1 的控制器网络上的端口 1025。在执行 SocketListen 后，服务器套接字开始监听位于该端口和地址上的输入连接。SocketAccept 等待所有输入连接，接受连接请求，并返回已建立连接的客户端套接字。

指令 5：SocketConnect

作用：用于将套接字与服务器端相连。

例子：

```
SocketConnect socket1, "192.168.0.1", 1025;
```

解析：与 IP 地址 192.168.0.1 和端口 1025 处的服务器端相连。

指令 6：SocketSend

作用：用于向客户端或服务器端发送数据。

例子：

```
SocketSend socket1 \Str := "Hello world";
```

解析：将消息“Hello world”发送给客户端或服务器端。

指令 7：SocketReceive

作用：用于从客户端或服务器端接收数据。

例子：

```
VAR string str_data;
 ⋮
SocketReceive socket1 \Str := str_data;
```

解析：从客户端或服务器端接收数据，并将其储存在字符串变量 str_data 中。

指令 8：SocketClose

作用：关闭套接字。当不再使用套接字连接时使用，在已经关闭套接字之后，不能将其用于除 SocketCreate 以外的所有套接字调用。

例子：

```
SocketClose socket1;
```

解析：关闭套接字，且不能再进行使用。

6-2-4 了解字符串处理的相关功能函数

在 ABB 的 RAPID 中，为了方便，通常会将常用并能实现特定功能的代码进行封装使用，称之为功能函数（Function），系统已经定义了大量常用的功能函数，也可以自行定义。

功能函数 1：StrLen

作用：获取字符串长度。

举例：

```
VAR num len;
len := StrLen("Robotics");
```

解析：len 被赋值为 8。

功能函数 2：StrFind

作用：从字符串的指定位置查找，属于后续字符列表。

举例：

```
VAR num found;
found := StrFind("Robotics",1,"aeiou");
```

解析：found 被赋值为 2。

功能函数 3：StrMatch

作用：从字符串指定位置开始查找，与后续字符相匹配。

举例：

```
VAR num found;
found := StrMatch("Robotics",1,"b");
```

解析：found 被赋值为 3。

功能函数 4：StrMemb

作用：字符串指定位置的字符，是否属于后续字符列表。

举例：

```
VAR bool memb;
memb := StrMemb("Robotics",2,"aeiou");
```

解析：memb 被赋值为 TRUE。

功能函数 5：StrPart

作用：指定位置开始截取指定长度字符串。

举例：

```
VAR string part;
part := StrPart("Robotics",1,5);
```

解析：part 赋值为“Robot”。

功能函数 6：NumToStr

作用：将数值转换为字符串，并指定保留小数位数，四舍五入。

举例：

```
VAR string str1;
str1 := NumToStr(0.38521,3);
```

解析：str1 被赋值为“0.385”。

功能函数 7：StrToVal

作用：将字符串转换成数值。

举例：

```
VAR bool ok;
```

```
VAR num reg1;
ok := StrToVal("3.85",reg1);
```

解析：reg1 被赋值为 3.85

功能函数 8：ValToStr

作用：将数据转换为字符串。

举例：

```
VAR string str1;
VAR pos pos1 := [100,200,300];
str1 := ValToStr(pos1);
```

解析：str1 赋值为 [100,200,300]。

任务 6-3　视觉拾取工作站解包和工业机器人重置系统

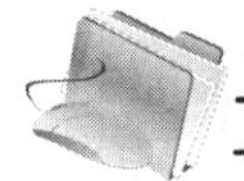

工作任务

1．对视觉拾取工作站进行解包。

2．对工业机器人进行重置系统。

实践操作

6-3-1　工作站解包

工作站解包的操作步骤如图 6-6 ～图 6-13。

图　6-6

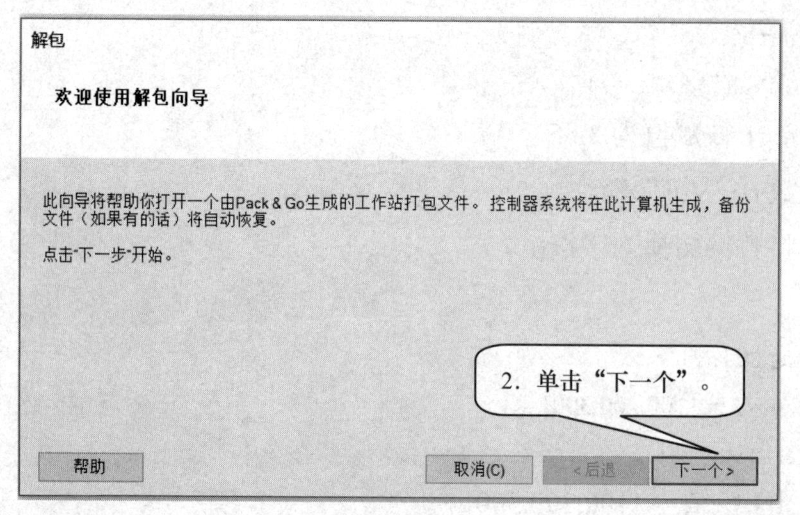

解包
欢迎使用解包向导
此向导将帮助你打开一个由Pack & Go生成的工作站打包文件。控制器系统将在此计算机生成，备份文件（如果有的话）将自动恢复。
点击"下一步"开始。
2. 单击"下一个"。
帮助
取消(C)
< 后退
下一个 >

图　6-7

解包
选择打包文件
选择要解包的Pack&Go文件
C:\Users\CNJIWU13\Desktop\SituationalTeaching_Vision608.rspag
浏览...
目标文件夹：
C:\Users\CNJIWU13\Documents\RobotStudio\Solutions\SituationalTeaching_Vision608
浏览...
解包到解决方案
请确保 Pack & Go 来自可靠来源
3. 一般不改变默认设置，单击"下一个"。
帮助
取消(C)
< 后退
下一个 >

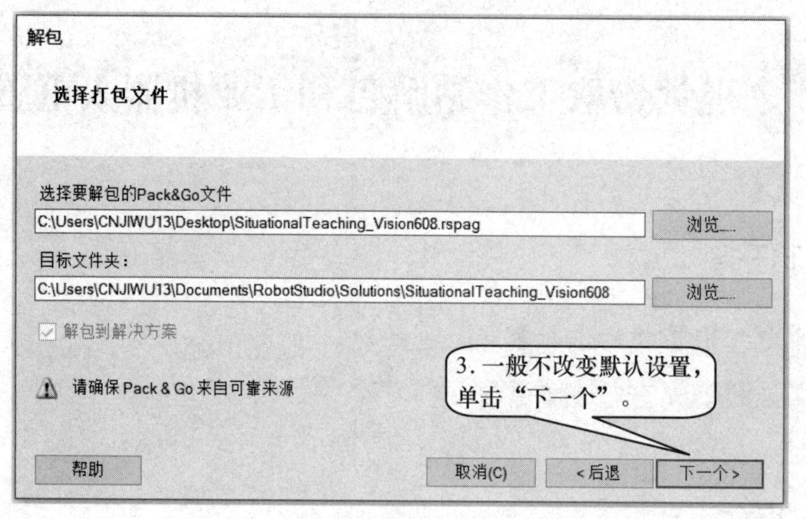

图　6-8

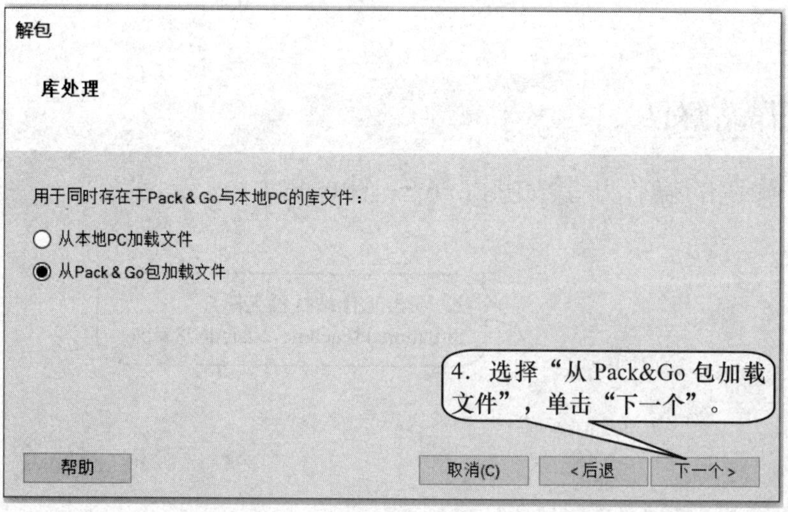

解包
库处理
用于同时存在于Pack & Go与本地PC的库文件：
从本地PC加载文件
从Pack & Go包加载文件
4. 选择"从 Pack&Go 包加载文件"，单击"下一个"。
帮助
取消(C)
< 后退
下一个 >

图　6-9

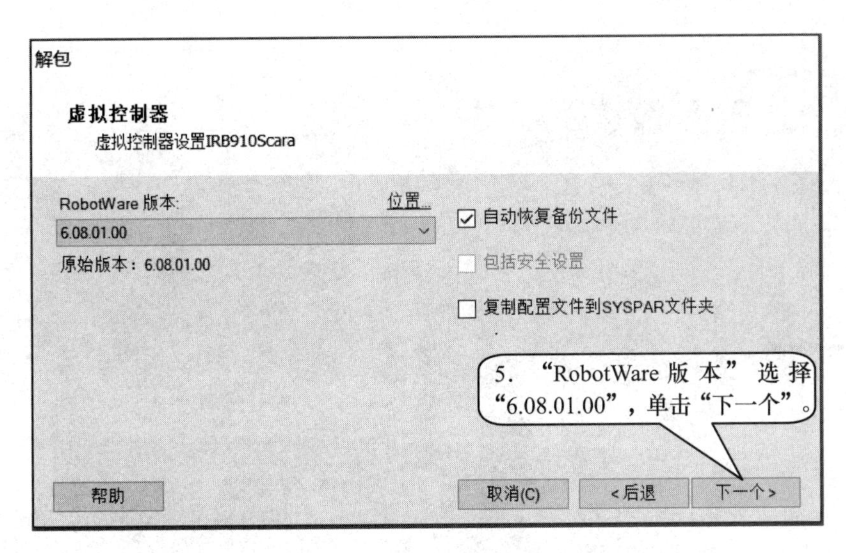

图　6-10

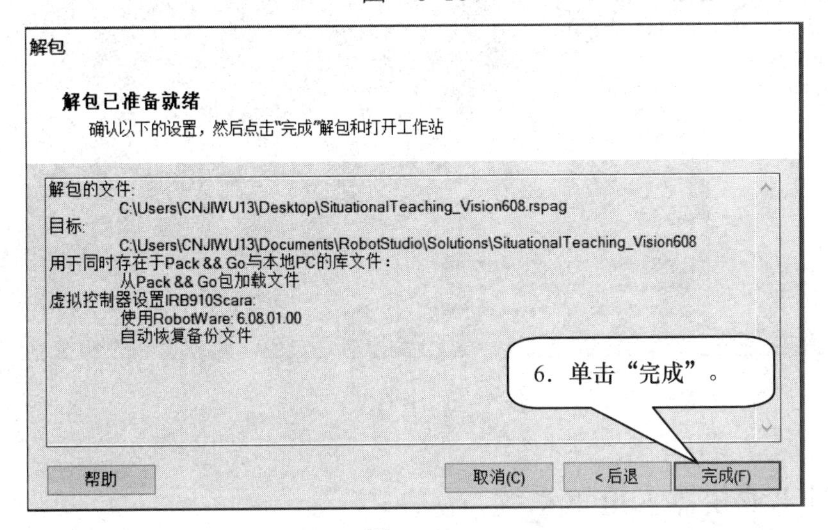

图　6-11

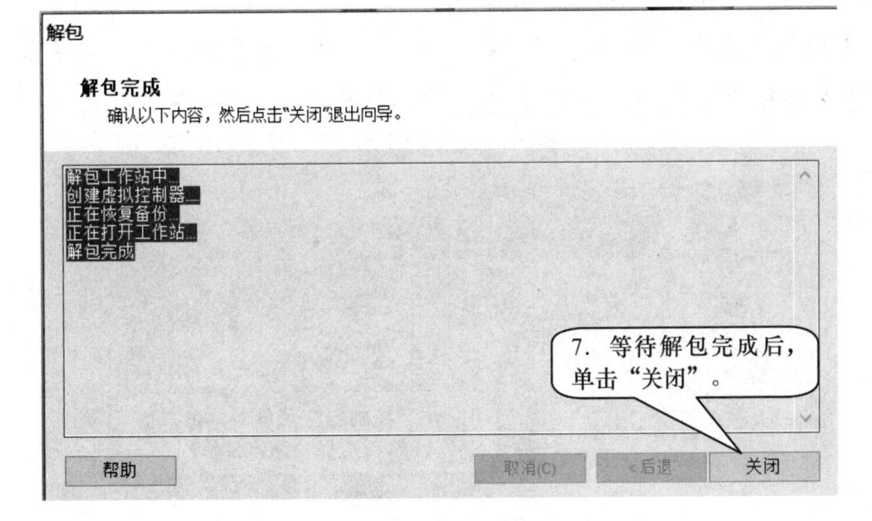

图　6-12

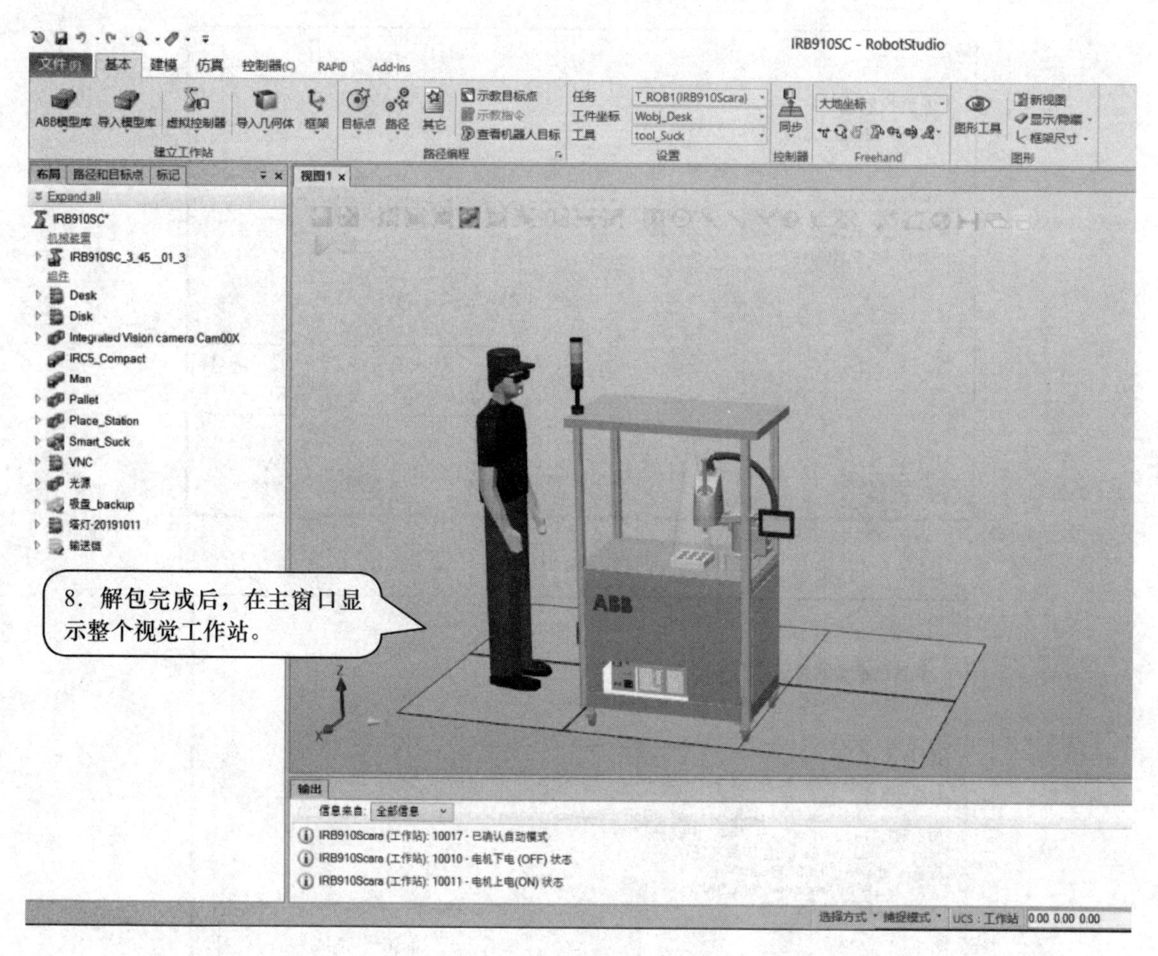

图 6-13

6-3-2 对工业机器人重置系统

现有解包打开的工作站中已包含创建好的参数以及RAPID程序。从零开始练习建立工作站的配置工作，需要先将此系统做一备份，之后执行“重置系统”的操作将工业机器人系统恢复到出厂初始状态。具体操作步骤如图6-14～图6-17所示。

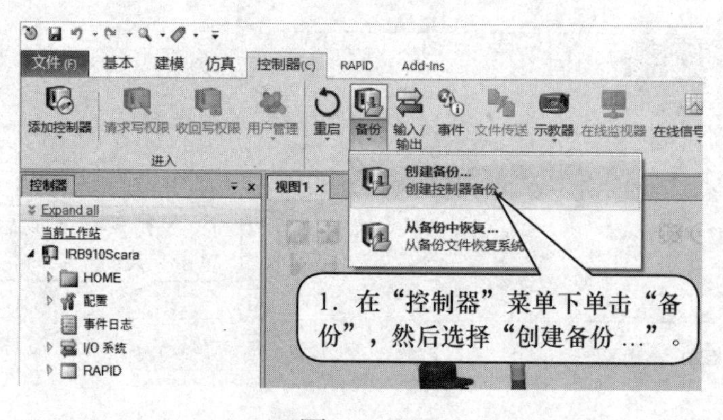

图 6-14

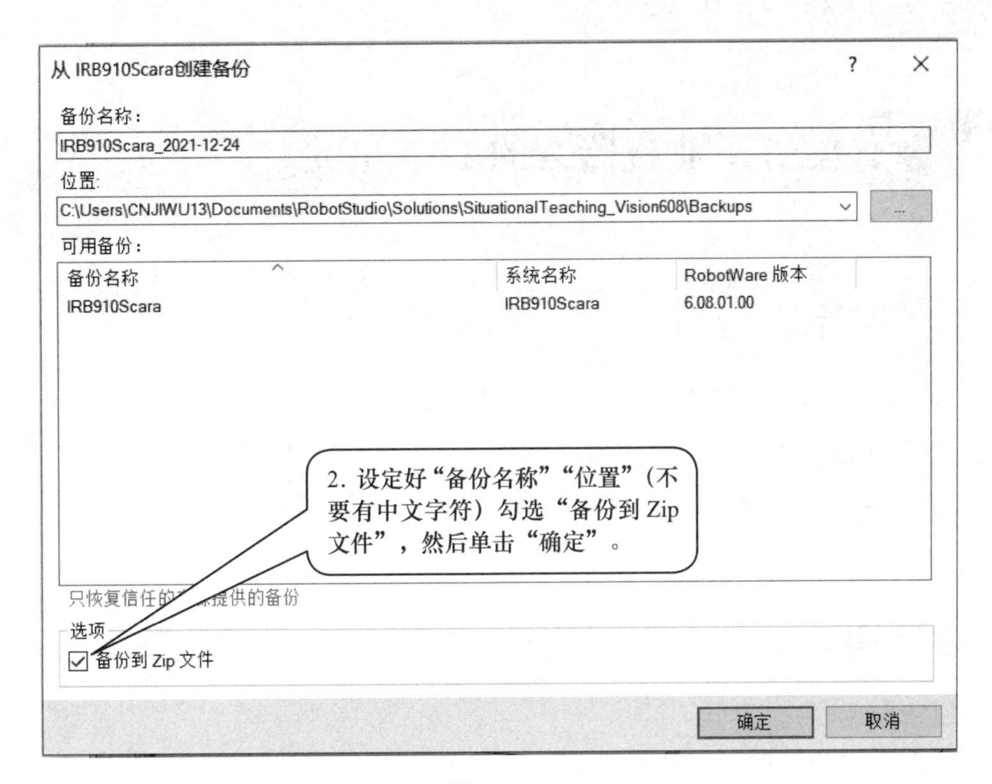

图　6-15

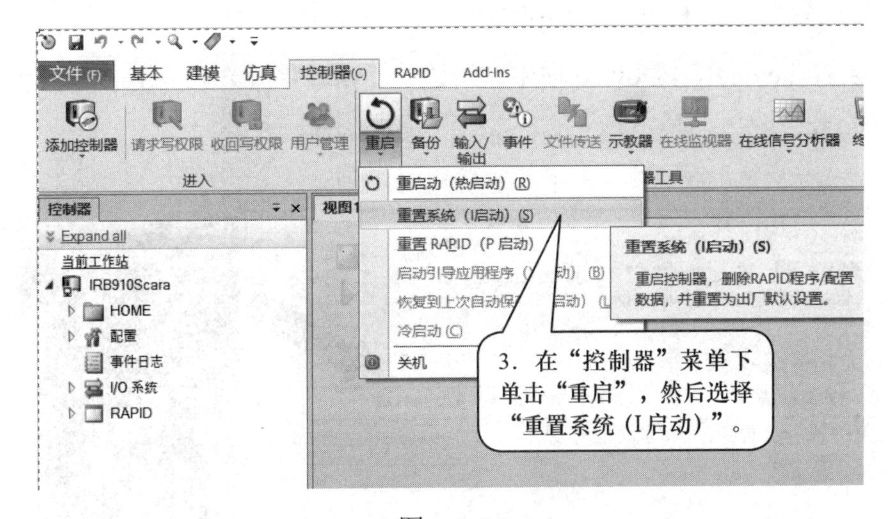

图　6-16

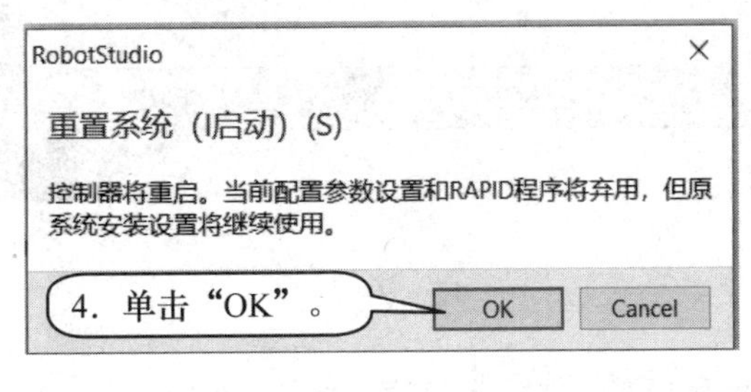

图　6-17

任务 6-4 配置工业机器人的 I/O 单元

工作任务

1．配置 I/O 单元 DSQC 652。

2．配置 I/O 信号。

3．配置系统输入输出信号。

实践操作

6-4-1 配置 I/O 单元 DSQC 652

在虚拟示教器中，根据以下的步骤配置 I/O 单元。

1）在配置 DeviceNet Device 项中，新建一个 I/O 单元，在“使用来自模板的值”中选择“DSQC 652 24 VDC I/O Device”，如图 6-18 所示。

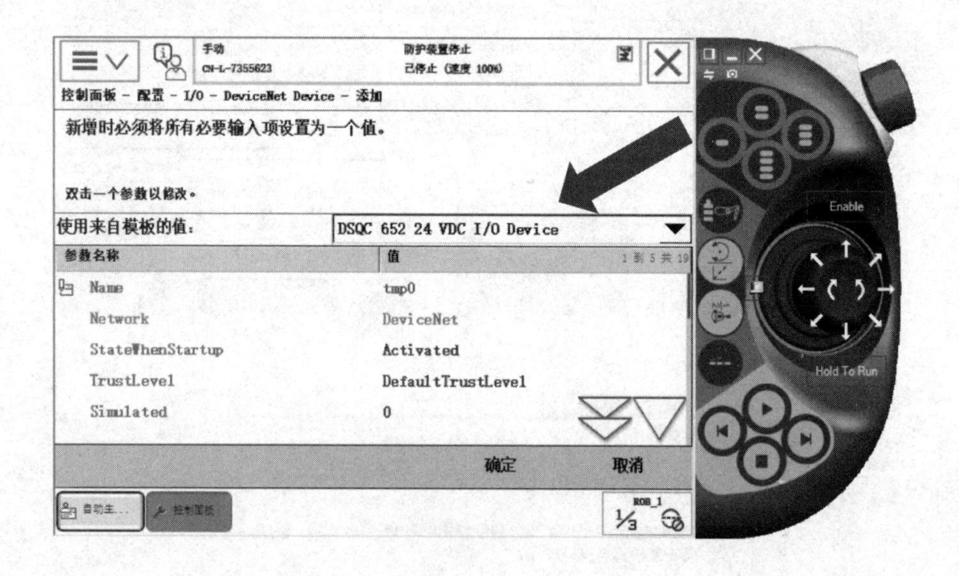

图　6-18

2）根据表 6-1 所示的参数设定 I/O 单元的配置。

表　6-1

参数名称	值
Name	Board10
Address	10

6-4-2 配置用于工作站的 I/O 信号

在本工作站仿真环境中，动画效果均由 Smart 组件创建，Smart 组件的动画效果通过其自身的输入输出信号与工业机器人的 I/O 信号相关联，最终实现工作站动画效果与工业机器人程序的同步。在创建这些信号时，需要严格按照表 6-2 中的名称一一进行创建。

表　6-2

Name	Type of signal	Assigned to Device	Device Mapping	I/O 信号说明
di01_SuckOK	Digital Input	Board10	1	真空反馈信号
di02_MotorOn	Digital Input	Board10	2	电动机上电（系统输入）
di03_Start	Digital Input	Board10	3	程序开始执行（系统输入）
di04_Stop	Digital Input	Board10	4	程序停止执行（系统输入）
di05_StartAtMain	Digital Input	Board10	5	从主程序开始执行（系统输入）
di06_EstopReset	Digital Input	Board10	6	急停复位（系统输入）
do01_Suck	Digital Output	Board10	1	吸盘动作信号
do02_AutoOn	Digital Output	Board10	2	自动运行状态（系统输出）
do03_Estop	Digital Output	Board10	3	急停状态（系统输出）
do04_CycleOn	Digital Output	Board10	4	程序正在运行（系统输出）
do05_Error	Digital Output	Board10	5	程序报错（系统输出）

6-4-3 配置系统 I/O 信号

在虚拟示教器中，根据表 6-3 所示的参数配置系统 I/O 信号。

表　6–3

Type	Signal name	Action/Status	Argument	说　明
System Input	di02_MotorOn	Motors On		电动机上电
System Input	di03_Start	Start	Continuous	程序开始执行
System Input	di04_Stop	Stop		程序停止执行
System Input	Di05_StartAtMain	Start at Main	Continuous	从主程序开始执行
System Input	Di06_EstopReset	Reset Emergency Stop		急停复位
System Output	do02_AutoOn	Auto On		自动状态输出
System Output	do03_Estop	Emergency Stop		急停状态
System Output	do04_CycleOn	Cycle On		程序正在运行
System Output	do05_Error	Execution Error	T_ROB1	程序报错

任务 6–5　设置工业机器人必要的程序数据

工作任务

1. 创建工具数据。
2. 创建工件坐标系数据。
3. 创建载荷数据。

实践操作

注意

关于程序数据声明可参考由机械工业出版社出版的《工业机器人实操与应用技巧　第 2 版》（ISBN 978-7-111-57493-4）中对应的相关内容。并且在加载程序模板之前仍需要执行删除这些数据，以防止发生数据冲突。

6–5–1　创建工具数据

创建工具数据详细内容可以参考机械工业出版社出版的《工业机器人实操与应用技巧　第 2 版》（ISBN 978-7-111-57493-4）书中或登录腾讯课堂 https://jqr.ke.qq.com 网上教学视频中关于创建工具数据的说明。

在虚拟示教器中，根据表 6-4 所示的参数设定工具数据 Tool_Suck。示例如图 6-19 所示。

表 6-4

参数名称	参数数值
robothold	TRUE
trans	
X	0
Y	0
Z	24.6
rot	
q1	1
q2	0
q3	0
q4	0
mass	0.5
cog	
X	0
Y	0
Z	12
其余参数均为默认值	

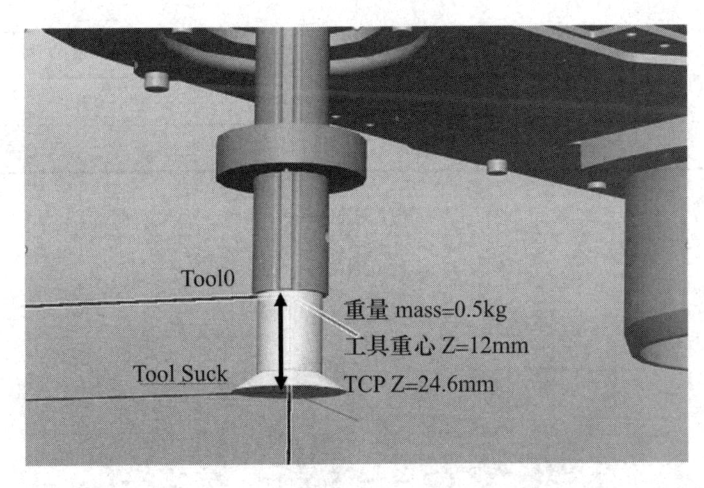

图 6-19

6-5-2 创建工件坐标系数据

本工作站中，工件坐标系均采用用户三点法创建。在虚拟示教器中，托盘工件坐标系 Wobj_Desk 如图 6-20 所示。

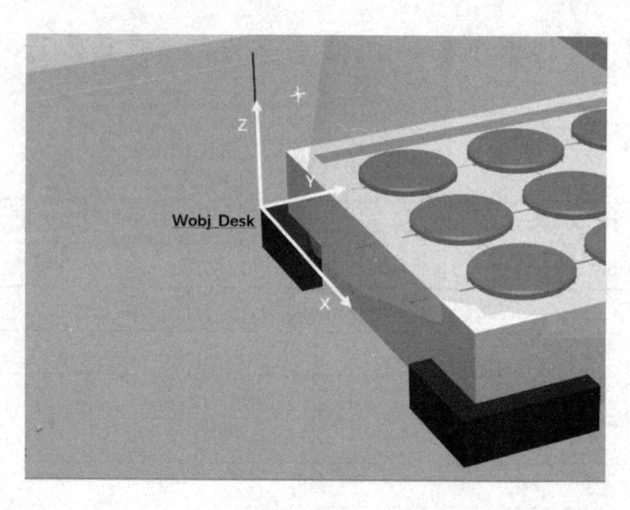

图　6-20

6-5-3 创建载荷数据

在虚拟示教器中，根据表 6-5 所示的参数设定载荷数据 LoadFull。示例如图 6-21 所示。

表　6-5

参数名称	参数数值
mass	0.5
cog	
X	0
Y	0
Z	2.5
其余参数均为默认值	

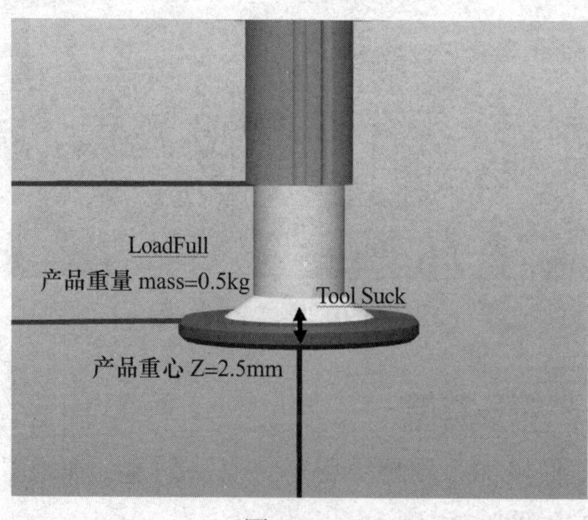

图　6-21

任务 6-6　导入程序模板的模块

工作任务

1．通过虚拟示教器导入程序模板的模块。

2．通过 RobotStudio 导入程序模板的模块。

实践操作

在之前创建的备份文件中包含了本工作站的 RAPID 程序模板。此程序模板已能够实现本工作站工业机器人的完整逻辑及动作控制，只需对程序模块里的几个位置点进行适当的修改，便可正常运行。

注意

若在示教器导入程序模板时，出现报警提示工具数据、工件坐标系数据和有效载荷数据命名不明确，这是因为在上一个任务中，已在示教器中生成了相同名字的程序数据，如图 6-22 所示。要解决这个问题，建议在手动操纵画面将之前设定的程序数据删除后再进行导入程序模板的操作。

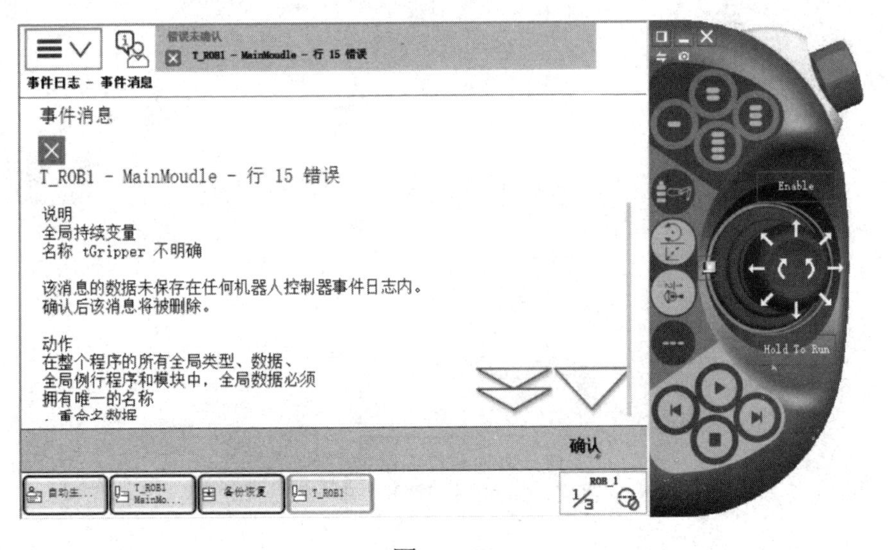

图　6-22

可以通过虚拟示教器导入程序模板的模块，也可以在 RobotStudio 中导入。导入程序模板的模块的操作步骤如图 6-23～图 6-25 所示。

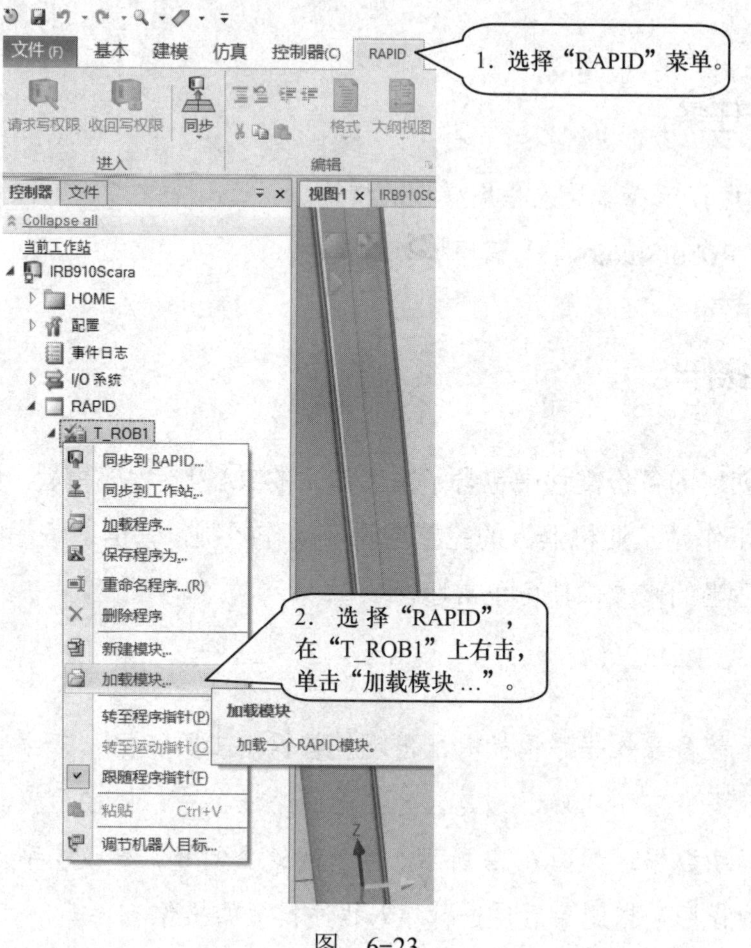

图　6-23

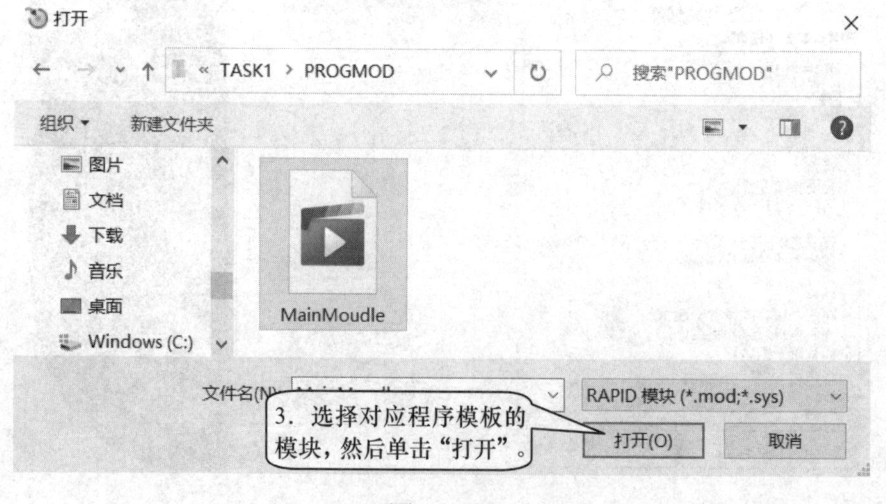

图　6-24

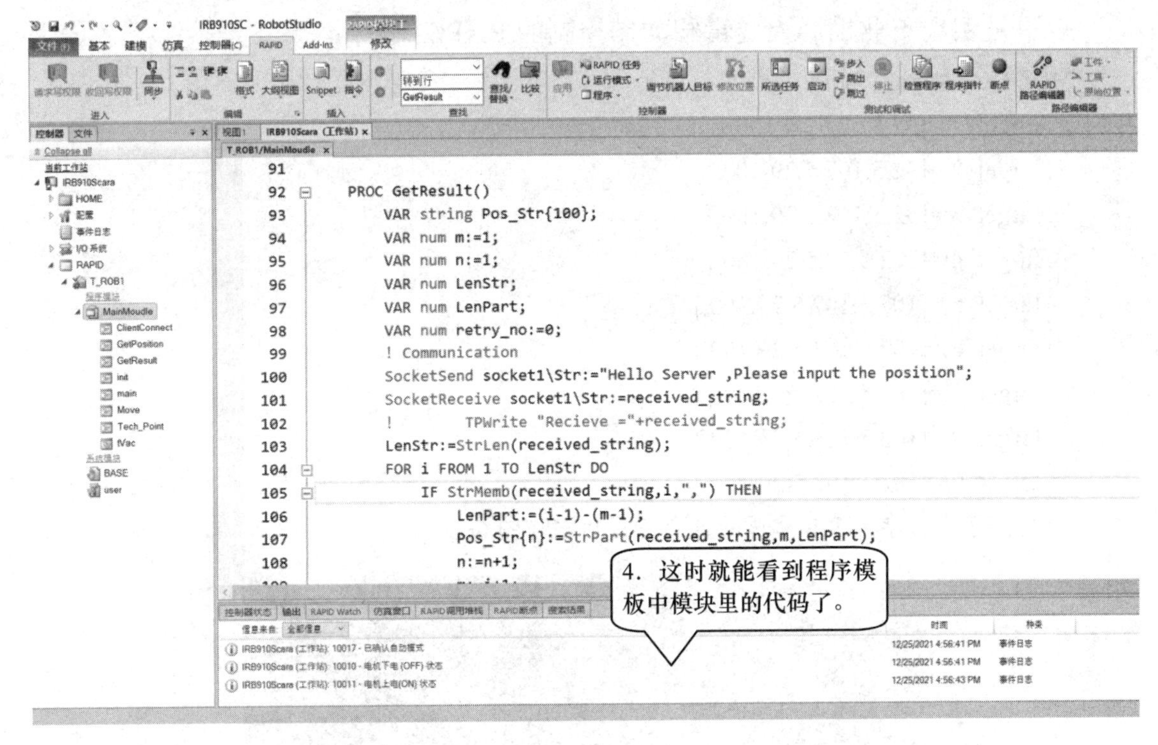

图　6-25

任务 6-7　工作站 RAPID 程序的注解

工作任务

1. 理解程序架构。
2. 读懂程序代码的含义。

实践操作

本工作站要实现的动作是，采用 IRB 910SC 工业机器人，通过视觉拍照，获取托盘料盒上圆形小铸件的位置信息，并按自定义速度执行相应的取料放置筒盒的动作。本工作站由套接字小工具模拟视觉给工业机器人发送位置数据，在熟悉了此 RAPID 程序后，可以根据实际的需要在此程序的基础上做适用性的修改，以满足实际逻辑与动作的控制。

以下是实现工业机器人逻辑和动作控制的 RAPID 程序：

```
MODULE MainMoudle
  !Target_1:=[52.5,52.5,29,100,]
  !Target_2:=[52.5,107.5,29,100,]
  !Target_3:=[52.5,162.5,29,100,]
  !Target_4:=[107.5,52.5,29,100,]
  !Target_5:=[107.5,107.5,29,100,]
  !Target_6:=[107.5,162.5,29,100,]
  !Target_7:=[162.5,52.5,29,100,]
  !Target_8:=[162.5,107.5,29,100,]
  !Target_9:=[162.5,162.5,29,100,]
  ! 可用于套接字小工具测试的各个位置数据（图 6-26）
```

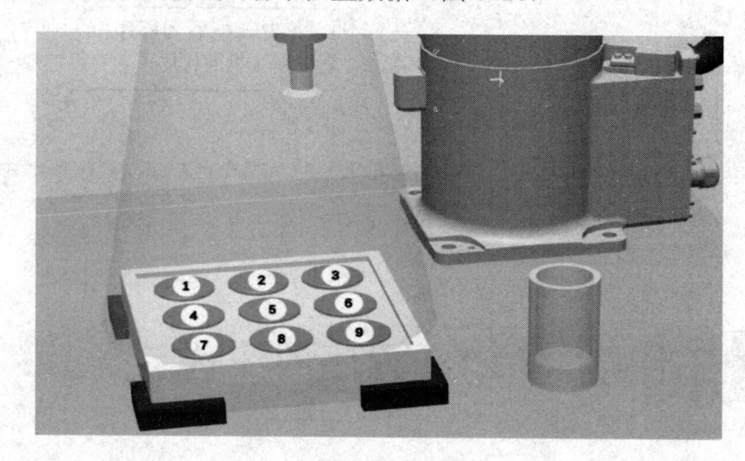

图 6-26

```
  PERS robtarget pPick:=[[52.5,52.5,29],[0,0.707107,-0.707107,0],[-1,0,0,0],[9E+9,9E+9,9E+9,9E+9,9E+9,9E+9]];
      ! 定义初始抓取点位的姿态
  VAR robtarget pPlace:=[[187.75,302.86,80.27],[0,0.707107,-0.707106,0],[0,1,0,0],[9E+9,9E+9,9E+9,9E+9,9E+9,9E+9]];
      ! 定义放置点位
  PERS robtarget pHome:=[[-91.69,167.24,151.24],[0,0.707107,-0.707107,0],[-1,0,0,0],[9E+9,9E+9,9E+9,9E+9,9E+9,9E+9]];
      ! 定义 Home 安全起始点
  PERS robtarget pActualPos;
      ! 定义临时当前点
  VAR num nCount;
      ! 定义已经放置的铸件数量
  VAR socketdev socket1;
```

```
        ！定义套接字 socket1
    CONST string address:="127.0.0.1";
        ！定义访问的 IP 地址
    CONST num port:=1025;
        ！定义端口号
    PERS bool bOK;
        ！定义一个布尔量数据
    VAR string received_string;
        ！定义接收的字符串数据
    VAR num nX;
        ！定义接收到的 X 方向数据
    VAR num nY;
        ！定义接收到的 Y 方向数据
    VAR num nZ;
        ！定义接收到的 Z 方向数据
    VAR num nSpeed;
        ！定义给定的抓取速度
    VAR intnum iVac;
        ！定义真空中断标识符
    PERS speeddata myspeed:=[50,1000,5000,1000];
        ！定义抓取的速度数据
    PERS tooldata tool_Suck:=[TRUE,[[0,0,24.6],[1,0,0,0]],[0.5,[0,0,12],[1,0,0,0],0,0,0]];
        ！定义使用的工具坐标系
    PERS wobjdata Wobj_Desk:=[FALSE,TRUE,"",[[339.031,128.176,20],[0.707106781,0,0,0.707106781]],
[[0,0,0],[1,0,0,0]]];
        ！定义使用的工件坐标系
    PERS loaddata LoadEmpty:=[0.01,[0,0,1],[1,0,0,0],0,0,0];
        ！定义使用的空有效载荷数据
    PERS loaddata LoadFull:=[0.5,[0,0,2.5],[1,0,0,0],0,0,0];
        ！定义使用的抓取时有效载荷数据


    PROC main()
        init;
        ！初始化
        ClientConnect;
        ！客户端连接
```

```
    WHILE TRUE DO
        GetResult;
          ！获取拍照结果
        GetPosition;
          ！处理接收数据
        Move;
          ！工业机器人动作
    ENDWHILE
ENDPROC

PROC init()
   Reset do01_Suck;
     ！复位吸盘动作信号
   pActualPos:=CRobT(\tool:=tool_Suck\WObj:=Wobj_Desk);
     ！获取基于当前工具坐标系和工件坐标系下的位置数据
   pActualPos.trans.z:=pHome.trans.z;
     ！将安全点 Home 点的高度值赋给当前点的高度值
   MoveL pActualPos,v300,fine,tool_Suck\WObj:=Wobj_Desk;
     ！再次移动工业机器人到该点，即工业机器人做垂直运动。
   MoveJ pHome,v1000,fine,tool_Suck\WObj:=Wobj_Desk;
     ！回到 Home 安全点

   iDelete iVac;
   CONNECT iVac WITH tVac;
   ISignalDI di01_SuckOk,0,iVac;
      ！定义中断，监控真空反馈信号
   ISleep iVac;
      ！先将中断休眠，待需要使用时再启用

ENDPROC

PROC Move()
  MoveJ Offs(pPick,0,0,30),myspeed,fine,tool_Suck\WObj:=Wobj_Desk;
    ！移动到抓取点位的上方 30mm 处
  MoveJ pPick,myspeed,fine,tool_Suck\WObj:=Wobj_Desk;
    ！移动到抓取点位
  Set do01_Suck;
```

```
    ！开启真空吸取
  WaitDI di01_SuckOk,1;
    ！等待真空反馈信号置位
  IWatch iVac;
    ！开启中断监控
  GripLoad LoadFull;
    ！加载抓取时的载荷数据
  MoveJ Offs(pPick,0,0,30),myspeed,fine,tool_Suck\WObj:=Wobj_Desk;
    ！移动到抓取点位的上方 30mm 处
  MoveJ Offs(pPlace,0,0,50),myspeed,fine,tool_Suck\WObj:=Wobj_Desk;
    ！移动到放置点位的上方 50mm 处
  MoveJ pPlace,myspeed,fine,tool_Suck\WObj:=Wobj_Desk;
    ！移动到放置点
  ISleep iVac;
    ！休眠中断
  Reset do01_Suck;
    ！关闭真空
  WaitDI di01_SuckOk,0;
    ！等待真空反馈信号复位
  GripLoad LoadEmpty;
    ！加载空载荷数据
  MoveJ Offs(pPlace,0,0,100),myspeed,fine,tool_Suck\WObj:=Wobj_Desk;
    ！移动到放置点位的上方 100mm 处
  MoveJ pHome,myspeed,fine,tool_Suck\WObj:=Wobj_Desk;
    ！移动到 Home 安全点
ENDPROC

PROC GetPosition()
  pPick.trans.x:=nX;
    ！将接收的 X 方向值赋值给抓取点的 X
  pPick.trans.y:=ny;
    ！将接收的 Y 方向值赋值给抓取点的 Y
  pPick.trans.z:=nZ;
    ！将接收的 Z 方向值赋值给抓取点的 Z
  myspeed.v_tcp:=nSpeed;
    ！将接收的速度的值赋值给速度数据
ENDPROC
```

```
PROC GetResult()
  VAR string Pos_Str{100};
    ！定义数组，存储分割好的字符串
  VAR num m:=1;
    ！定义字符分割时的起始位置
  VAR num n:=1;
    ！定义数组元素序号
  VAR num LenStr;
    ！定义接收的字符串长度
  VAR num LenPart;
    ！定义截取的长度
  VAR num retry_no:=0;
    ！定义重新连接次数
  SocketSend socket1\Str:="Hello Server ,Please input the position";
    ！向服务器发送字符，写屏“请输入位置”
  SocketReceive socket1\Str:=received_string;
    ！接收字符串
  TPWrite "Recieve ="+received_string;
    ！写屏接收的字符串
  LenStr:=StrLen(received_string);
    ！计算接收的字符串的长度
  FOR i FROM 1 TO LenStr DO
    IF StrMemb(received_string,i,",") THEN
      LenPart:=(i-1)-(m-1);
      Pos_Str{n}:=StrPart(received_string,m,LenPart);
      n:=n+1;
      m:=i+1;
    ENDIF
    ！将字符串以逗号进行分割，并存储在数组中
  ENDFOR
  TPWrite "Recieve X="+Pos_Str{1}+";Y="+Pos_Str{2}+";Z="+Pos_Str{3}+";Speed="+Pos_Str{4};
    ！写屏分割出来的位置数据和速度
  bOK:=StrToVal(Pos_Str{1},nX);
    ！将字符串 X 转化为数值
  bOK:=StrToVal(Pos_Str{2},nY);
    ！将字符串 Y 转化为数值
  bOK:=StrToVal(Pos_Str{3},nZ);
```

```
    ！将字符串 Z 转化为数值
  bOK:=StrToVal(Pos_Str{4},nSpeed);
    ！将字符串速度转化为数值
  received_string:="";
    ！将接收的字符串数据清空
ERROR
    ！执行错误处理
  IF ERRNO=ERR_SOCK_CLOSED THEN
    TPWrite "socket was closed";
    SocketClose socket1;
    ClientConnect;
    RETRY;
    ！如果错误编号为套接字已关闭，写屏“套接字被关闭”并重新连接
  ELSEIF ERRNO=ERR_SOCK_TIMEOUT THEN
    IF retry_no<3 THEN
      WaitTime 1;
      Incr retry_no;
      RETRY;
    ！如果错误编号为连接超时，重新连接，最多进行 3 次尝试
    ELSE
      TPWrite "socket time out";
      ExitCycle;
    ！否则，写屏套接字连接超时
    ENDIF
  ELSE
    TPWrite "socket has an unknown error:"+ValToStr(ERRNO);
    RAISE ;
    ！否则，写屏“未知的错误”+错误编码，再检查
  ENDIF
ENDPROC

PROC ClientConnect()
  VAR num retry_no:=0;
    ！定义重新连接次数
  VAR socketstatus status;
    ！定义套接字状态
  status:=SocketGetStatus(socket1);
```

```
    ！获取当前套接字状态
  IF status=SOCKET_CONNECTED THEN
    TPWrite "already connected.";
    ！判断是否连接，如果已经连接，写屏“已经连接”
  ELSE
    SocketClose socket1;
    ！关闭套接字
    SocketCreate socket1;
    ！重新创建套接字
    SocketConnect socket1,address,port\Time:=60;
    ！与指定地址、端口号的服务器连接，最长响应时间为 60s，如果超时，执行错误
处理程序
    TPWrite "Is reconnected.";
    ！写屏：已连接
  ENDIF
ERROR
    ！执行错误处理程序段
  IF ERRNO=ERR_SOCK_CLOSED THEN
    TPWrite "socket was dismissed";
    ！如果错误编号为套接字已经关闭，写屏：“Socket 已经被关闭”
  ELSEIF ERRNO=ERR_SOCK_TIMEOUT THEN
    IF retry_no<5 THEN
      WaitTime 1;
      Incr retry_no;
      RETRY;
    ！如果错误编号为连接超时，重新连接，最多进行 5 次尝试。
    ELSE
      TPWrite "Check connection please.";
      ExitCycle;
    ！否则，写屏“检查连接”并退出循环
    ENDIF
  ELSE
    TPWrite "Connection has an unknown error:"+ValToStr(ERRNO);
    RAISE ;
    ！否则，写屏“未知的错误”+ 错误编码，再检查
  ENDIF
ENDPROC
```

```
  PROC Tech_Point()
    MoveJ pHome,myspeed,fine,tool_Suck\WObj:=Wobj_Desk;
      ！示教 Home 安全点
    MoveJ pPlace,myspeed,fine,tool_Suck\WObj:=Wobj_Desk;
      ！示教放置点
    MoveJ pPick,myspeed,fine,tool_Suck\WObj:=Wobj_Desk;
      ！示教抓取点
  ENDPROC
  ！需要示教的点位程序

  TRAP tVac
      Stop;
      ！停止运动
     TPWrite "Check The Vacuum";
      ！写屏“检查真空”
  ENDTRAP
！在中断唤醒的情况下，若真空不满足，则触发中断并执行相关动作

ENDMODULE
```

任务 6-8　示教目标点和仿真运行

工作任务

1．掌握示教目标点的操作。

2．掌握仿真运行的操作。

实践操作

6-8-1　示教目标点

在本工作站中，需要示教三个目标点，如图 6-27～图 6-29 所示。

1）安全点位置 pHome，与周边设备保持安全距离的位置，如图 6-27 所示。

2）抓取点 pPick，这个位置主要是获取视觉引导拾取时的工业机器人姿态数据，如图 6-28 所示。

3）放置点 pPlace，如图 6-29 所示。

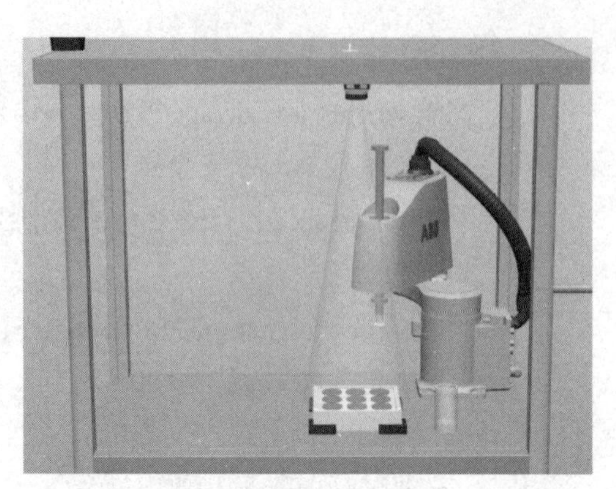

图　6-27

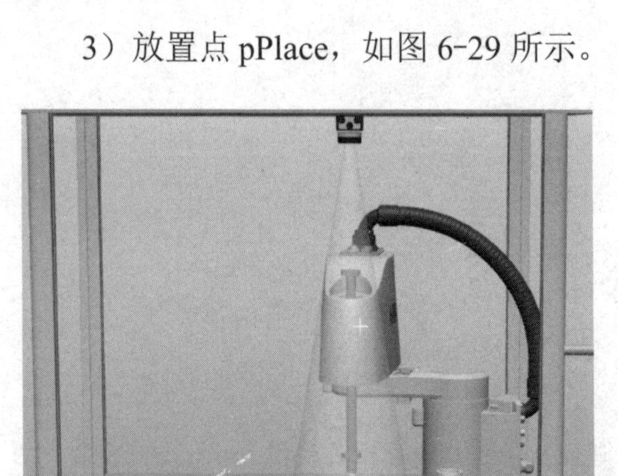

图　6-28

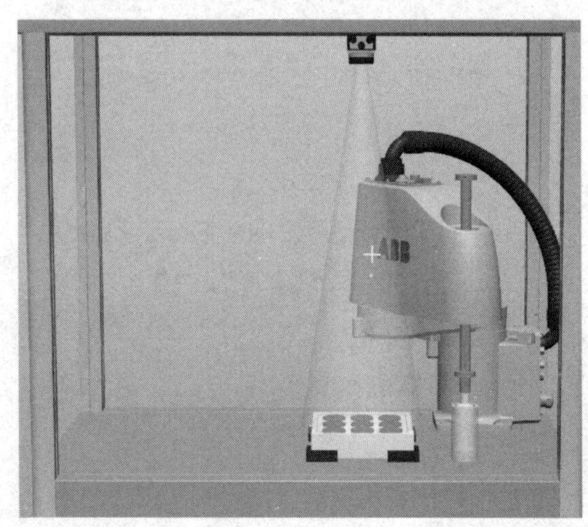

图　6-29

6-8-2 仿真运行

在 RAPID 程序模板中包含一个专门用于手动示教目标点的子程序 Tech_Point（图 6-30）。仿真运行具体操作步骤如图 6-30 ～图 6-39 所示。

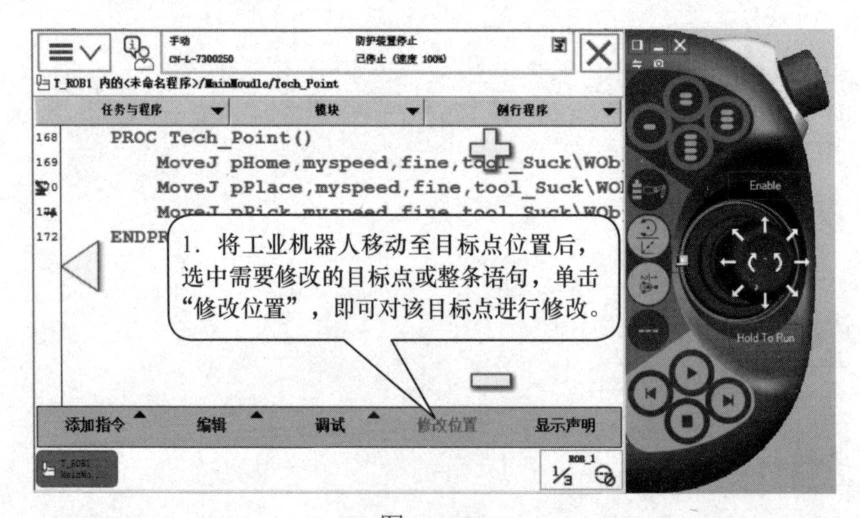

图　6-30

示教目标点完成之后，在仿真菜单中单击“I/O 仿真器”，如图 6-31 所示。

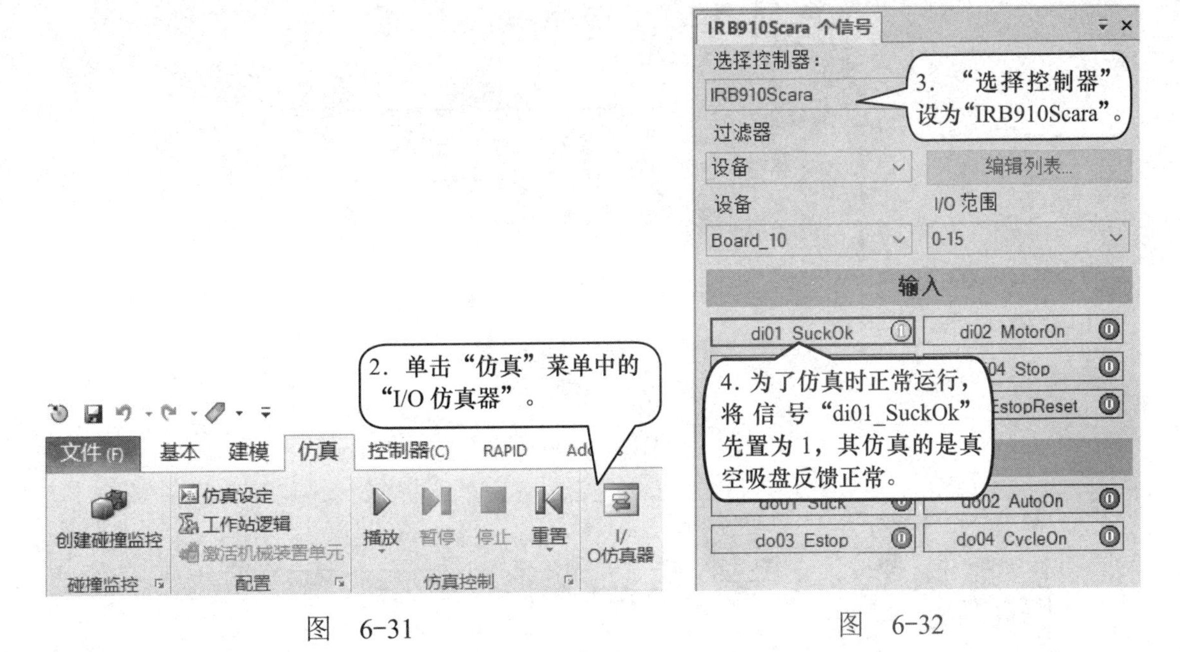

图　6-31　　　　图　6-32

打开 Socket 调试工具，模拟上位机软件发送位置数据及速度数据（图 6-33）。

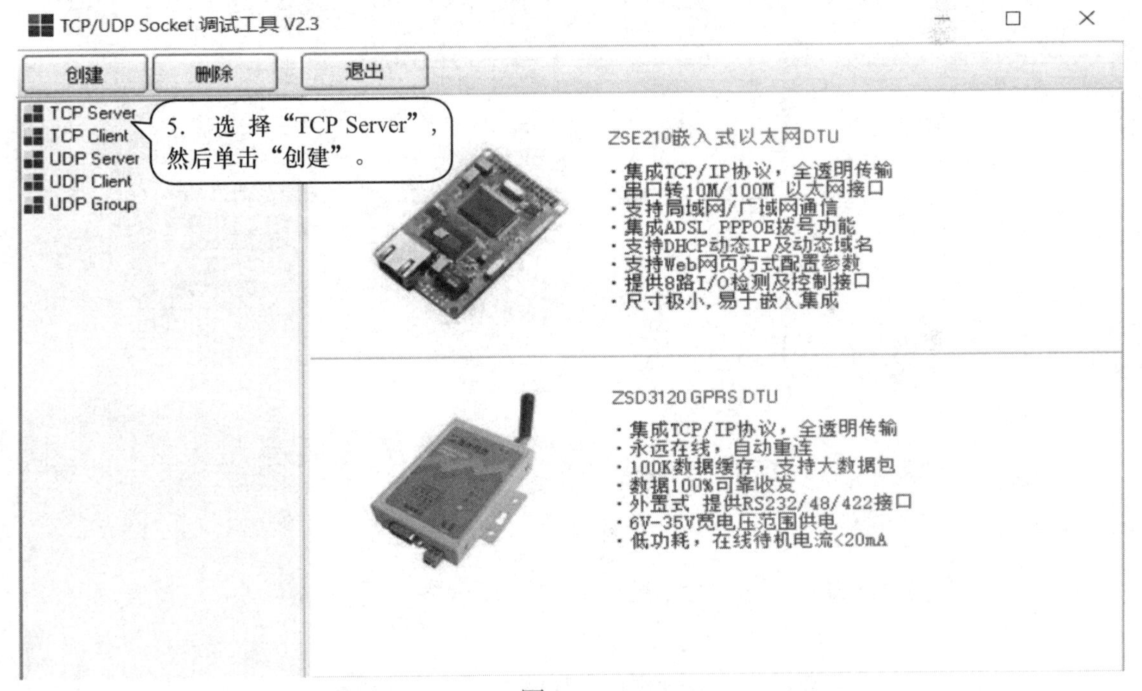

图　6-33

输入监听端口号（图 6-34）。

至此，已经模拟服务器端启动监听，等待客户端发送请求数据并进行数据通信（图 6-35）。

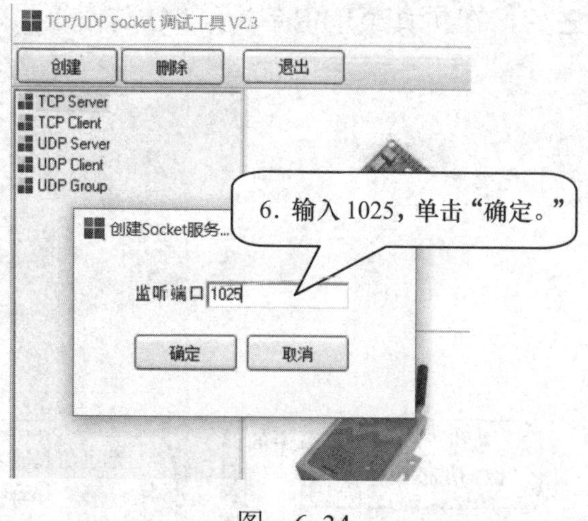

图　6-34

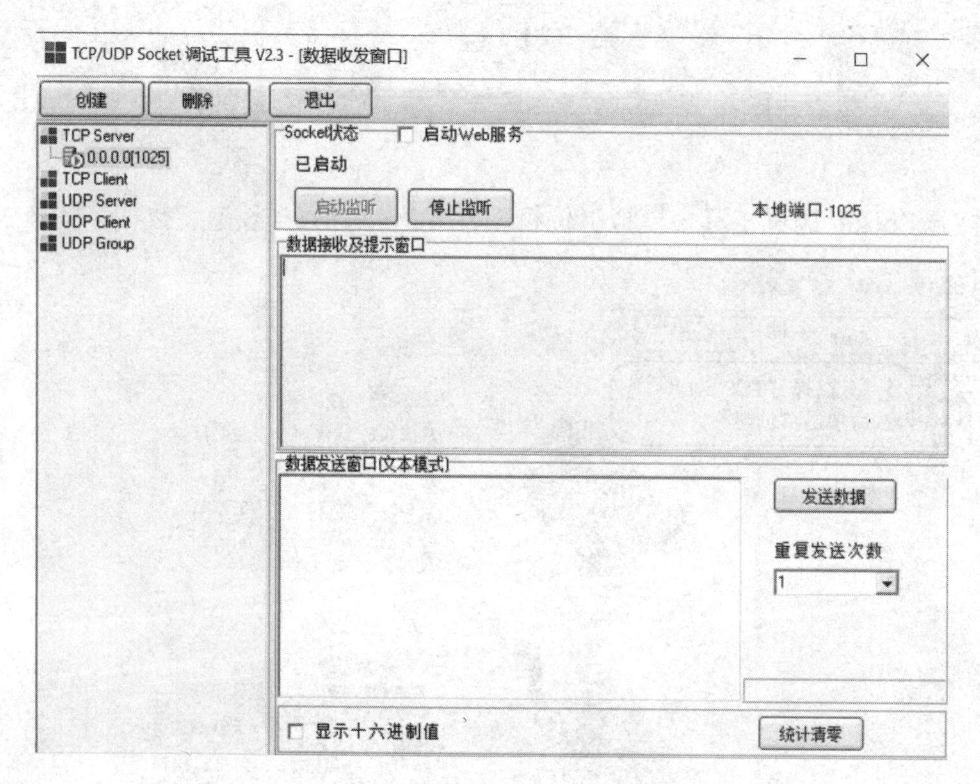

图　6-35

回到工业机器人端，单击“仿真”下的“播放”（图 6-36）。

图　6-36

服务器端接收请求，输入位置数据及所运行的速度（图 6-37）。

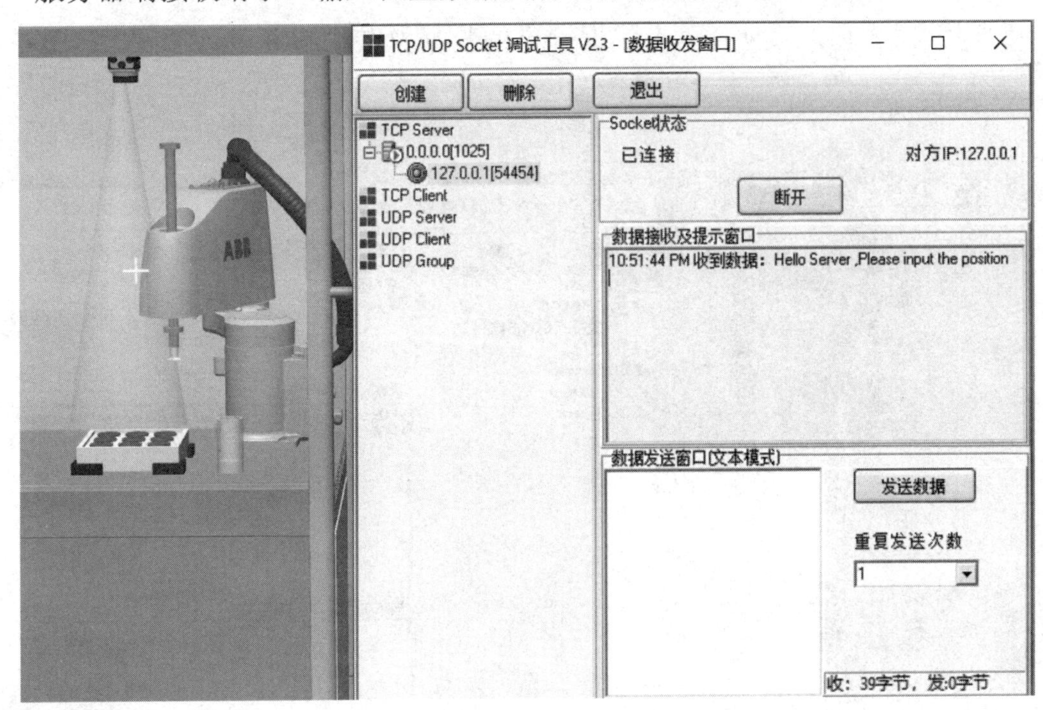

图　6-37

在数据窗口输入所拾取的物料的位置信息及速度，例如第 5 号物料，在任务 6-7 Rapid 代码中已知位置数据为“107.5,107.5,29,”，速度指定 250mm/s，则输入格式为“107.5,107.5,29,250,”，如图 6-38 所示。

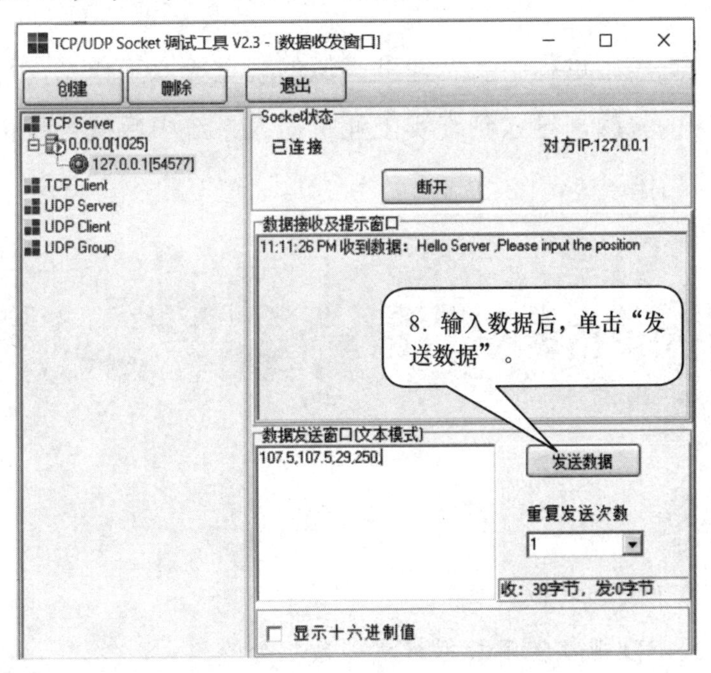

图　6-38

发送数据成功，工业机器人依据给定的数据抓取物料并进行放置，如图 6-39 所示。

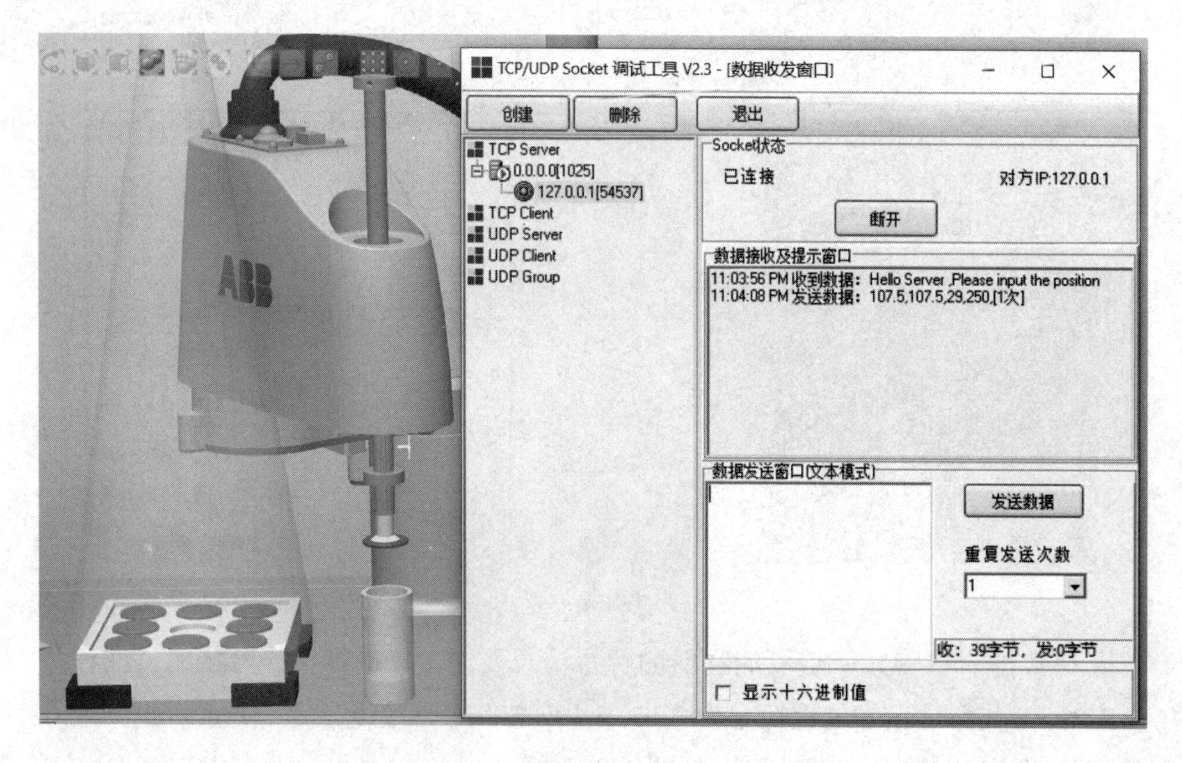

图　6-39

在实际的视觉应用过程中，若遇到类似的视觉拾取工作站，可以在此程序模板基础上做相应的修改，导入到真实工业机器人系统中后执行目标点示教即可快速完成程序编写工作。

任务 6-9　知识拓展

工作任务

1．了解多任务处理功能。

2．了解 2D、3D 视觉常用数据格式与数据处理。

6-9-1 多任务处理功能

在实际视觉应用过程中，为了更灵活方便地和视觉进行收发信息，可以在工业机器人运行多任务，前台任务负责工业机器人整个运动控制，后台进行视觉通信，互不干扰。

要想实现这一功能，需要工业机器人搭配 623-1 Multitasking 多任务处理选项，允许同时处理多个程序任务，其最多可以同时运行 20 个任务，多任务之间若需共享数据，则需要将数据设置为全局可变量。

多任务处理配置中的参数介绍：

1. Task

新建的任务名称，注意名称需唯一并符合命名规则，例如 T_Back。

2. Task in foreground

用于设置各项任务的优先级。

1）如果 A 任务的参数 Task in foreground 设置成 B 任务，这意味着只有在 B 任务程序空闲时，系统才会执行 A 任务。

2）如果 A 任务的参数 Task in foreground 设置成空字符串，那么它就会在最高等级上运行。

3. Type

多任务的类型，分为以下三种：

1）Normal：可通过手动启动和停止该任务程序（比如通过示教器来启动和停止），紧急停止时系统会停止该任务。

2）Static：重启时该任务程序会从所处位置继续执行。不论是示教器还是紧急停止，都不会停止该任务程序。

3）Semistatic：重启时该任务程序会从起点处重启，不论是示教器还是紧急停止，都不会停止该任务程序。

在使用过程中，若在编辑代码状态下，通常先选择 NORMAL 模式，以方便调试；在生产运行中，通常选择后面两种类型，开机即可运行，随时可以进行数据收发。需要注意，凡是控制着机械单元的任务，其类型都必须是 Normal 类型。

4. Main entry

任务的启动程序名称，例如可命名为 B_Main。

5. TrustLevel

当 STATIC 或 SEMISTATIC 任务被停止时的系统行为，即决定了停止的机制。

1）SysFail：若该项任务的程序停止，则系统会被设置成 SYS_FAIL，所有 Normal 任务的相应程序全部停止，此时既不能进行任何点动，也不能启动任何程序，用户需要重启一次。

2）SysHalt：若该项任务的程序停止，则系统会停止所有 Normal 任务的相应程序，如果“电动机开启”，那么就可以进行点动，但不能启动任何程序，用户需要重启一次。

3）SysStop：若该项任务的程序停止，系统会停止所有 Normal 任务的相应程序，但可以重启这些任务，用户可以进行点动。

4）NoSafety：系统仅会停止该项任务的程序，不影响其他任务。

6. MotionTask

该参数指明能否用 RAPID 移动指令来控制工业机器人的移动，一般新增的后台任务设置为 No，除非使用了选项 MultiMove，否则只能把一项任务的 Motion Task 设置成 Yes。

示教器新建多任务的方法如图 6-40 ～图 6-54 所示。

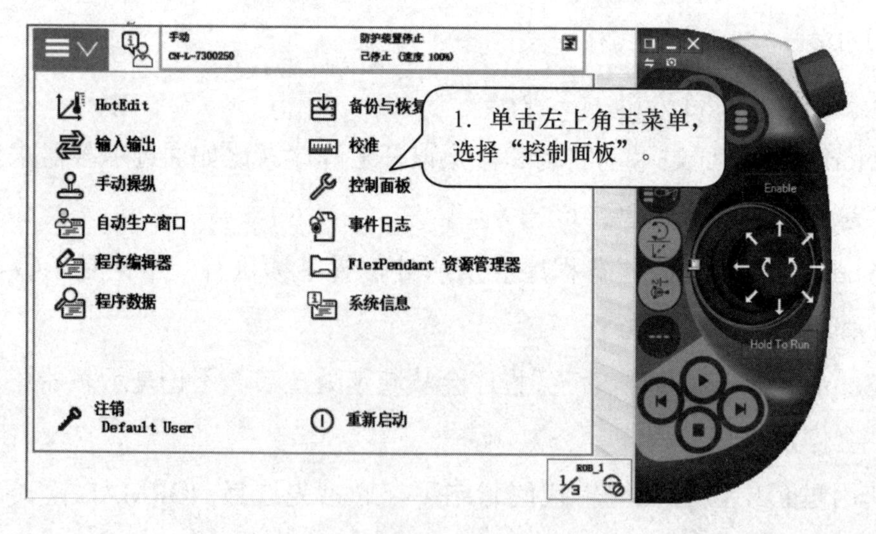

图 6-40

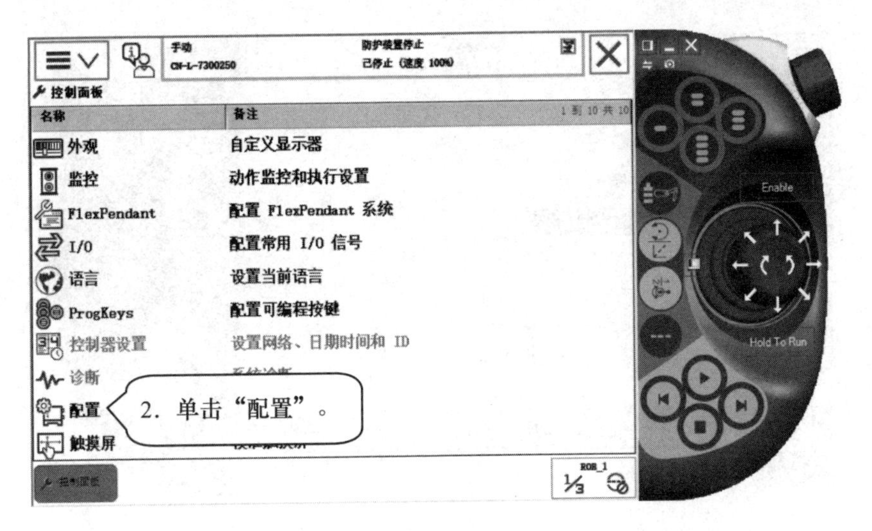

图　6-41

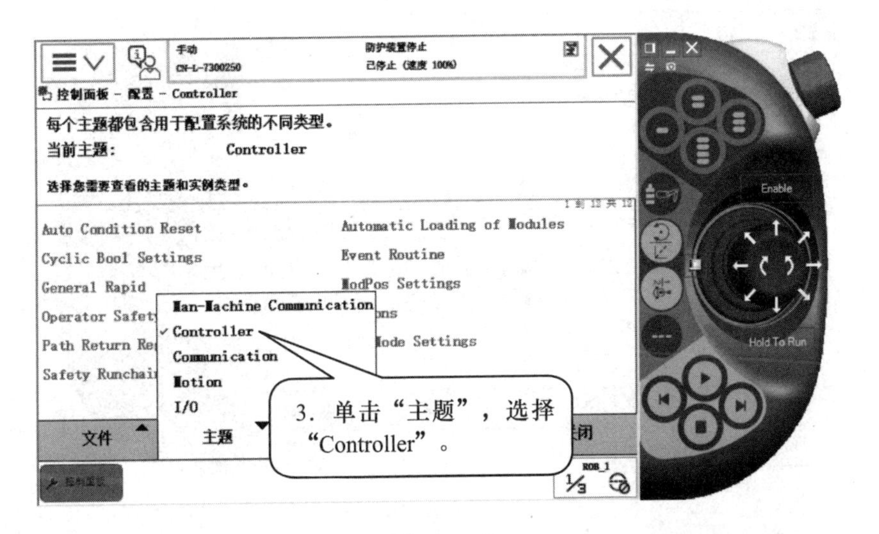

图　6-42

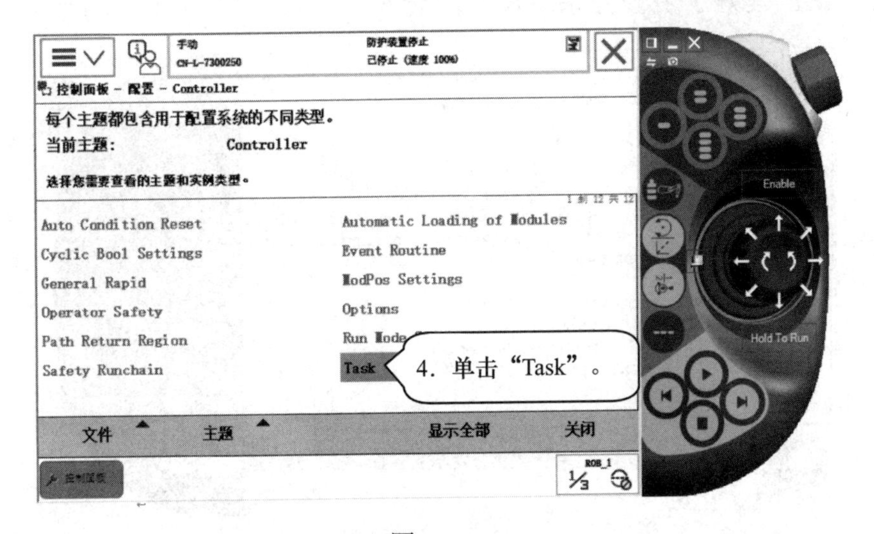

图　6-43

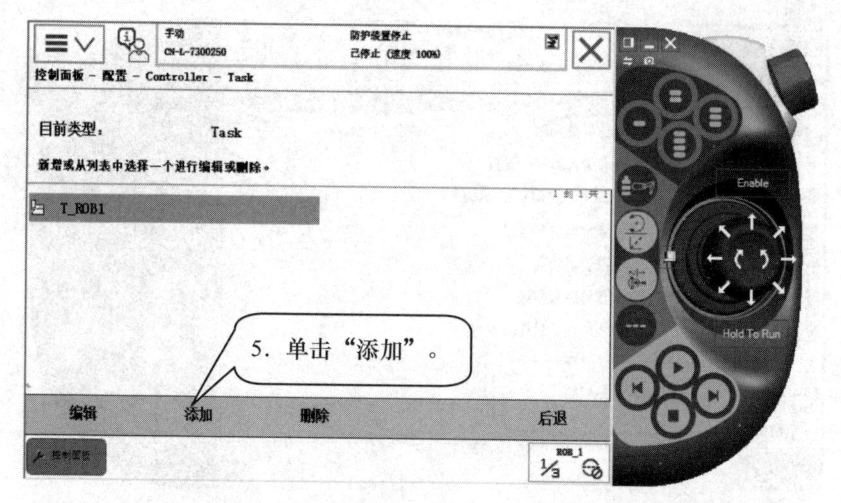

图 6-44

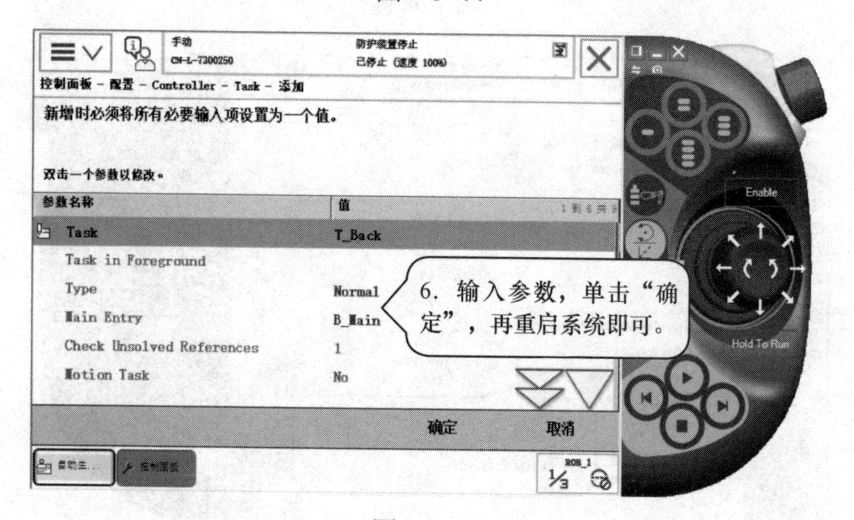

图 6-45

至此，就创建好了多任务系统，打开查看。

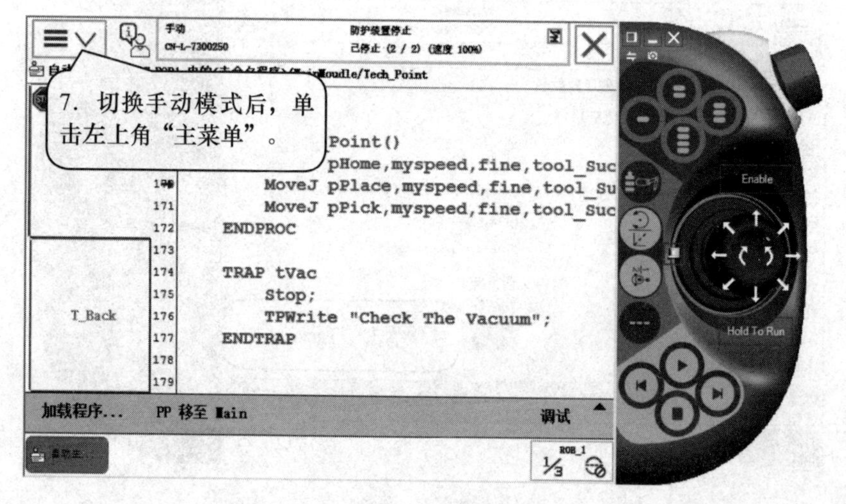

图 6-46

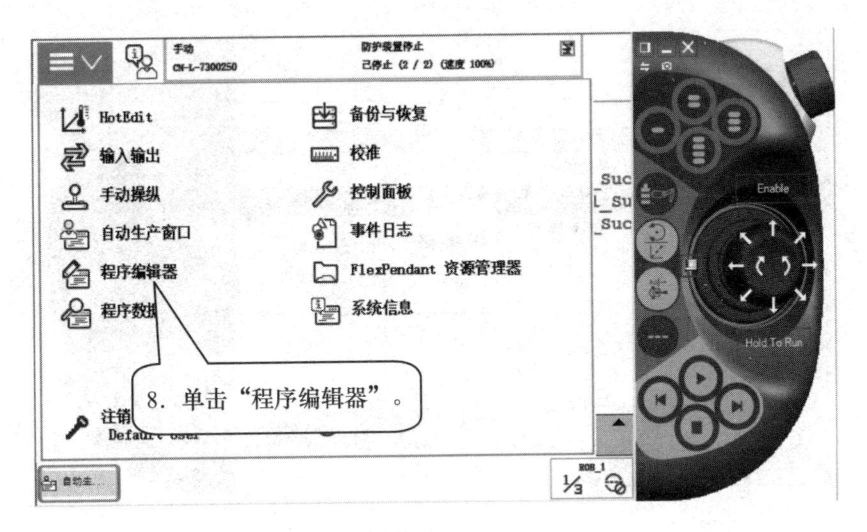

图　6-47

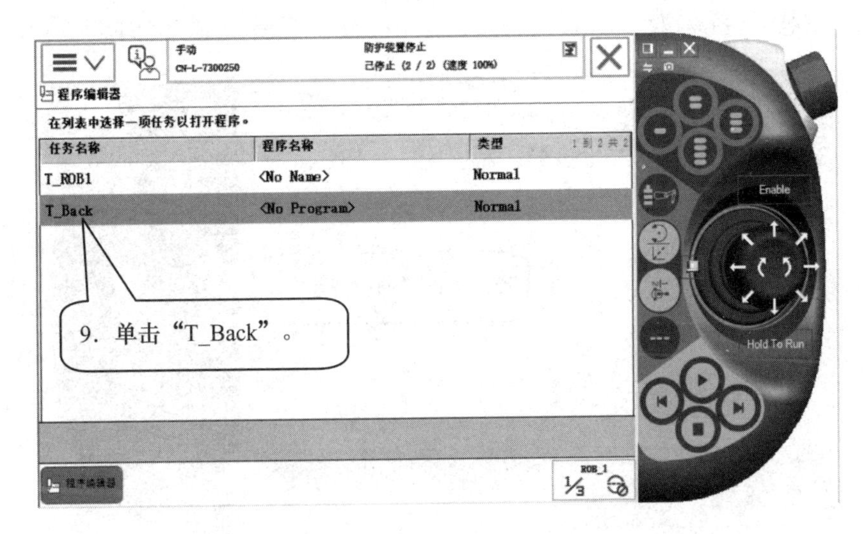

图　6-48

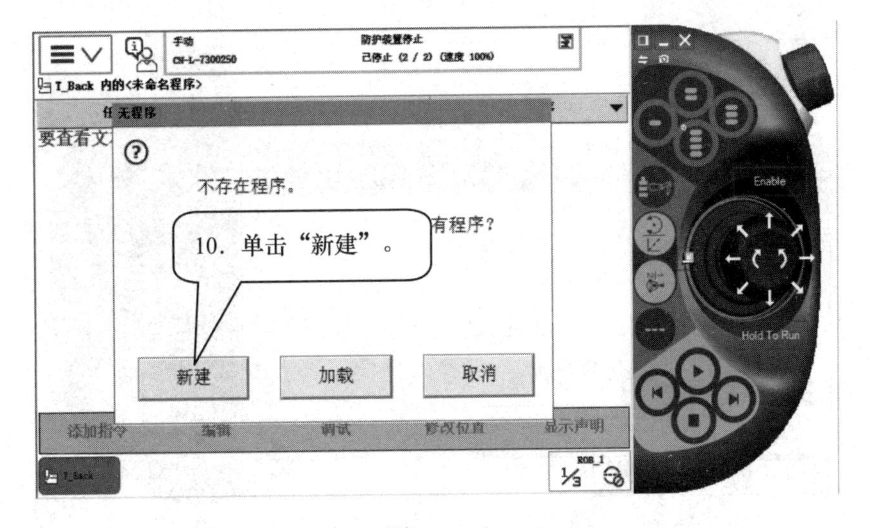

图　6-49

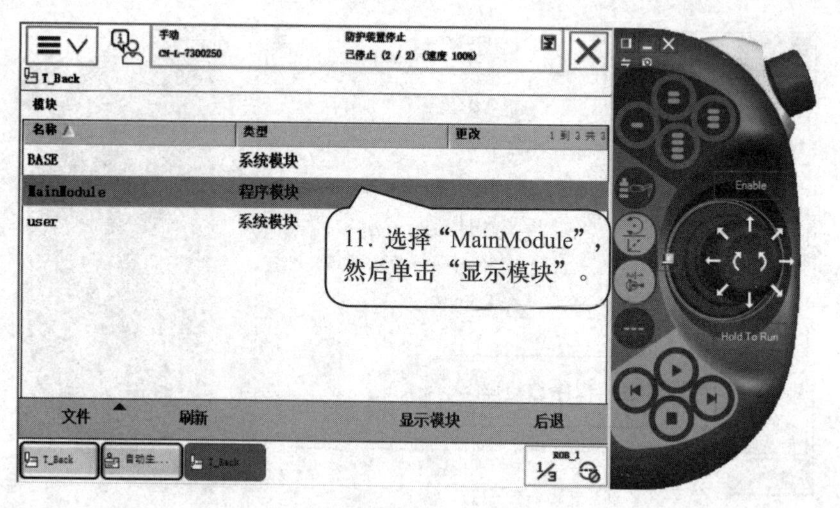

图　6-50

需修改主程序名称为参数设定中的Main entry名称（图6-51～图6-53）。

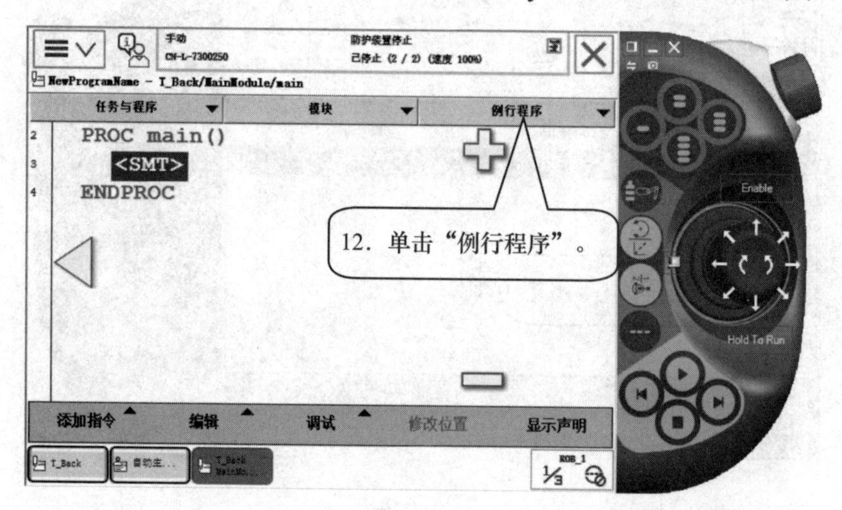

图　6-51

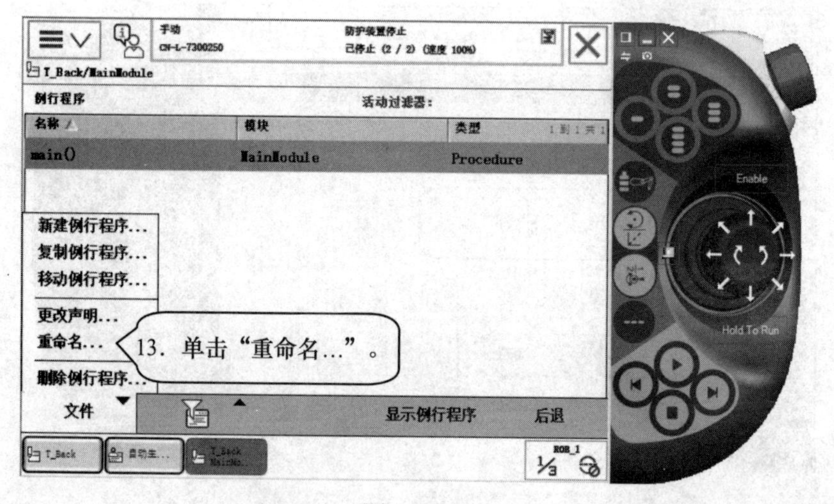

图　6-52

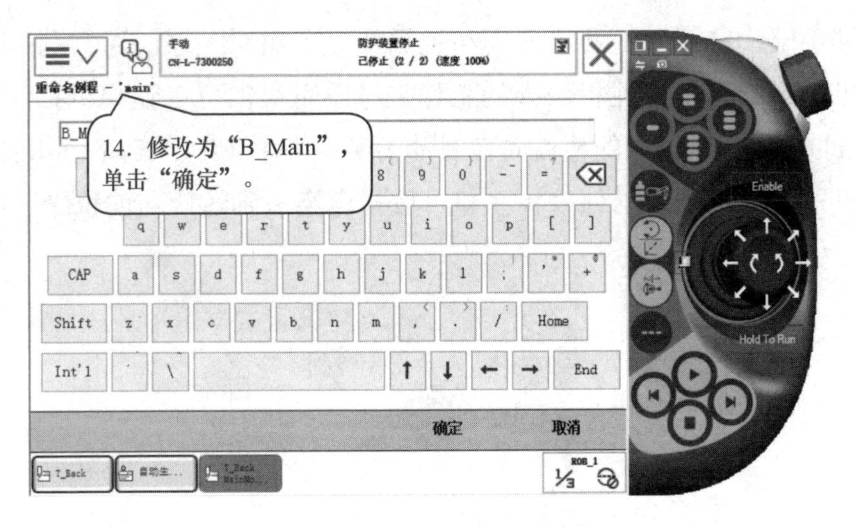

图　6-53

现在即可在后台任务中编写相关视觉代码，并调试运行（图 6-54）。

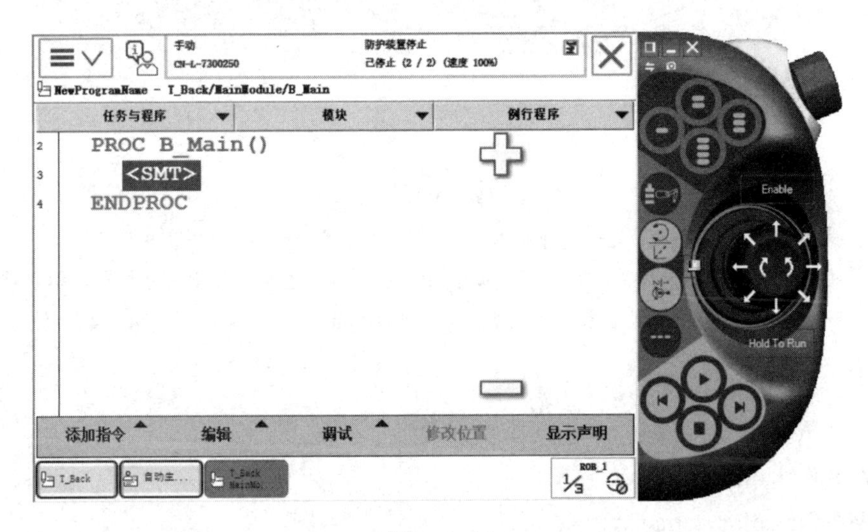

图　6-54

6-9-2　2D、3D 视觉常用数据格式与数据处理

1. 2D 视觉

在本工作站中，工业机器人接收的数据格式为 X,Y,Z,speed，即抓取点位的位置信息和抓取速度，由于该小铸件为圆形，不需要带有角度的抓取，所以视觉传送的格式只需含有 X 和 Y 位置信息即可，Z 值和速度数据为给定值。

在常用的视觉使用过程中，物体一般为无规则姿态来料，且旋转角度不一，常见的传输格式为 X,Y,Rz,，即所到达点位的 X 坐标、Y 坐标值和物体在 Z 方向上的角度偏移。

在做好手眼标定后，工业机器人和视觉就有了相对关系，通常利用棋盘格的方法使相机的坐标系与工业机器人的工件坐标系重合，可以让相机拍照给出的 X 方向、Y 方向和 Rz 方向上的值就是工件坐标系目标框架上 X、Y 和 Rz 上的值，从而工业机器人只需更新工件坐标系即可按指定姿态到达所需的位置，如图 6-55 所示。

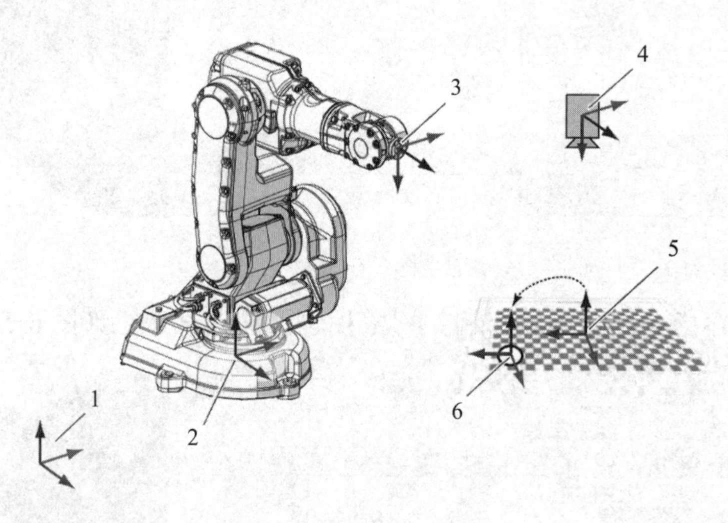

图　6-55

1—大地坐标系　2—基坐标系　3—工具坐标系 (tool0)　4—相机位置
5—工业机器人工件坐标系用户框架，即 wobj.uframe，同时也是视觉坐标系位置，两者重合
6—工业机器人工件坐标系目标框架，即 wobj.oframe，即视觉识别物料位置数据

代码片段如下：

```
PROC SetWobj()
    WobjPick.oframe.trans.x:=nX;
    WobjPick.oframe.trans.y:=nY;
    WobjPick.oframe.rot:=OrientZYX(nRz,0,0);
ENDPROC
  ! 接收 nX,nY,nRz 并赋值给工件坐标系的目标框架。
```

2. 3D 视觉

3D 视觉（图 6-56），常采用双目视觉，即用两部相机来定位。即对物体上一个特征点用两部固定于不同位置的相机进行拍照，分别获得该点在两部相机像平面上的坐标。通过计算图像对应点间的位置偏差，来获取物体三维几何信息。

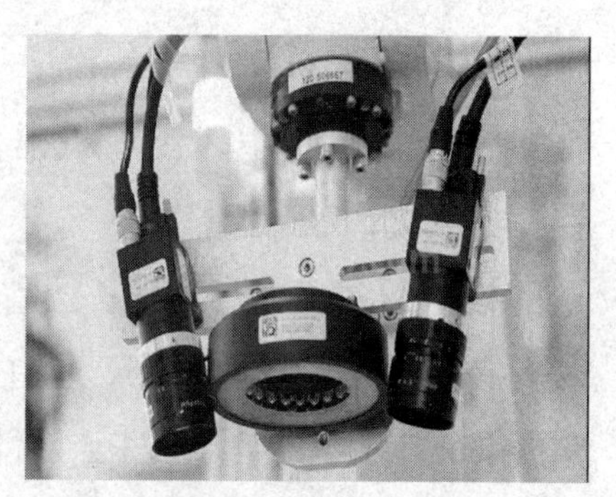

图　6-56

常见的传输格式为 X,Y,Z,Rx,Ry,Rz,，即所到达

点位的 X 坐标、Y 坐标、Z 坐标值和物体在 X 方向、Y 方向、Z 方向上的角度偏移。

代码片段如下：

```
PROC SetWobj()
    WobjPick.oframe.trans.x:=nX;
    WobjPick.oframe.trans.y:=nY;
    WobjPick.oframe.trans.z:=nZ;
    WobjPick.oframe.rot:=OrientZYX(nRz,nRY,nRX);
ENDPROC
！接收 nX,nY,nZ,nRx,nRy,nRz 并赋值给工件坐标系的目标框架。
```

学习检测

技能自我学习检测评分表见表 6-6。

表　6-6

项　目	技术要求	分　值	评分细则	评分记录	备　注
练习视觉拾取的 I/O 配置及建立程序数据	能够正确配置常用的 I/O 信号和系统输入输出并成功建立三个常用程序数据	20	1．理解流程 2．操作流程		
练习套接字通信	能够了解 PC_InterFace 选项和套接字通信指令的使用	20	1．理解流程 2．操作流程		
练习常见字符串处理函数	能够正确使用字符串处理函数并实际应用	20	1．理解流程 2．操作流程		
练习视觉拾取代码编写	能够自行写出视觉拾取通信程序	20	1．理解流程 2．熟悉操作		
总结多任务选项和视觉原理	能够根据实际需要使用多任务处理功能，以及了解 2D、3D 视觉原理和数据传输格式	20	1．理解流程 2．熟悉操作